Kratz

20 Rollenspiele für Führungssituationen

Hans-Jürgen Kratz

20 Rollenspiele für Führungssituationen

Für Trainer, Coaches, Berater
und Führungskräfte

BELTZ

Hans-Jürgen Kratz, Diplom-Verwaltungswirt, wohnhaft in Cuxhaven, arbeitete viele Jahre in unterschiedlichen Führungsfunktionen. Seit 1995 ist er freiberuflicher Trainer mit den Schwerpunkten Mitarbeiterführung und betriebliche Kommunikation. Autor zahlreicher Fachbücher.
Homepage: www.personaltraining-kratz.de

Dieses Buch ist auch als E-Book erhältlich:
ISBN 978-3-407-29272-8

Lektorat: Ingeborg Sachsenmeier
Herstellung und Satz: Lelia Rehm
Druck: Beltz Bad Langensalza GmbH, Bad Langensalza
Reihenkonzept: glas ag, Seeheim-Jugenheim
Umschlaggestaltung: Sarah Ferdin
Umschlagabbildung: Masterfile, Düsseldorf
Printed in Germany

ISBN 978-3-407-36525-5

Inhaltsverzeichnis

Vorwort

Nachdem ich langjährig Führungsfunktionen mit unterschiedlichen Schwerpunkten wahrgenommen hatte und nebenberuflich über viele Jahre in der Erwachsenenbildung tätig war, entschloss ich mich 1995, als Trainer, Dozent und Fachbuchautor mit den Schwerpunkten Mitarbeiterführung und Rhetorik frei- und hauptberuflich tätig zu werden. Seither begleitete ich knapp 700 Bildungsveranstaltungen für unterschiedliche Zielgruppen, wobei ich in den letzten elf Jahren den Fokus vorrangig auf das Training und Coaching von Führungsnachwuchskräften für ihre künftige Vorgesetztenrolle legte.

Da von diesem Personenkreis lebendige, aktivierende und in die Praxis umsetzbare Seminarinhalte gewünscht wurden, entwickelte ich auf der Grundlage von Praxisfällen eine Reihe von Rollenspielen, die zweierlei Anforderungen gerecht werden mussten: Einerseits sollten sich die Akteure auch ohne entsprechende Betriebspraxis sowie fachliche oder branchenspezifische Kenntnisse bereits nach einer kurzen Vorbereitungsphase in die der Betriebspraxis entlehnten Rollen hineinversetzen können. Andererseits mussten die Rollenspiele eher schwierige und nicht immer alltägliche betriebliche Problemstellungen behandeln, mit denen künftige Vorgesetzte rechnen müssen. Zudem sollten die den Rollenspielen zugrunde liegenden Situationen Auslöser für die Beschäftigung mit führungstechnischem und gesprächstechnischem Know-how sein.

Dass die von mir konzipierten Rollenspiele den beschriebenen Intentionen in vollem Umfang entsprachen, bewies das hervorragende Feedback der Teilnehmer bei Seminarende. Selbst langjährig erfolgreich tätige Führungskräfte nahmen im Rahmen von Aufbauseminaren mit großem Engagement an diesen Rollenspielen teil. Sie eröffneten ihnen eine gute Gelegenheit, eigenes Führungsverhalten zu reflektieren und nach den gewonnenen Erkenntnissen zu optimieren.

Mittlerweile habe ich ein Alter erreicht, in dem ich die in hohem Maße befriedigende Trainer- und Dozententätigkeit jüngeren Kollegen überlassen möchte. Deshalb beende ich trotz der vielen positiven Rückmeldungen und motivierenden Erfolgserlebnisse meine Trainer-/Dozententätigkeit zu einem

Beispiele

Tipps

Übung

Downloads

Infos

Zeitpunkt, wo man noch nicht zum alten Eisen gezählt wird. It's time to say good bye ...

Ich weiß aus leidvoller Erfahrung, wie lange es gedauert hat und wie viel Energie einzusetzen war, bis Seminarinhalte und -unterlagen einen Erfolg versprechenden Level erreicht hatten, der anschließend nach jedem Seminar aufgrund neuer Erfahrungen und Erkenntnisse zu optimieren war. Mehrfache Bemühungen, den eigenen Arbeitsaufwand durch den anzuzapfenden Erfahrungsschatz etablierter Trainer oder Dozenten zu reduzieren, blieben regelmäßig in den Ansätzen stecken. Die »lieben Kollegen« waren nicht bereit, sich über oberflächliche Aussagen hinaus in die Karten sehen zu lassen, und hüteten ihre Materialien in ähnlicher Art wie früher spanische Mütter ihre heranwachsenden Töchter.

Auch ich war früher gegenüber anderen Trainern und Dozenten bei der detaillierten Schilderung von Aufbau und Inhalt der von mir geleiteten Seminare eher zurückhaltend. Heute muss ich meine »Betriebsgeheimnisse« nicht mehr vor dem Zugriff von Wettbewerbern schützen. Im Gegenteil: Ich würde mich aufrichtig freuen, wenn sich mancher Trainer nach einem Blick auf die vielen Vorschläge und Handreichungen dieses Buches viel Arbeit ersparen und seine Tätigkeit erleichtern kann.

Die 20 Best-Practice-Rollenspiele mit Lösungsansätzen sowie vielen Vorlagen und konkreten Präsentationsvorschlägen stellen eine ergiebige Fundgrube dar, aus der jeder Trainer, Coach oder Mentor Schätze heben kann. Auf den Seiten 330 und 331 sind die mit dem Downloadlogo versehenen Materialien aufgeführt. Sie können diese herunterladen auf der Homepage des Beltz Verlags – www.beltz.de – direkt beim Buch. Die Rollenspiele lassen sich eins zu eins umsetzen, können aber auch individuellen Vorstellungen angepasst werden, damit die eigene Handschrift erkennbar bleibt.

Liebe Leserinnen, bitte fühlen Sie sich auch dann von den Ausführungen dieser Veröffentlichung angesprochen, wenn Begriffe aus technischen Gründen nur in der männlichen Form gewählt wurden.

Hans-Jürgen Kratz

Grundlegendes zu den Rollenspielen

↗01

Rollenspiele im Seminareinsatz

Rollenspiele nehmen im Methodenmix von Trainern in der Erwachsenenbildung einen wichtigen Platz ein. Werden in ihnen realitätsnahe Themen bearbeitet, können die Beteiligten mit einer Vielzahl positiver Auswirkungen rechnen. Drei Aspekte dürften besonders bedeutungsvoll sein.

- Die Teilnehmer werden aktiviert, sodass Aufmerksamkeit, Motivation und Lernintensität gegenüber dem leider immer noch praktizierten Frontalunterricht mancher Trainer wesentlich steigen. Regelmäßig wird ein nachhaltiger Lernerfolg bewirkt.
- Zeichnen Rollenspiele aktuelles Führungsgeschehen ab, erkennen die Teilnehmenden, dass sie in ihrer künftigen Führungspraxis mit vergleichbaren oder ähnlichen Situationen konfrontiert werden können und diese häufig stressigen Situationen nach dem Rollenspieltraining besser beherrschen werden.
- Kämpfen Teilnehmer in ihrem beruflichen Umfeld mit speziellen Führungsproblemen, können sie in ähnlich oder gleich gelagerten Rollenspielen ihre Vorgehensweise quasi in einer Generalprobe testen. Die vermutete Position des Gesprächspartners gilt es flexibel in die eigenen Überlegungen und die folgende Vorgehensweise einzubeziehen. Hierdurch lässt sich die anfänglich vorhandene subjektive Betroffenheit eher durch eine realistischere Betrachtungsweise ersetzen.

Organisatorische Aspekte

In den folgenden 20 Rollenspielen werden von den Seminarteilnehmern unterschiedliche Situationen dargestellt und anschließend im Plenum aus führungstechnischer Sicht ausgewertet. Dabei erkannte gesprächstechnische Besonderheiten auf der Vorgesetztenseite sollten nicht verschwiegen, sondern dem jeweiligen Rollenspieler in konstruktiver und aufbauender Form mitgeteilt werden. Werden allen Teilnehmenden vor Beginn des ersten Rollenspiels Beurteilungsbögen ausgehändigt, wird bei jeder »Manöverkritik« nichts Wesentliches vergessen.

Auf dem vorgeschlagenen Beurteilungsbogen wird der Fokus auf die Bewertungen von acht Rollenspielern in Vorgesetztenfunktion gelegt. Die Rollenspieler erhalten in der folgenden Auswertung durch die gesamte Gruppe ein abgerundetes Feedback über ihr Gesprächsverhalten. Rollenspieler in der Mitarbeiterposition werden gesprächstechnisch eher am Rand analysiert, sodass sich eine Protokollierung im Beurteilungsbogen nicht anbietet.

Beurteilungsbogen zum Gesprächsverhalten des Vorgesetzten

Bitte tragen Sie Ihre Beurteilungen in Form von ++, +, 0, – oder – – ein.

Kam es zu einem Dialog?	....
War der Gesprächseinstieg positiv?	....
Wurde Fragetechnik eingesetzt?	....
Wurde aktiv zugehört?	....
Wie ist der Blickkontakt zu bewerten?	....
Waren die körpersprachlichen Signale angemessen?	....
Waren Gesprächsunarten erkennbar?	....
War der Gesprächsabschluss positiv?	....
Wurde das Ergebnis »festgeklopft«?	....

Beurteilungsbogen zum Gesprächsverhalten des Vorgesetzten	
Hat der Vorgesetzte aus Ihrem Blickwinkel das Ziel erreicht?	....
Wird der Mitarbeiter wieder motiviert seine Aufgaben erfüllen?	....

besonders positiv (++), gutes Ergebnis (+), stellt zufrieden (0), Zielvorstellungen mit wesentlichen Abstrichen noch erreicht (–), ein nicht zufriedenstellendes Ergebnis (– –)

Regelmäßig werden sich bei der Verteilung der Rollen sowie bei der Vorbereitung und Auswertung der Rollenspiele die folgenden Vorgehensweisen als sinnvoll erweisen.

Inhalt des Rollenspiels kurz darlegen und Rollen verteilen Der Trainer reißt nur kurz den Inhalt des Rollenspiels an und überträgt die jeweilige Rolle einem Teilnehmer (»In diesem Rollenspiel geht es um ein Trennungsgespräch. Aus betrieblichen Gründen soll ein Mitarbeiter seinen Arbeitsplatz verlieren. Wer übernimmt die Rolle des Vorgesetzten? … Wer spielt den Mitarbeiter?«). Bei einer geringen Teilnehmerzahl kann der Trainer Mitarbeiterrollen übernehmen und dabei seine schauspielerischen Fähigkeiten aufblitzen lassen.

Rollendrehbuch Hat sich ein Seminarteilnehmer für eine Rolle gemeldet, erhält er nur das Drehbuch für seine Rolle. Er kennt also nicht die Inhalte des Drehbuchs seines Rollenspielpartners. Damit geht die Bitte einher, sich auf das Gespräch unter Berücksichtigung der vorgegebenen Rolle kurz vorzubereiten. Bei mehrtägigen Seminaren können die Drehbücher am Schluss des vorhergehenden Tages ausgehändigt werden, sodass die Vorbereitungsphase intensiviert werden kann.

Die Rollenspieler sollten verpflichtet werden, sich keinesfalls mit dem Rollenspielpartner vorher unter vier Augen abzustimmen. Zudem darf der Hinweis nicht fehlen, dass die Akteure die übernommenen Rollen etwas ausschmücken und ihnen den eigenen Stempel aufdrücken können, allerdings die Fakten der Drehbücher nicht verändern sollen.

Das Plenum erhält Informationen Vor Beginn des Rollenspiels verlässt der Rollenspieler »Mitarbeiter« kurz den Raum und hält sich in Rufweite auf. Dem Plenum wird die Rolle des Vorgesetzten vorgelesen, Verständnisfragen werden beantwortet. So können sich die nicht direkt Beteiligten mental in die Vorgesetztensituation hineinversetzen. Sie werden danach mit größerer Aufmerksamkeit das Geschehen verfolgen und es insgeheim mit eigenen Vorstellungen abgleichen.

Aktivierungsphase für Nichtbeteiligte Nun könnte für die nicht am Rollenspiel Beteiligten eine Aktivierungsphase vorgesehen werden: Einleitend wäre darzustellen, dass wichtige Gespräche als Herausforderungen zu betrachten und deshalb rechtzeitig und gewissenhaft vorzubereiten sind. Wie auch für viele verschiedenartige Lebenssituationen gilt hier der Grundsatz: Gute Vorbereitung ist der halbe Erfolg!

Insbesondere sollte die Frage »Was will ich erreichen?« beantwortet werden, wobei eher selten das Sichdurchsetzen um jeden Preis anzustreben ist. Die genannte Frage sollte von den Teilnehmern in Stillarbeit in Augenschein genommen und das Ergebnis zu Papier gebracht werden. Im Anschluss an das Rollenspiel können die notierten Alternativen genannt und die jeweiligen Pro- und Kontraaspekte diskutiert werden.

Ziele des Rollenspielers »Vorgesetzter« Zu überlegen wäre, ob der Rollenspieler »Vorgesetzter« gebeten wird, für sich die anvisierten Ziele aufzuschreiben. Diese Notizen können in der Auswertungsphase publik gemacht werden. Vor allem ermöglichen sie dem Rollenspieler in der Rückschau einen eindeutigen Soll-Ist-Abgleich. Gleichzeitig werden die Teilnehmer erkennen, dass die im Gesprächsvorfeld formulierten Ziele eher ein strukturiertes Gespräch ermöglichen, zu einer verbesserten Selbstdisziplin führen, das Durchsetzungsvermögen steigern und letztlich die Erfolgsaussichten erhöhen (weitere Informationen s. S. 255 und 266).

Auswertungsphase und »Entrollung« Mancher Rollenspieler fühlt sich in der Auswertungsphase aufgerufen, von ihm gezeigtes Vorgehen vehement zu begründen und zu verteidigen. Hier sollte der Trainer vorbeugend den Wunsch äußern, dass sich der Rollenspieler nicht in eine Verteidigungsposition begibt, sondern sich »entrollt«. Dann ist er offen für ein ehrliches, konstruktives und nachvollziehbares Feedback durch das Plenum.

Jeder Trainer wird situationsabhängig entscheiden, ob die Rollenspiele per Video aufgezeichnet werden. Bei einer Videoanalyse wird die Auswertung intensiver, dafür aber zeitaufwendiger. Immer wieder setzen Teilnehmer ihren Ehrgeiz darein, selbst die kleinsten Feinheiten ausgiebig zu erörtern, und vergessen darüber Zeit und Raum. Während andere Teilnehmer sich bei dieser ausufernden Kritik zu langweilen beginnen, tickt die Uhr weiter und bringt jegliche Seminarplanung durcheinander.

Für den Videoeinsatz spricht, dass jeder Rollenspieler einen eigenen Soll-Ist-Vergleich zwischen dem gewünschten und dem gezeigten Verhalten ziehen kann. Zusätzlich zu seiner Selbstbeobachtung erfährt er die subjektiven Erkenntnisse der übrigen Teilnehmer und des Seminarleiters. Jede aufgedeckte Stärke beflügelt, jede Schwäche wird erkannt, jedoch nicht zur Bloßstellung genutzt, sondern zum positiven Lernansatz.

Der Trainer achtet darauf, dass sich alle Seminarteilnehmer auf freiwilliger Basis an den Rollenspielen beteiligen und dabei abwechselnd sowohl Vorgesetzten- als auch Mitarbeiterrollen übernehmen. Das Mitmachen ist aus lerntechnischer Sicht unbedingt anzustreben.

Sie können an dieser Stelle Ihren Teilnehmern die folgende Abbildung zeigen, um zu verdeutlichen, wie wir Dinge aufnehmen und wie viel wir davon behalten.

Wir behalten/ nehmen auf ...

»Erkläre es mir, ich werde es vergessen, zeige es mir, ich werde es vielleicht behalten, lasse es mich tun, und ich werde es können.« *(indisches Sprichwort)*

Erfahrungsgemäß nehmen sich Seminarbesucher vor, künftig bestimmte Verhaltensweisen zu ändern. Damit die beabsichtigten Veränderungen nicht nur dem eigenen »löchrigen Gedächtnis« anvertraut und dann vielleicht schnell wieder vergessen werden, ist es hilfreich, die Absichten sofort in eine To-do-Liste einzutragen. Denn dann können die Teilnehmer nach Seminarschluss am Arbeitsplatz die einzelnen Punkte ohne Hektik abarbeiten. Bitten Sie Ihre Teilnehmer zu Beginn des Seminars, ein DIN-A4-Blatt mit der Überschrift »Ich werde mir angewöhnen« zu versehen und während des Seminars darauf alle Änderungsabsichten zu notieren. Anschließend können die Teilnehmer die Eintragungen in der To-do-Liste in eine sinnvolle Reihenfolge bringen. Ein Beispiel für eine solche To-do-Liste kann folgendermaßen aussehen.

Beispiel für eine To-do-Liste

Ich werde mir angewöhnen:

- nicht mehr so impulsiv reagieren, möglichst eine Nacht über Unerfreuliches schlafen
- keine Rückdelegationsversuche von Lehmann mehr zulassen
- Kritik immer nur unter vier Augen ansprechen
- rechtzeitig gravierende Punkte für das Jahresgespräch notieren
- vor sich anbahnenden ernsthaften Konflikten nicht die Augen verschließen, sondern frühzeitig sozialverträgliche Konfliktlösungen anstreben
- Konfrontationen zwischen Klaus und Meier intensiv beobachten
- wenn mir etwas nicht gefällt, diesen Punkt in einer ruhigen Tonlage nach guter Vorbereitung ansprechen (auch beim Chef!)
- vor wichtigen Gesprächen realistische Zielvorstellungen entwickeln. Was will ich erreichen?
- unbedingt daran denken, Mitarbeitern berechtigte Anerkennung zukommen zu lassen
- regelmäßige Meetings vorsehen und kurze und knappe Ergebnisprotokollierung veranlassen

Bei anspruchsvollen Gesprächen sollten die äußeren Bedingungen ein ruhiges und ungestörtes Gespräch zulassen. Ohne Zweifel würde die Situation unnötig durch eine Sitzordnung erschwert, die ein Über- und Unterordnungsverhältnis signalisiert. Bestehende Machtverhältnisse sind erkennbar, wenn der Vorgesetzte mit dem Licht im Rücken hinter seinem Schreibtisch auf einem Sessel thront, während ihm gegenüber der Mitarbeiter im grellen Sonnenlicht auf einem unbequemen, wackeligen Stuhl um das Gleichgewicht ringt. Ideal wäre ein runder Tisch, mit dem symbolisch die Ebenbürtigkeit der Gesprächspartner betont wird. Da es an ihm weder ein Oben noch ein Unten gibt, ist jeder Platz genau so viel wert wie der andere.

Auch in den Rollenspielen sollten diese Überlegungen nicht vernachlässigt werden. Allerdings gibt es in Seminarräumen kaum runde Tische, sodass zu improvisieren wäre. Ein normaler Tisch sollte schräg zum Plenum gestellt werden, an den sich die Rollenspieler übereck mit Blickrichtung auf das Plenum setzen. Die Zuschauer hätten so die Möglichkeit, auch Gestik, Mimik und Körpersprache der Rollenspieler zu begutachten.

Gesprächstechnische Grundlagen

Gesprächsaufbau

In der Mitarbeiterführung ist die selbstverständlichste Kommunikationsform das Gespräch von Angesicht zu Angesicht. Es wird durch kein anderes Kommunikationsmittel in seiner Wirkung erreicht oder überboten. Während beispielsweise schriftlichen Mitteilungen eine gewisse Anonymität anhaftet, ist in der täglichen Zusammenarbeit zwischen Vorgesetzten und Mitarbeitern das gesprochene Wort persönlicher und wirkungsvoller. Diese Mensch-zu-Mensch-Kommunikation findet im Hier und Jetzt statt, womit ein flexibles Agieren einhergeht. Genau diese Form der Kommunikation kann in den Rollenspielen geübt werden.

Ein systematischer Gesprächsaufbau erleichtert es, die Mitarbeitergespräche erfolgreich zu führen. Sie können Ihren Teilnehmern den Aufbau eines Sachgesprächs beispielsweise mithilfe der Abbildung eines Zeppelins erläutern.

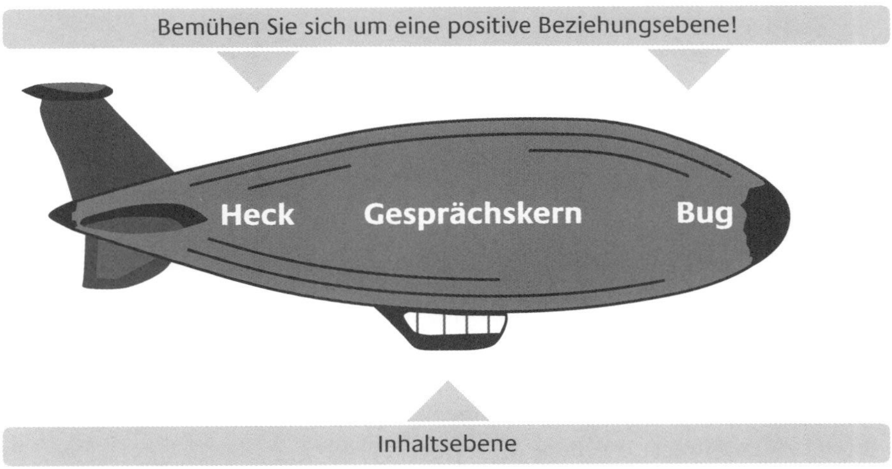

Der Bug gilt als eine der Kontaktherstellung zwischen den Gesprächspartnern dienende Zone (Tiere beschnuppern einander, um sich kennenzulernen, Menschen reden miteinander). Erst wenn eine positive Gesprächsatmosphäre geschaffen und ein persönlicher Bezug hergestellt ist, kann der zweckorientierte Gesprächskern ins Auge gefasst werden. Diesem folgt unabhängig vom Gesprächsinhalt und -verlauf am »Gesprächsheck« eine Passage, in der wiederum die Kontaktpflege zwischen den Beteiligten im Vordergrund steht.

Dieser Gesprächsphase wird ein Vorgesetzter mit sozialem Einfühlungsvermögen besondere Bedeutung schenken, vor allem dann, wenn während des Gesprächs unterschiedliche Beurteilungen von Sachverhalten oder persönliche Differenzen offengelegt werden. Schließlich soll ein Gespräch weder das Arbeitsklima über Gebühr belasten noch die künftige Zusammenarbeit erschweren. Selbst in Trennungsgesprächen (s. S. 318 ff.) sollte von dieser grundsätzlichen Empfehlung nicht abgewichen werden.

Aktives Zuhören

Mitarbeiter klagen immer wieder: »Mein Chef hört mir meistens nicht zu, sondern beschäftigt sich während meines Redens mit anderen Dingen, als wäre ich Luft.« Auch Vorgesetzte äußern sich deprimiert über das Zuhörverhalten von Mitarbeitern: »Ich muss ihm alles hundertmal sagen, und dann hört er immer noch nicht zu.«

»Klug zu reden ist oft schwer – klug zu schweigen noch viel mehr!« *(Wilhelm Busch)*

Das Zuhören scheint nicht zu den Stärken mancher Führungskräfte zu zählen. Sie halten Monologe, stellen sich beeindruckend dar und schränken damit ihre Einwirkungsmöglichkeiten auf Mitarbeiter ein.

Woran mag es liegen, dass die rhetorische Kompetenz vieler Mitmenschen ein Defizit im Zuhören aufweist? Hierfür können folgende Aspekte bestimmend sein:

- Manche Vorgesetzte reden lieber selbst, weil Aktivität und Dynamik zu ihrem Rollenverständnis des Vorgesetzten zählen. Sie übersehen, dass der Zuhörende lernt, der Sprechende zumeist auf dem bisherigen Stand bleibt.

- Die durchschnittliche Sprechgeschwindigkeit liegt bei etwa 125 Wörtern pro Minute. In der gleichen Zeit können wir etwa 400 Wörter aufnehmen. Die überschüssige Zeit verleitet zu gedanklichen Abschweifungen und Tagträumereien.
- Der Mensch ist mit sich und seinen Problemen, Vorstellungen und Argumenten zu stark beschäftigt. Es fehlt die erforderliche Selbstbeschränkung, dem Mitarbeiter bis zum Ende seiner Ausführungen zuzuhören. Aussagen von Mitarbeitern werden gnadenlos unterbrochen (»Da muss ich gleich mal einhaken«, »Dazu fällt mir etwas ein, vergessen Sie Ihre Worte nicht«), um eigene Überlegungen von sich zu geben, ohne auf das vorher Gesagte gebührend einzugehen.
- Gelegentlich mangelt es an Wertschätzung für den Gesprächspartner, sodass dessen Äußerungen physisch nur zum Teil aufgenommen und dann kaum objektiv beurteilt werden mit der Folge, dass Unzufriedenheit, Missverständnissen, Vorurteilen und Antipathien Tür und Tor geöffnet werden.
- Manche Führungskräfte stehen häufig unter starkem Zeitdruck und wollen deshalb die Gesprächsdauer auf ein Minimum reduzieren. Ohne bis zum Ende zuzuhören, bewerten sie schnell vorgetragene Gedanken, weil sie schon zu wissen glauben, welche Informationen die weiteren Ausführungen des Mitarbeiters enthalten. Dass hieraus Missverständnisse oder fehlerhafte Beurteilungen von Sachverhalten resultieren, verwundert nicht.
- Das Zuhören ist die am meisten gebrauchte, aber leider am wenigsten gelehrte Kommunikationsfähigkeit.

Das Zuhören muss der Sprechende auch erkennen können. Er muss wissen, ob seine Aussagen wirklich ankommen, ob er von seinem Partner verstanden oder ihm geglaubt wird, weil er darauf seine folgenden Äußerungen aufbaut. Schweigen allein genügt also nicht. Deshalb wandeln wir das Sprichwort »Reden ist Silber – Schweigen ist Gold« um in »Reden ist Silber – Zuhören ist Gold«.

»Um sprechen zu lernen, braucht der Mensch drei Jahre, um schweigen zu lernen, fünfzig Jahre.« *(Ernest Hemingway)*

Welche Ratschläge sollten für ein aktives Zuhören beherzigt werden? Zeigen Sie Ihren Teilnehmern die auf der nächsten Seite folgende Aufstellung.

Aktives Zuhören

- Anerkennungsbemerkungen von sich geben
- passenden Gesichtsausdruck zeigen
- Blickkontakt pflegen, aber variieren
- wichtige Aussagen sofort notieren
- bei Unklarheiten sofort nachfragen
- nicht unterbrechen
- wesentliche Aussagen und schwer Verständliches mit eigenen Worten wiederholen

Die einzelnen Punkte können Sie dann ausführlicher erläutern.

Anerkennungsbemerkungen von sich geben Das kann geschehen mit Gesprächsfloskeln, neutralen Aufmerksamkeitsreaktionen oder »sozialem Schmieröl« zum Beispiel mit Äußerungen wie: »So?«, »Aha!«, »Wirklich?«, »Erstaunlich!«, »Kaum zu glauben …«, »Interessant!«. Denn so wird Anteilnahme an den Ausführungen des Gesprächspartners bekundet.

Passenden Gesichtsausdruck zeigen Auf dem akustischen Kanal herrscht beim Zuhören zwar »Sendepause«, nicht aber auf dem optischen Sendebereich. Über Mimik werden Gefühlsregungen wie Freude, Zorn, Interesse, Hoffnung, Enttäuschung, Gleichgültigkeit, Angst, Neugier und vieles mehr gezeigt. Diese beachtliche Palette mimischer Darstellungen unserer Gefühle gehört zu unserem anatomischen Inventar.

Versteinerte Gesichtszüge oder Amtsmienen, in denen sich kein Fältchen bewegt, sind in einem Gespräch fehl am Platz. Für den Mitarbeiter ist es enervierend und ermüdend, stets in das ausdruckslose Gesicht des Vorgesetzten zu blicken, der mit undurchdringlicher Miene dem Mitarbeiter gegenübersitzt.

Vor allem sollten Vorgesetzte – bei allem Ärger – einen freundlichen Gesichtsausdruck nicht vergessen. Wir lächeln niemanden an, den wir gefühlsmäßig ablehnen oder verachten, den wir nicht in seiner menschlichen Würde anerkennen oder in dem wir einen unsympathischen Zeitgenossen sehen. Vielmehr verbinden wir mit einem freundlichen Gesichtsausdruck ein wortloses, positives und emotionales Angebot an unseren Gesprächspartner.

Die Forderung nach einem positiven Gesichtsausdruck hat nichts mit einem geschäftsmäßigen »Keep smiling« zu tun. Vielmehr sollte das Gesicht Einfühlung und Verständnis ausstrahlen. Niemand kommuniziert gern mit einem Griesgram. Eingeschüchtert, besorgt, kränkelnd, pessimistisch, missmutig, ärgerlich oder böse dreinblickende Menschen besitzen wenig Anziehungskraft auf ihre Mitmenschen! Ein freundlicher und entspannter Gesichtsausdruck hingegen strahlt Vertrauen aus und schafft ein angenehmes Gesprächsklima. Unterstreichen können Sie diese Aussage mit den folgenden Präsentationsfolien.

Ein Lächeln

Es kostet nichts und bringt viel ein.
Es bereichert den Empfänger, ohne den Geber ärmer zu machen.
Es ist kurz wie ein Blitz, aber die Erinnerung daran ist oft unvergänglich.
Keiner ist so reich, dass er darauf verzichten könnte, und keiner so arm, dass er es sich nicht leisten könnte.
Man kann es weder kaufen noch erbitten, noch leihen oder stehlen, denn es bekommt erst dann einen Wert, wenn es verschenkt wird.

Verschenken Sie bitte Ihr Lächeln …

Ein Lächeln kostet weniger als Strom und bringt doch mehr Licht!

Will die Führungskraft in problematischen Situationen (zum Beispiel bei wiederholtem Fehlverhalten) oder bei unerfreulichen Anlässen (zum Beispiel Trennungsgespräch) ihren Worten Nachdruck verleihen, ist allerdings ein Lächeln fehl am Platz. Entweder wird der lächelnde Vorgesetzte nicht mehr ernst genommen oder der Gesprächspartner fühlt sich auf den Arm genommen. In diesen Fällen wäre ein neutraler beziehungsweise Mitgefühl signalisierender Gesichtsausdruck angebrachter, keinesfalls eine strafende, bitterböse oder zornige Mimik.

Blickkontakt pflegen, aber variieren Die besondere Bedeutung des Blickkontakts wird durch einige Formulierungen unseres Sprachgebrauchs deutlich herausgestellt: So wird das Auge als »Spiegel der Seele« bezeichnet. Ein besonderes Zeichen der Wertschätzung ist es, einer anderen Person »tief in die Augen zu schauen«, jemandem »schöne Augen zu machen«.

Demgegenüber signalisieren wir Ablehnung, wenn wir einen Menschen »keines Blickes würdigen«. Mancher Leser wird bei einem Gesprächspartner vorsichtig sein, der »einem nicht gerade in die Augen sehen kann«. »Durchbohrende« oder »strafende« Blicke bereiten uns ebenfalls kein Vergnügen. Berechtigterweise stellen wir fest: »Blicke sprechen Bände!«

Fehlender Blickkontakt zeugt von Unsicherheit und verhindert ein vertrauensvolles Gesprächsklima. Menschen, die ihren Gesprächspartnern nicht in die Augen sehen, schaffen Distanz und lassen einen zwischenmenschlichen Kontakt gar nicht erst aufkommen.

Schauen Sie Ihren Gesprächspartner an, wenn er spricht, nehmen Sie ihn bewusst wahr. Das vermindert die Unruhe im Blickkontakt. Vermeiden Sie es, zu Boden zu blicken (was in der Regel gedeutet wird als Unsicherheit oder Unterlegenheit), es sei denn, Sie denken einen Moment nach.

Wenn Sie selbst sprechen, sollten Sie einen zu langen Blickkontakt meiden, sondern zwischendurch den Blick einige kurze Momente auf Wanderschaft schicken, ihn dann aber immer wieder auf den Gesprächspartner richten. Damit wird ein bedrohlich wirkendes beharrliches Anstarren (das unter Primaten eine Drohgebärde darstellt) vermieden. Spricht das Gegenüber, wird ein längerer Blickkontakt dagegen als Zeichen von Interesse und Aufmerksamkeit positiv registriert.

Wichtige Aussagen sofort notieren Wird demonstrativ zu Papier und Bleistift gegriffen mit den Worten »Das ist ein interessanter Hinweis!« oder »Wie ist das im Einzelnen gewesen?«, fühlt sich der Mitarbeiter aufgewertet und ernst genommen. Durch das schriftliche Festhalten seiner Aussage wird deren Wichtigkeit unterstrichen und damit auch die Anerkennung des Mitarbeiters signalisiert. Gleichzeitig ist hiermit der unausgesprochene, aber deutliche Hinweis auf Sachlichkeit und Zurückhaltung verbunden.

Bei Unklarheiten sofort nachfragen Im Gesprächsverlauf grübeln wir manchmal, was der Partner wohl mit seinen Aussagen meint, wovon er überhaupt redet. Es ist kein Zeichen mangelnder Intelligenz, wenn wir die eine oder andere Aussage des Gesprächspartners nicht verstehen oder den Eindruck erhalten, vom Gegenüber nicht richtig verstanden worden zu sein. Da es keine Menschen gibt, die einander in ihren Persönlichkeitsstrukturen und ihrer bisherigen Lebensgeschichte völlig gleichen, müssen wir akzeptieren, dass ein anderer unter ein und demselben Sachverhalt sehr wohl etwas anderes verstehen kann als man selbst.

»Bei gleicher Umgebung lebt doch jeder in einer anderen Welt.« *(Arthur Schopenhauer)*

Jede Information wird in unserem Inneren durch einen »persönlichen Filter« geleitet mit der Gefahr einer unbeabsichtigten Verfälschung. Denn jeder betrachtet seine Umgebung durch die Brille, die für seine Augen passt. Um zu einem Dialog zu gelangen und den Gesprächspartner richtig zu verstehen, fragen Sie daher im Zweifelsfall sogleich nach.

Nicht unterbrechen Vorlaute Menschen unterbrechen den Gesprächspartner, um die eigenen Aussagen schnell loszuwerden. Lassen Sie den Partner unbedingt ausreden. Das hat zudem den Vorteil, dass dieser uns anschließend ebenso bereitwillig zuhören wird. Unterbrechen Sie ihn aber, bleibt stets etwas Unzufriedenheit in ihm zurück. Diese Unzufriedenheit ist ein Störfaktor für den weiteren Verlauf des Gesprächs. Dem Gesprächspartner fehlt die innere Ruhe, da er stets einen halben Gedanken darauf verwendet, den unausgesprochenen Rest seiner Aussagen möglichst nicht zu vergessen. Folglich hört er nicht mehr mit voller Aufmerksamkeit zu, das Gespräch verliert an Substanz.

Vom Gesprächspartner selbst eingestreute kurze Pausen, die er für die Formulierung seiner nächsten Aussage benötigt, sollten nicht dazu ausgenutzt werden, ihm sofort ins Wort zu fallen. Ebenso sollten Formulierungs- oder Vortragsmängel von Mitarbeitern ignoriert werden. Statt mit Verbesserungen herauszuplatzen, ist es günstiger, zunächst den Kern der Informationen zu erkennen.

Wesentliche Aussagen sowie schwer Verständliches mit eigenen Worten wiederholen Indem wichtige Aussagen des Gesprächspartners wiederholt werden, wird gezeigt, dass man den Aussagen interessiert folgt. Auch erkennen dann beide Gesprächspartner besser, dass sie sich noch »auf gleicher Wellenlänge« befinden und einander verstehen. Die eingestreuten Wiederholungen beginnen etwa folgendermaßen: »Mit anderen Worten ...«, »Es verstärkt sich bei Ihnen der Eindruck ...«, »Sie finden, dass ...«, »Nach Ihrer Einschätzung ...«, »Ich verstehe das von Ihnen bisher Gesagte folgendermaßen ...«, »Verstehe ich Sie richtig, dass ...«.

Sie kennen das sicher, dass uns das Zuhören bei manchen Menschen sehr schwerfällt. Und dennoch dürfen wir nicht vergessen, dass der aktiv Zuhörende durch sein Verhalten dem Gesprächspartner zu erkennen gibt: »Sie sind wichtig!« – Wer aktiv zuhört, gewinnt Ansehen und Glaubwürdigkeit und schafft Vertrauen, erhält mehr Informationen – und hat zumeist auch größeren Erfolg!

»Die gute Unterhaltung besteht nicht darin, dass man selbst etwas Gescheites sagt, sondern dass man etwas Dummes anhören kann.« *(Wilhelm Busch)*

Fragetechnik

Fragen haben einen Aufforderungscharakter und üben auf den Mitarbeiter einen Zwang zur Reaktion aus. Mit Fragen nimmt die Führungskraft den Mitarbeiter an ein Leitseil nach dem Motto:

- Wer fragt, der führt (den Partner in die von uns gewünschte Richtung).
- Wer fragt, der aktiviert (Mitdenkanreize, sodass die grauen Zellen des Partners angeregt werden).
- Wer fragt, der produziert (Reaktionen, die von uns genutzt werden).

Die große Bedeutung von Fragen darf nicht unterschätzt werden, denn der fragende Vorgesetzte

- verschafft sich benötigte Informationen
- spricht weniger und hört mehr zu
- rückt seine persönliche Meinung zunächst in den Hintergrund
- braucht nichts zu beweisen (nur wer etwas behauptet, hat anschließend die Beweislast)
- denkt klarer und kann flexibler reagieren
- kann in dieser Zeit nichts Falsches sagen

- erfährt von Widerständen und Einwänden des Mitarbeiters
- erkennt, was der Mitarbeiter will
- kann eigene Argumente besser vorbereiten
- bringt weniger unwichtige Behauptungen und Argumente
- steuert die Gedanken des Mitarbeiters in die Richtung des gewünschten Ziels
- kann erkennen, ob der Mitarbeiter bei der Sache ist
- erfährt, ob das vorher Gesagte so verstanden wurde wie es beabsichtigt war
- gewinnt Zeit zum Nachdenken
- erzielt eher Aufmerksamkeit, weil die meisten Menschen zunächst sich selbst gern reden hören
- gilt als höflicher, partnerorientierter und interessierter Mensch
- lockt den Mitarbeiter aus der Reserve
- schafft schneller eine Vertrauensbasis
- kann den Mitarbeiter aufgrund dessen Reaktionen besser einschätzen
- hilft dem Mitarbeiter bei der Bestätigung oder beim Aufbau seines Selbstwertgefühls
- kann den Mitarbeiter aus dem Konzept bringen und ihn verwirren
- baut Aggressionen ab
- hat die Möglichkeit, verwundbare Stellen beim Mitarbeiter zu finden
- kann eine falsche Sicherheit des Mitarbeiters (der beispielsweise Unwahrheiten von sich gibt) elegant zersetzen
- ermöglicht ein diplomatisches Korrigieren des Mitarbeiters
- lenkt die Aufmerksamkeit auf die für ihn wichtigen Punkte
- aktiviert den Mitarbeiter und behält dennoch die Gesprächsführung in der Hand

»Wer viel fragt, lernt und macht sich angenehm, besonders wenn er seine Fragen dem Wissen des Gefragten anpasst, denn er gibt ihm so Gelegenheit, sich in Reden zu ergehen und er selbst erntet fortwährend Erkenntnisse.« *(Francis Bacon)*

Will sich eine Führungskraft die positiven Aspekte einer guten Fragetechnik zunutze machen, sollten ihm die einsetzbaren Fragearten bekannt sein, denn die Antworten des Mitarbeiters hängen weitgehend von der verwendeten Frageart ab. Deshalb wenden wir unsere Aufmerksamkeit verschiedenen Fragearten zu:

Offene Fragen Diese Fragen beginnen stets mit einem Fragefürwort (warum, was, wer, wie, wann, wodurch und so weiter). Sie werden häufig auch als W-Fragen bezeichnet, dienen dem Erfragen von Tatsachen und sind besonders gut geeignet, um grundsätzlich mehr Informationen zu erhalten. Mit dem Fragefürwort wird die Richtung der Antwort kaum vorgegeben, sodass dem Antwortenden mehr Möglichkeiten der Gestaltung und Kreativität geboten werden. Der Mitarbeiter kann ungezwungen seine Meinung kundtun und detailliert Auskunft geben. Selbst eine kurze Antwort wird bei einem höflichen Gesprächspartner aus einem vollständigen Satz bestehen. Der Fragende erhält häufig ausführliche Informationen und hat mehr Zeit, sich den Fortgang des Gesprächs durch den Kopf gehen zu lassen.

Geschlossene Fragen Geschlossene Fragen beginnen mit einem Hilfsverb wie »sein« oder »haben« beziehungsweise mit einem Verb, sodass dem Gesprächspartner nur die Wahl zwischen den Antworten »Ja«, »Nein« oder »Vielleicht« gelassen wird. Werden geschlossene Fragen vermehrt eingesetzt, ist die Informationsausbeute in der Regel gering und das Gespräch nimmt schnell den Charakter eines Verhörs an. Gut einsetzbar ist eine geschlossene Frage natürlich dann, wenn eine Entscheidung getroffen werden soll (»Wollen wir investieren?«).

Erfahrungsfragen Eine solche Frage lautet zum Beispiel: »Frau X, welche Erfahrungen haben Sie bisher mit wütenden Beschwerdeführern gemacht?« In seiner Antwort kann der Befragte auf Bekanntes zurückgreifen. Bei dieser speziellen Art der offenen Frage wird ein schüchterner Gesprächspartner eher seine Zurückhaltung aufgeben, da er sich auf vertrautem Terrain bewegt.

Weiterführende Fragen Ist der Mitarbeiter wenig mitteilsam und hält sich auch bei offenen Fragen zurück, werden mit dieser Frageart weitergehende Informationen eingeholt. Dann kann beispielsweise gefragt werden: »Worauf legen Sie noch Wert?«, »Was kann aus Ihrer Sicht noch zusätzlich passieren?«, »Welche weiteren Vorschläge haben Sie?«.

Hinführende Fragen Insbesondere bei Vielrednern oder nebulösen Aussagen kommt es dem Vorgesetzten auf eine Präzisierung des Gesagten an. Der Mitarbeiter soll mit dieser speziellen Art der offenen Frage eingeengt beziehungsweise dazu animiert werden, seine Vorstellungen auf den Punkt zu bringen: »Worauf legen Sie vor allem Wert?«, »Welcher Punkt liegt Ihnen speziell am Herzen?«.

Motivierungs- und Stimulierungsfragen Mit dieser Frageart soll der Mitarbeiter angeregt werden, aus sich herauszugehen. Mit ihrer Hilfe wird eine besonders gute Gesprächsatmosphäre erzeugt, sofern sie nicht übertrieben eingesetzt wird. Der Mitarbeiter wird mit einem besonderen Prädikat oder einer positiven Eigenschaft ausgezeichnet, sodass Wohlwollen erzeugt wird: »Was sagen Sie als kostenbewusst denkender Gruppenleiter zu diesen Angeboten?«, »Was halten Sie als Fachmann von diesem Vorschlag?«.

Alternativfragen Um schneller zu gewünschten Entscheidungen zu gelangen, können Alternativfragen gute Dienste leisten. Sie geben dem Mitarbeiter aus Ihrer Sicht passende Alternativen vor, zwischen denen er wählen kann: »Können wir das Arbeitsklima durch einen Betriebsausflug oder durch einen Kegelabend verbessern?« Es versteht sich von selbst, dass hierbei unerwünschte Varianten überhaupt nicht zur Sprache gebracht werden.

Mit dieser Frageart wird der Antwortspielraum des Befragten auf die angebotenen Alternativen eingeengt, denn kaum ein Gesprächspartner denkt in dem Moment an weitere ungenannte Möglichkeiten, sondern sucht sich aus den angebotenen Alternativen die für ihn günstigste aus.

Examensfragen In »hochnotpeinlicher« Frageform wird der Mitarbeiter auf diese Weise befragt. Er fühlt sich ausgequetscht, und eine unnötige und dem Gesprächszweck sicherlich zuwiderlaufende Stresssituation wird erzeugt. Solche Fragen lauten beispielsweise: »Wenn Sie schon einen Scheck annehmen, müssen Sie auch die sieben wesentlichen Punkte kennen. Welche Punkte in der richtigen Reihenfolge meine ich?« Oder: »Bei der Bearbeitung von Reklamationen wollten wir uns an den vereinbarten Gesprächsablauf halten. Welche Punkte in der richtigen Reihenfolge meine ich?«

Mehrfachfragen Stellt ein Vorgesetzter seinem Mitarbeiter mehrere Fragen hintereinander, kann dies verwirren. Letztlich lädt diese Art des Fragens zur Selbstbedienung ein: »Wie ist dieses System aufgebaut? Ich meine, welche Merkmale hat es? Woran erkennen wir es? Was ist noch verbesserungsbedürftig?« – Der Mitarbeiter sucht sich den ihm am meisten zusagenden Frageteil heraus, beantwortet ihn gründlich und ausladend und tut so, als hätte er damit alles beantwortet.

Suggestivfragen Mit Suggestivfragen wird keine Informationssuche eingeleitet. Es handelt sich eher um kaschierte Aufforderungen, welche den Mitarbeiter vorrangig in die vom Vorgesetzten beabsichtigte Richtung lenken soll. Da der Fragende die gewünschte Antwort bereits in die Frage legt, sollte diese Manipulationsmethode vermieden werden. Sonst fühlt sich der Mitarbeiter schnell bevormundet und eingeengt. Bestimmte Füllwörter sind für diese Frageart charakteristisch: sicherlich, doch, etwa, wohl, auch: »Sie sind doch wie alle anderen auch der Auffassung, dass …?«, »Sind Sie in diesem Punkt etwa anderer Meinung?«.

Gewissensfragen Gefordert wird mit dieser Frage keine sachliche Antwort, sondern die Preisgabe persönlicher Meinungen, Auffassungen, Ideale: »Wie hat Herr … während meiner Abwesenheit im Verhältnis zu meinem Führungsstil die Abteilung geleitet?«, »Wie bewerten Sie die ständigen Zänkereien, die sich offensichtlich zwischen Herrn … und seiner Frau abspielen?«.

Gegenfragen In unserer Kindheit wurde uns beigebracht, auf eine Frage nicht mit einer Gegenfrage zu reagieren. Der Grund ist wohl darin zu sehen, dass mit Gegenfragen die eigene Position verheimlicht wird und die Informationswünsche des Gesprächspartners zunächst unberücksichtigt bleiben. Dennoch sollte diese Frageart nicht völlig verdrängt werden, denn sie enthält einige Pluspunkte:

- Durch die Gegenfrage wird Zeit gewonnen.
- Der Gesprächspartner begründet seine Ausgangsfrage.
- Der Gesprächspartner korrigiert oder verändert häufig seine ursprüngliche Frage.

Ein für seine Gegenfragen bekannter Zeitgenosse wurde gefragt: »Warum stellen Sie häufig Gegenfragen?« Die Antwort: »Warum soll ich nicht mit einer Gegenfrage antworten?«

Fangfragen Der Fragende zieht aus den Antworten auf seine Frage andere Rückschlüsse als der Antwortende. So will beispielsweise der Personalchef mit der Frage: »Haben Sie schnell einen Parkplatz gefunden?«, wissen, ob der zum Vorstellungsgespräch erschienene Bewerber überhaupt einen Führerschein besitzt.

Das in Gesprächssituationen so besonders wichtige Vertrauen wird aber entzogen, wenn dann erkannt wird, dass man einer Fangfrage aufgesessen ist.

Gestik und Mimik einsetzen

Jeder Mensch hat eine natürliche Neigung, mit den Händen die Dinge darzustellen und mit passender Mimik zu verstärken, von denen er gerade spricht. Wir wissen aus Erfahrung, dass die Sprache ein nur unvollständiges Mittel ist, um unsere Gedanken und Gefühle überzeugend darzustellen. Wir übermitteln unserer Umwelt selbst dann mit unserem Körper Nachrichten, wenn wir es überhaupt nicht wollen. Als unpassende Geste in Gesprächen erkennen wir den drohenden Finger in Richtung des Mitarbeiters oder die geballte Faust, mit der Zorn, Wut oder Ärger dokumentiert werden.

In die Hüfte gestützte Arme weisen eine Dominanz- oder Drohgebärde aus. Werden die Arme verschränkt, also vor der Brust gekreuzt, lässt diese Haltung erkennen, dass sich der Gesprächspartner bedroht fühlt und sich in sich zurückzieht. Mit der symbolischen Selbstumarmung wird der Wunsch nach Schutz und Wärme dargestellt. Diese gefesselte Körperhaltung unterbindet jegliche Gestik. Demgegenüber werden mit einer offenen Körperhaltung (zur Geste bereite geöffnete Arme) Gesprächs- und Kooperationsbereitschaft signalisiert.

Mitarbeiter mit Namen ansprechen

Kein Wort unseres Sprachschatzes hat eine so enge Beziehung zu seinem Besitzer wie der Eigenname. Sein Gegenüber mit seinem Namen anreden ist ein Akt der Höflichkeit. Und dass die Anrede »Herr« oder »Frau« nicht unterbleibt, muss auch für Vorgesetzte selbstverständlich sein. Wer mit »Herr« beziehungsweise »Frau« angesprochen wird, verhält sich viel eher als ein Gesprächspartner auf Augenhöhe.

Störende Unarten ausräumen

Die Anzahl von – häufig unbewussten – Unarten, mit denen ein Gespräch nachhaltig gestört werden kann, scheint unbegrenzt zu sein. Deshalb beschränken wir uns nachfolgend auf die häufiger erkennbaren Störfaktoren:

- Wird immer wieder mit den Fingern auf den Tisch geklopft oder ständig der Druckmechanismus eines Kugelschreibers betätigt, ist Nervosität zu erkennen. Auch kommt für den Betrachter kaum Freude auf, wenn ein Gesprächsteilnehmer wie ein hungriger Tiger in seinem Käfig hin und her läuft, ständig die Elastizität seiner Finger bis zum hörbaren Knacken überprüft, sich die Haare rauft oder sich ein Barthaar nach dem anderen ausreißt.
- Werden während des Gesprächs Bonbons gelutscht oder wird mit Begeisterung ein Kaugummi bearbeitet, zeigt dieses Verhalten keine Wertschätzung für den Gesprächspartner.
- Es sollte vermieden werden, immer wieder auf die Uhr zu schauen. Dadurch wird zeitliche Bedrängnis signalisiert und eine Unruhe erzeugt, die sich auf den Gesprächspartner überträgt, sodass die Gesprächsatmosphäre beeinträchtigt wird.
- Gehört der Vorgesetzte zu den weitschweifigen Dauerrednern, die einmal zu sprechen beginnen und nie wieder aufhören wollen, werden seine Gesprächspartner Kontakte zu ihm auf ein Minimum beschränken.
- Mit abgedroschenen Schlagwörtern, Gewohnheitsausdrücken und Verlegenheitslauten (hier insbesondere das massiv auftretende tiefschürfende und inhaltsschwere »Äh ...«) können andere Menschen in die innere Emigration getrieben werden.
- Kommt der Vorgesetzte beim Sprechen seinem Mitarbeiter zu nah, missachtet er dessen Intimsphäre. Vielleicht achtet der Mitarbeiter nicht mehr auf den Inhalt der Aussagen, sondern konstatiert, ob die Atemgeräusche des Vorgesetzten noch normal sind oder ob bereits Ansätze von Asthma zu bemerken sind. Vielleicht geht er auch in Deckung, wenn ihm Speichel ins Gesicht gesprüht wird.
- Manche Menschen zupfen am Ärmel ihres Gesprächspartners, um den Kontakt durch Heranziehen – natürlich unbewusst – zu fördern. Durch Ticken mit dem Zeigefinger auf Arm, Schulter oder Brust soll eigenen Aussagen Nachdruck verliehen werden. Mit zu großer Nähe, mit Zupfen

»Die Lippe sprüht, das Auge leuchtet, des Lauschers Bart wird angefeuchtet.« *(Wilhem Busch)*

und Anticken wird die individuelle Schutzzone durchbrochen, sodass Gesprächspartner das baldige Ende der Zusammenkunft herbeiflehen.

Die vorstehenden gesprächstechnischen Aspekte sollten zur Grundausstattung zivilisierter Mitteleuropäer zählen. Werden sie in den vielen tagtäglichen Gesprächen praktiziert, gehen sie schnell in Fleisch und Blut über und gehören bald zum Standard in allen Gesprächssituationen.

Zusätzlich sind von Vorgesetzten im Führungsalltag besondere zweck- und zielorientierte führungstechnische Aspekte zu beachten, auf die in den folgenden 20 Rollenspielen eingegangen wird. Hier sind weder Standardvorgehensweisen noch -lösungen möglich beziehungsweise anzustreben. Vielmehr sollen situationsbezogene Ergebnisse erzielt werden, die der Schaffung oder Fortsetzung einer gedeihlichen Zusammenarbeit dienen.

Die 20 Rollenspiele

↗02

Rollenspiel 1: Einstellung einer neuen Mitarbeiterin

Für ein erfolgreiches Weiterbestehen eines Unternehmens am Markt ist eine gute technische und/oder finanzielle Ausstattung oder die gegenwärtig gesicherte Wettbewerbsposition nicht unbedingt entscheidend. Heutige Lorbeeren welken schnell im globalen Innovations- und Verdrängungswettbewerb. Entscheidend sind wollende (gut motivierte) und könnende (fachlich qualifizierte) Mitarbeiter. Sie sind die wertvollste Ressource und der wichtigste Produktionsfaktor eines jeden Unternehmens. Auf sie kommt es in besonderem Maße an. Dies muss jedem Vorgesetzten bewusst sein, denn ohne eine engagierte und qualifizierte Belegschaft können Unternehmen nicht mit Aussicht auf Erfolg dauerhaft am Markt bestehen.

Für jeden Vorgesetzten ist es daher bedeutungsvoll, sich intensiv mit der Einstellung und Einführung neuer Mitarbeiter zu beschäftigen. Manche Führungskräfte schenken diesen Themen jedoch kaum Aufmerksamkeit, sodass vermeidbare Frustrationen, zusätzlicher Arbeitsaufwand und unnötige Kosten entstehen.

Rollenspiel: Einstellung einer neuen Mitarbeiterin

Rolle des Vorgesetzten

Niederlassungsleiter ...., 40 Jahre.

Sie haben eine Halbtagskraft eingestellt (ausgebildete Sekretärin, die nach der Babypause wieder berufstätig wird). Diese Kraft, Frau Funk, hat vier Wochen nach der Einstellung völlig überraschend gekündigt. Sie ist nicht bereit, nur Arbeiten auszuführen, zu der die Sekretärin, Frau ...., keine Lust hat. Darüber hinaus hat sie den Eindruck, dass Frau .... sie nicht mag.

Sie halten das gerade in Empfang genommene Kündigungsschreiben von Frau Funk in der Hand, wollen die Sache nicht auf die lange Bank schieben und sprechen Frau .... sogleich an.

Sie sind im Außendienst sehr erfolgreich, aber überlastet. Sie sind entscheidungsfreudig und handeln schnell. Sie schätzen Frau .... als ausgesprochen

tüchtige Kraft. Jetzt jedoch sind Sie verärgert, weil Ihre Sekretärin die neue Kraft offensichtlich »sauergefahren« hat, obwohl sie selbst die Bitte um Entlastung geäußert hatte.
Was Sie bisher an Arbeiten von Frau Funk gesehen haben, war gut.

Rolle der Mitarbeiterin
Sekretärin ...., 25 Jahre.
Sie sind tüchtig und arbeiten häufig sogar etwas länger, ohne zusätzliche Vergütung zu erwarten. Sie arbeiten sehr selbstständig und sind für den Innendienstablauf verantwortlich, da Ihr Chef .... meist bei der Kundschaft ist. Vor einigen Monaten hatten Sie Herrn .... auf das große Arbeitsvolumen aufmerksam gemacht. Vor vier Wochen wurde dann die Halbtagskraft Frau Funk (ausgebildete Sekretärin, die nach der Babypause wieder berufstätig wird) eingestellt.
Über Herrn .... haben Sie sich geärgert, weil er

- eine Halbtagskraft eingestellt hat, ohne Sie zum Vorstellungsgespräch – wenigstens zeitweilig – hinzuzuziehen
- bei Arbeitsantritt die Neue zu Ihnen geführt und nicht mehr gesagt hat als: »Das ist Frau Funk zu Ihrer Unterstützung, bitte arbeiten Sie sie ein.«
- nicht vorher mit Ihnen besprochen hat, welche Arbeitsgebiete die neue Kraft übernehmen soll

Sie sind der Meinung, dass Sie Frau Funk vor der Einstellung hätten kennenlernen müssen, um festzustellen, ob Sie beide zueinanderpassen.
In der Vergangenheit haben Sie Frau Funk Arbeiten übertragen, die für Anfänger akzeptabel sein sollten. Dazu gehörten Ablage, Kopieren, Statistiken erstellen und Ähnliches. Ihr Verhältnis zu Frau Funk würden Sie eher als distanziert bezeichnen.

Zugegeben: In einem gut organisierten Unternehmen könnte die in diesem Drehbuch dargestellte Situation kaum eintreten. Denn bereits im Vorfeld der geplanten Einstellung kam es zu einem gravierenden Fehler. Dem Vorgesetzten gelang es offensichtlich, die Einstellung einer neuen Mitarbeiterin hausintern durchzusetzen, ohne dass irgendjemandem bewusst war,

- was die zusätzliche Arbeitskraft machen wird,
- welches fachliche Niveau sie aufweisen und
- wie die Aufgabenverteilung zwischen der etablierten Sekretärin und der eingestellten Kraft aussehen soll.

Das gesamte Vorhaben stand deshalb unter keinem guten Stern. Betrachten wir die »verkorkste« Situation aus der Sicht der Beteiligten:

Sicht des Vorgesetzten Er erkannte die Notwendigkeit einer personellen Verstärkung seines Back-Office-Bereichs und handelte schnell. Er sorgte für die Einstellung der nach seinem Gefühl bestgeeigneten Frau Funk. Alle weiteren Details sollte die Vollzeitkraft übernehmen. Von der etablierten Sekretärin hatte er ein Wort des Danks für die schnelle Einstellung erwartet. Mit dem Erhalt des Kündigungsschreibens sieht er zusätzliche Arbeit auf sich zukommen. Ergebnis: Der Vorgesetzte ist »stinksauer«!

Sicht der etablierten Sekretärin Einerseits kann sie jetzt die unangenehmen Arbeiten der Neuen übertragen. Andererseits weiß sie die Tatsache nicht zutreffend einzuordnen, weshalb hierfür eine ausgebildete Sekretärin eingestellt wurde. Könnte ihre bisher gefestigte Position in Gefahr geraten? Wird ihr mit dieser Frau möglicherweise eine Konkurrenz erwachsen? Vorsichtshalber wird sie der Neuen nichts Wichtiges übertragen, sodass es nach wie vor nur eine Person gibt, die alles fest im Griff hat: sie selbst. Da die persönliche Chemie zwischen den beiden Mitarbeiterinnen von Beginn an gestört war, machte es zu zweit keinen Spaß. Ergebnis: Die etablierte Mitarbeiterin ist mit der neuen Situation insgesamt unzufrieden.

Sicht der eingestellten Mitarbeiterin Die neu eingestellte Halbtagskraft nahm mit vollem Elan ihre Arbeit auf und wollte sich und allen anderen beweisen, dass sie eine qualifizierte Mitarbeiterin ist, die während der Babypause ihr Metier nicht verlernt hat. Entgegen ihren Vorstellungen verhielt sich die etablierte Sekretärin ihr gegenüber distanziert und übertrug nur Arbeiten an sie, die auch von einer unqualifizierten Hilfskraft erledigt werden könnten. Sie fühlt sich in einem eher negativen Arbeitsklima unter Wert eingesetzt. Ergebnis: Kündigung!

Die Erwartungen der drei Beteiligten erfüllten sich nicht. Anstelle allseitiger Zufriedenheit baute sich bei den Akteuren Frustration auf.

Welches Vorgehen hätte bessere Ergebnisse erzielt? Um die Genehmigung einer Personalaufstockung innerhalb des Hauses zu erreichen, ist vom Fachvorgesetzten eine überzeugende Personalanforderung aufzustellen, die eine Tätigkeitsbeschreibung enthält und Auskunft über die Anforderungen an den künftigen Stelleninhaber gibt. Offensichtlich sah der Niederlassungsleiter die Bitte seiner Sekretärin um Entlastung als gerechtfertigt an, sodass seine Reaktion hätte lauten müssen:

Beispiel für eine Reaktion auf den Entlastungswunsch

»Ich will Sie gern unterstützen, brauche dabei aber Ihre Mithilfe. Schließlich kennen Sie Ihren Arbeitsplatz am besten. Bitte machen Sie sich Gedanken, welche Aufgaben eine weitere Mitarbeiterin – ich denke dabei an eine Halbtagskraft – übernehmen sollte. Denken Sie zudem darüber nach, ob diese Person nur Hilfstätigkeiten ausüben soll oder in der Lage sein müsste, im Falle Ihrer Verhinderung kurzfristig das Büro am Laufen halten zu können. Bitte notieren Sie Ihre Überlegungen und geben Sie mir das Papier bis kommenden Montag. Ich möchte es dann durchsehen und anschließend mit Ihnen besprechen, wie die Personalanforderung hieb- und stichfest zu begründen ist.«

Die Vorstellungen des Vorgesetzten wären in die Konzeption (diese erleichtert den eventuell später nötigen Entwurf einer Stellenbeschreibung) eingeflossen, sodass nun auf dieser Grundlage – möglicherweise in Zusammenarbeit mit dem zuständigen Personaler – die Aufstellung eines Anforderungsprofils möglich gewesen wäre.

Anforderungsprofil und Vorstellungsgespräch

Ein Anforderungsprofil enthält die festgeschriebenen Vorstellungen des Arbeitgebers darüber, welche Anforderungen eine Stelle mit bestimmten Aufgaben an den Stelleninhaber stellt.

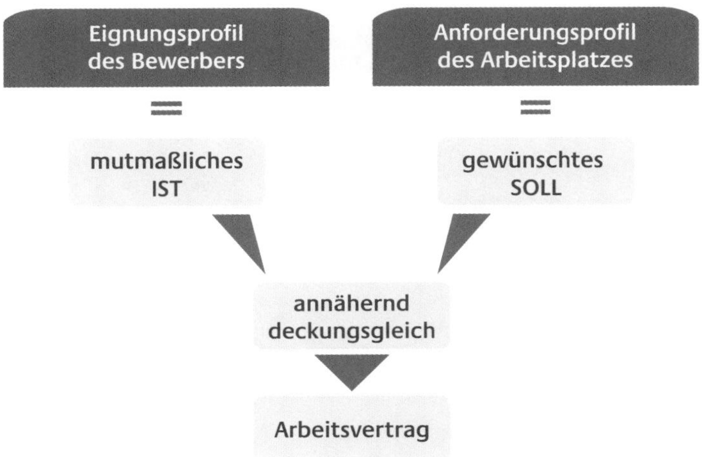

Die Sollvorstellungen des Arbeitgebers werden personenunabhängig formuliert, wobei sowohl fachliche als auch persönliche Anforderungen festgelegt werden:

- Anforderungen an fachliche Fertigkeiten und Kenntnisse sowie Erfahrungen
- besondere Anforderungen an die körperliche Konstitution
- geistige Anforderungen
- Anforderungen an Persönlichkeitsmerkmale (unter dem Gesichtspunkt der »Harmonie« in einer bereits eingespielten Arbeitsgruppe, welche der »Neuling« künftig angehören soll)

Auf der Basis des Anforderungsprofils lässt sich mit einer Entscheidungsanalyse eine objektive Entscheidung treffen, indem auf rechnerischem Wege der bestgeeignete Bewerber ermittelt wird.

Im Anforderungsprofil wird unterschieden nach Muss (messbare Anforderungen) und Wunsch (nicht messbare Zielsetzungen). Ein solches Anforderungsprofil kann beispielsweise für einen Außendienstmitarbeiter wie folgt aussehen. Den Seminarteilnehmern können die Anforderungen auf einer Folie gezeigt werden.

Muss = messbare Anforderungen

	A	B	C	D
Führerschein Klasse B	✓	✓	✓	✓
gesund und belastbar	✓	?	✓	✓
Außendiensterfahrung mindestens drei Jahre	✓	✓	✓	✓
beruflicher Vorlauf im Berufsfeld Textil mindestens 5 Jahre	3,5	✓	✓	✓
keine Vorstrafen	✓	✓	✓	✓
maximal sechs Punkte in Flensburg	8	✓	✓	✓

Nach dieser ersten Entscheidungsanalyse nach den Musskriterien ist einer der Bewerber bereits aus dem Rennen. Bei den Wunschkriterien gelangen daher nur drei Bewerber in das weitere Auswahlverfahren.

Wunsch = nicht messbare Zielsetzungen				
	Gewichtung	**B**	**C**	**D**
Bewerbungsunterlagen	10	4 40	2 20	2 20
abgeschlossene kfm. Lehre	7	3 21	3 21	4 28
Kontaktfähigkeit/-freudigkeit	10	3 30	4 40	3 30
soziale Anpassungsfähigkeit	10	2 20	4 40	3 30
sprachliche Gewandtheit	10	3 30	2 20	3 30
Leistungsmotivation	10	4 40	3 30	3 30
Frustrationstoleranz	8	0 0	2 16	4 32
Erscheinungsbild	8	3 24	4 32	4 32
positive Einstellung zur Teamarbeit	6	4 24	5 30	3 18
		229	**249**	**250**

(sehr gut = 5, gut = 4, befriedigend = 3, ausreichend = 2, mangelhaft = 1, ungenügend = 0)

Je bedeutungsvoller eine Wunschanforderung ist, desto höher wird der Gewichtungsfaktor angesetzt. Bei der Bewertung sollten die im Rollenspiel 11 »Mitarbeiter beurteilen« (s. S. 179 ff.) enthaltenen Aspekte beachtet werden.

Erfüllt ein Bewerber eine Mussanforderung nicht, scheidet er aus dem Bewerbungsverfahren aus. Diese Kriterien sind daher sehr trennscharf und genau zu formulieren. Alle übrigen Merkmale werden den Wunsch- oder Sollanforderungen zugeordnet, die hinsichtlich des Ausprägungsgrades zu gewichten sind. Auch Bewerber, welche diese Anforderungen nicht voll erfüllen, bleiben in der engeren Wahl.

Das bedeutet: Im Beispiel scheidet der Bewerber A frühzeitig wegen einer nicht erfüllten Mussanforderung aus. Obwohl der Bewerber D in einigen Punkten schlechter als die Mitbewerber abschneidet, müsste ihm der Vorzug vor den Bewerbern B und C gegeben werden, da er insgesamt als der geeignetste Bewerber anzusehen ist, denn er hat die höchste Punktzahl.

Dieses differenzierte Verfahren lässt einen guten Vergleich der einzelnen Bewerber zu, auch wenn ein gewisser Aufwand erforderlich wird. Diverse Kriterien mit einer Reihe von Qualifikationsstufen werden für mehrere Bewerber überschaubar und vergleichbar gemacht. Nehmen an einem Vorstellungsgespräch von der Arbeitgeberseite mehrere Personen teil, können diese auf den vorbereiteten Analysebögen voneinander unabhängige Bewertungen abgeben, womit eine zusätzliche Verringerung des Entscheidungsrisikos erreicht wird.

Bei der Auswahl neuer Mitarbeiter sind im Bewerbungsverfahren verschiedenartige Auswahlverfahren anzutreffen. Dabei nehmen die Analyse und Auswertung der Bewerbungsunterlagen und das Vorstellungsgespräch eine zentrale Bedeutung ein. Der Fachvorgesetzte wird sich die Bewerbungsunterlagen der Kandidaten genauer ansehen, die in die engere Auswahl gekommen sind. Erkannte Auffälligkeiten und auftretende Fragen notiert er sich sofort, um diese während des Vorstellungsgesprächs zu klären. Damit entfällt die zeitintensive zweite Durchsicht der Bewerbungsunterlagen kurz vor Gesprächsbeginn. Der direkte Vorgesetzte wird stets auf seine Teilnahme an den Vorstellungsgesprächen dringen und fordert ein Teilnahme- und Mitspracherecht ein. Vor allem zwei sachliche Gründe rechtfertigen seine Teilnahme besonders:

- Der direkte Vorgesetzte kennt die vom künftigen Mitarbeiter wahrzunehmenden Aufgaben aus dem Effeff, sodass er am zutreffendsten Niveau und Umfang der fachlichen Anforderungen mit dem erkennbaren Eignungsprofil abgleichen kann.
- Der direkte Vorgesetzte kann sich am besten ein Bild verschaffen, ob die menschliche »Chemie« des Bewerbers in das künftige berufliche Umfeld passt.

Zusätzlich kann die Bedeutung einer Beteiligung an Vorstellungsgesprächen dadurch unterstrichen werden, dass die Teilnehmer in Form von Gruppenarbeit weitere Punkte auflisten, mit denen sich ihre Anwesenheit an Vorstellungsgesprächen gegenüber nächsthöheren Vorgesetzten begründen lässt. Weitere Inputs des Trainers ergänzen die Ergebnisse der Gruppenarbeit.

Fragen zum Vorstellungsgespräch

Folgende Fragen des Fachvorgesetzten sollten im Vorstellungsgespräch idealerweise geklärt werden:

- Wird der Bewerber den Anforderungen der Stelle in jeder Hinsicht gerecht?
- Welchen persönlichen Eindruck (Aussehen, Kleidung, Manieren, Körpersprache, Stimme, Sprechtempo, Aussprache, Wortschatz) vermittelt der Bewerber?
- Entspricht er unseren Vorstellungen (nach Erkenntnissen zu seiner persönlichen, familiären, gesellschaftlichen Situation, zu Schul- und Berufsausbildung, zu früher ausgeübten Verantwortungsbereichen)?
- Besitzt er die erforderlichen Fähigkeiten, Fertigkeiten und Kenntnisse sowie Schlüsselqualifikationen, um nutzbringend für das Unternehmen tätig zu werden?
- Besitzt er interessante Zusatzqualifikationen?
- Lassen sich die nach Auswertung der Bewerbungsunterlagen noch offenen Punkte (Fehlendes, Unklarheiten) zufriedenstellend klären?
- Hat der Bewerber Schwachstellen? Wie wird er sie begründen/darstellen? Sind erkennbare Schwachstellen für diese Stelle nicht zu akzeptieren oder eher unbedeutend?
- Passt er in das Team, sodass mit schneller Integration und baldigem Erreichen voller Leistungsfähigkeit zu rechnen ist?
- Passt die persönliche Chemie zu den wichtigsten Ansprechpartnern im Unternehmen, aber auch zum Kundenkreis?
- Wie steht es um seine Motivation?
- Wie bewährt sich der Bewerber in Stresssituationen?
- Kann aus dem im Vorstellungsgespräch gezeigten Verhalten – insbesondere die erkennbare Vorbereitung auf dieses Gespräch – darauf geschlossen werden, dass der Bewerber auch am Arbeitsplatz gewissenhaft, zielstrebig und leistungsbereit agieren wird?
- Müssen wir dem in die engere Wahl gelangten Bewerber für seine Entscheidung wichtige Informationen geben?
- Können wir den erkennbaren Erwartungen des Bewerbers im Falle einer Einstellung auch gerecht werden?

Ein klassisches Vorstellungsgespräch sollte systematisch aufgebaut sein:

1. **Gesprächsbeginn**
   In dieser »Aufwärmphase« wird nicht mit inhaltsschweren und tiefgründigen Ausführungen begonnen, sondern mit Small Talk, damit sich ein verkrampfter Bewerber lösen kann.
2. **Prüfen der fachlichen und persönlichen Eignung**
   Auf diese Stufe wird sich der Fachvorgesetzte konzentrieren. Für ihn ist die Eignungsprognose besonders bedeutsam, denn es soll kein Mitarbeiter eingestellt werden, der Eignungsdefizite aufweist. Viele Arbeitgeber verzichten lieber auf die Neubesetzung eines Arbeitsplatzes, als dass ein wenig geeigneter Bewerber ins Haus geholt wird. Demzufolge wird diesem Komplex ein großer Zeitanteil im Vorstellungsgespräch gewidmet. Nur wenn die Ergebnisse positiv sind, wird das Gespräch fortgesetzt.
3. **Darstellen des Unternehmens und der Stelle**
   Dem geeignet erscheinenden Bewerber werden wesentliche Informationen über das Unternehmen vermittelt, schwerpunktmäßig über den zu besetzenden Arbeitsplatz. So soll dem Bewerber möglichst zweifelsfrei bekannt sein, was ihn im Falle eines Vertragsabschlusses erwartet. Der selbstbewusste Bewerber wird hier die ihn interessierenden Fragen zur Sprache bringen.
4. **Besprechen vertraglicher Einzelheiten**
   Erst wenn die Arbeitgeberseite die bisherigen Phasen positiv einschätzt, werden Fragen zur Ausgestaltung des Arbeitsvertrags geklärt.
5. **Gesprächsabschluss**
   Zumeist wird das Gespräch mit Dankesworten für das Erscheinen abgeschlossen und die baldige Übersendung der Entscheidung des Betriebs in Aussicht gestellt.

Sind Gespräche mit mehreren Bewerbern zu führen, ist es vorteilhaft, wenn im Vorfeld die wichtigsten Fragen aufgelistet werden. So können allen Bewerbern die gleichen Fragen gestellt werden. Damit entfällt eine Ungleichbehandlung, die Gesprächsergebnisse lassen sich besser vergleichen und es wird eine Entscheidung aus dem Bauch heraus vermieden.

Abhängig von der Bedeutung der zu besetzenden Stelle oder den Verfahrensweisen im jeweiligen Unternehmen können der »Auswahlkommission« verschiedene Personen angehören: Vertreter der Personalabteilung, nächsthöherer Vorgesetzter, direkter Vorgesetzter (Fachvorgesetzter), Vertreter des Betriebsrats, Betriebspsychologe. Da sich im Regelfall die Mitarbeiter ihre Kollegen nicht aussuchen können, bleibt im Rollenspiel die Teilnahmebitte der etablierten Mitarbeiterin ohne Erfolg. Als Hilfskonstruktion böte sich an, jede Bewerberin nach Gesprächsende zwecks Besichtigung des möglichen künftigen Arbeitsplatzes der Vollzeitmitarbeiterin zuzuleiten und später deren Erkenntnisse möglicherweise bei der Einstellungsentscheidung zu berücksichtigen.

Mit dem Hinweis an die Vollzeitkraft: »Das ist die neue Mitarbeiterin, bitte arbeiten Sie sie ein«, glaubt der Vorgesetzte, seine Schuldigkeit getan zu haben. Ihm ist nicht bewusst, dass er Dreh- und Angelpunkt für die optimale Einführung seiner neuen Mitarbeiterin ist und hierfür auch die Verantwortung trägt. Läuft die Einführung wunschgemäß, steht die Neue bald als vollwertiges Mitglied der betrieblichen Leistungsgemeinschaft zur Verfügung. Lässt man den Neuling aber in der Luft hängen und sorgt nicht für die erforderlichen Orientierungshilfen, wird das soeben begründete Arbeitsverhältnis mit einer schweren Hypothek belastet.

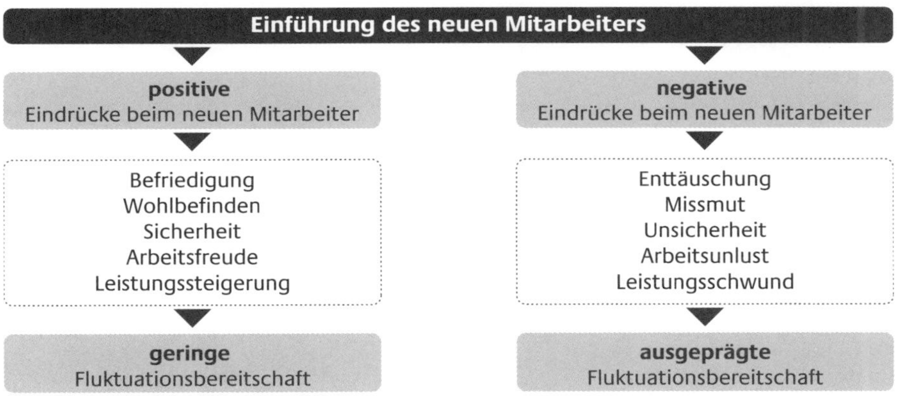

Einführung neuer Mitarbeiter

Die Einführung neuer Mitarbeiter sollte überlegt und systematisch erfolgen. Dann muss der Vorgesetzte auch nicht die Nachteile eines häufigen Personalwechsels und die damit verbundenen Ärgernisse tragen. Zu empfehlen ist, den organisatorischen Ablauf der Einführung durch ein exaktes, auf den jeweiligen Neuling individuell zugeschnittenes Einführungsprogramm zu regeln. Es könnte auf der Basis des folgenden Vorschlags entworfen werden.

Einführungsprogramm

Einführungsprogramm für ....

Stelle	....	wahrzunehmen von	erledigt am
Arbeitsbeginn	....	....	....
Ende der Probezeit	....		

Vorbereiten auf den neuen Mitarbeiter

- Bewerbungsunterlagen und Informationen aus dem Vorstellungsgespräch auswerten
- Stellenbeschreibung oder entsprechende Unterlagen bereitlegen
- prüfen, ob neben der Einführung auch eine Unterweisung vorzusehen ist
- Arbeitsplatz vorbereiten
- Arbeitsgruppe auf den neuen Mitarbeiter vorbereiten
- Paten auswählen und einweisen
- Einschalten weiterer Personen, die für die Einführung bedeutsam sind

Begrüßen des neuen Mitarbeiters

- neuen Mitarbeiter in Empfang nehmen
- Begrüßungsgespräch führen
- schriftliches Informationsmaterial aushändigen
- Paten vorstellen
- Rundgang durch den Betrieb/die Abteilung
- über Arbeitsgruppe informieren
- Arbeitsplatz übergeben

Allgemeine Informationen geben

- Arbeitsentlohnung
- Sicherheitsvorschriften

Einführungsprogramm

- soziale Einrichtungen und Leistungen ……………………
- interne Regelungen ……………………
- betriebliche Räumlichkeiten ……………………
- Verhältnisse am Ort des Betriebs ……………………

……………………

Einweisen in die Arbeitsaufgaben

- Aufgaben, Kompetenzen und Verantwortung durchsprechen ……………………
- zur Aufgabenerledigung erforderliche Hilfsmittel vorstellen ……………………
- mögliche Fehlerquellen und Anfangsschwierigkeiten aufzeigen ……………………
- Bedeutung des Arbeitsplatzes für den Betrieb herausstellen ……………………
- Mitarbeiter in die Organisationsstruktur des Betriebs und der Abteilung einführen ……………………
- Unternehmensphilosophie sowie betriebliche Ziele verdeutlichen ……………………
- Entwicklungsmöglichkeiten im Unternehmen aufzeigen ……………………
- betriebliches Vorschlagswesen erläutern ……………………

……………………

Unterweisen am Arbeitsplatz

- Unterweisungsplan aufstellen ……………………
- Unterweisung durchführen ……………………

Fortschrittskontrolle

am ……………………

am ……………………

am ……………………

Der Vorgesetzte sollte im Rollenspiel einsehen, dass durch sein unüberlegtes Handeln die Schwierigkeiten heraufbeschworen wurden. Unabhängig davon, ob Frau Funk ihre Kündigung zurücknimmt oder nicht, müssen die elementaren Fragen geklärt werden:

- Was soll konkret die zusätzliche Arbeitskraft machen?
- Welches fachliche Niveau ist von ihr zu fordern?
- Wie soll die Aufgabenverteilung zwischen der etablierten Sekretärin und der eingestellten Kraft erfolgen?

Auf der Grundlage dieser Informationen kann dann ein neuer Anlauf gewagt werden, eine »passende« Stellenbesetzung vorzunehmen. Ob es sinnvoll ist, Frau Funk zur Rücknahme ihrer Kündigung zu bewegen, erscheint problematisch. Hat sich eine Arbeitskraft zur Kündigung ihres Arbeitsverhältnisses entschlossen, sollte man annehmen, dass dies nach reiflichen Überlegungen geschah. Vermutlich ist zu viel Porzellan zerbrochen worden, das nicht mehr repariert werden kann. Und was sagt der Volksmund? »Reisende soll man nicht aufhalten!«

Die fehlerfreie Einstellung eines neuen Mitarbeiters bewirkt eine schnelle und erfolgreiche Integration des Neulings, sodass zeit- und kostenintensive Personalwechsel verringert werden. Der Neue fühlt sich bald heimisch, nimmt schnell den betriebstypischen »Stallgeruch« an und wird eher seinen Aufgaben in vollem Maße gerecht.

Rollenspiel 2: Innerbetriebliches Informationswesen

Umgang mit Informationen

In früheren Jahrhunderten besaß nur eine kleine Führungsschicht das Bildungsmonopol. Entscheidungen wurden wegen mangelnder Bildung breiter Bevölkerungskreise einer privilegierten Elite überlassen, welche die »Untertanen« oder »Untergebenen« nur mit einem Minimum an Informationen versorgte.

Unsere Gesellschaftsform erwartet vom Bürger Mitdenken und Mitwirken, wofür ein erhebliches Maß an Information Voraussetzung ist. Demokratische Staaten ermöglichen eine Medienvielfalt, damit die Bürger ihre Informationsbedürfnisse stillen können. Diese Informationsmöglichkeiten betrachten wir heute als selbstverständlich. Demzufolge erwarten wir auch im beruflichen Bereich offene und umfassende Informationen. Es würde auch seltsam anmuten, befände sich am Eingang eines Unternehmens neben dem Firmenschild ein weiteres schwarz-rot-gold-umrandetes Schild mit der Aufschrift »Hier endet der informationsintensive Teil der Bundesrepublik Deutschland«.

Sollen Mitarbeiter mitdenken und selbstständig handeln, andere führen, vertreten, unterstützen oder beraten, so müssen sie gezielt mit den erforderlichen Informationen versorgt werden.

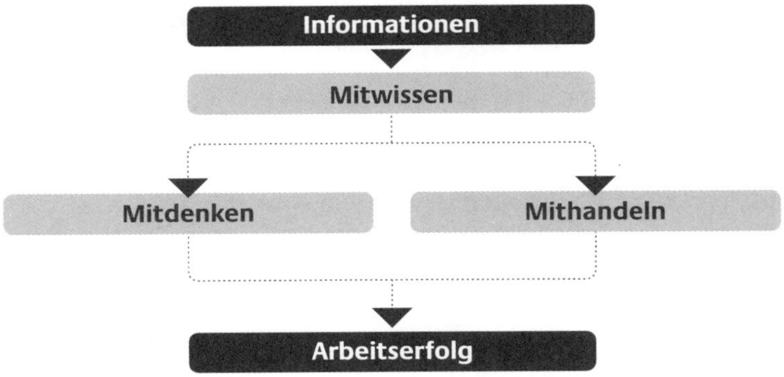

Fehlen Informationen, kann der Arbeitsablauf nicht befriedigend funktionieren. Denn an die Stelle »harter Angaben« treten »weiche Vermutungen«, die die Handlungen der Mitarbeitenden sachlich sicherlich nicht optimal absichern.

Beispiele für die Nachteile fehlender Informationen

- In Besprechungen gehen Teilnehmer von unterschiedlichen Voraussetzungen aus.
- Arbeiten bleiben unerledigt, Entscheidungen werden unnötig lange hinausgeschoben – die unerledigte Arbeit bildet für den Mitarbeiter eine ständige Belastung.
- Arbeiten müssen neu begonnen werden, wenn Informationen ihren Empfänger zu spät erreichen.
- Falsche, fehlerhafte, unzweckmäßige Entscheidungen werden getroffen und später mit großem Zeit- und Energieaufwand korrigiert.
- Zielvereinbarungen und Planungen erweisen sich als unmöglich.

Jeder Vorgesetzte ist gut beraten, eine »gläserne« Informationspolitik zu betreiben. Hält er Informationen zurück oder gibt er sie zu spät weiter, darf er sich nicht wundern, wenn sich die Mitarbeiter in ähnlicher Form revanchieren.

Im Rollenspiel können Sie eine solche Situation sehr gut durchspielen lassen.

Rollenspiel: Innerbetriebliches Informationswesen

Rolle der Vorgesetzten

Sie leiten ein mittelständisches Unternehmen. Gestern war der als Buchhalter tätige Klaus Palm (36 Jahre) bei Ihnen und beschwerte sich über .... (27 Jahre), den neuen Leiter des Rechnungswesens.
Dieser wurde vor vier Monaten eingestellt. Seine Bewerbungsunterlagen waren vorzüglich gewesen, auch hinterließ er im Vorstellungsgespräch einen sehr motivierten und sachorientierten Eindruck. Damit hob er sich wohltuend vom bisherigen Leiter des Rechnungswesens (Eugen Kohler) ab, der zu seinen Mitarbeitern einen überaus kameradschaftlichen, teilweise sogar störend kumpelhaften Umgang pflegte. Die Sachorientierung war einer der Gründe, die für die Einstellung von .... ausschlaggebend waren. Sie hatten dem neuen Mitarbeiter nahegelegt, dass er mehr Abstand zu den Mitarbeitern als sein Vorgänger Kohler halten solle.

Im fachlichen Bereich gibt es mit .... keine Probleme. Allerdings hörten Sie von verschiedenen Mitarbeitern Klagen über ihn. Diese Hinweise, die nie offiziell an Sie herangetragen wurden, schienen Ihnen nicht wesentlich genug zu sein, um einzugreifen. Jetzt aber stellt der Buchhalter Palm, der als Leistungsträger angesehen werden kann, einen Betriebswechsel in Aussicht, wenn .... sein Verhalten nicht wesentlich ändert.
Aus der Zusammenfassung der Klagen ergibt sich für Sie folgendes Bild:

- Für den Leiter des Rechnungswesens scheinen Privatgespräche tabu zu sein.
- Am letzten Montag kam .... fünf Minuten nach Arbeitsbeginn dazu, als drei Mitarbeiter auf dem Flur – unter ihnen Klaus Palm – über die Bundesligaergebnisse sprachen. Diese Unterhaltung wurde von .... unter Hinweis auf die bereits begonnene Arbeitszeit abrupt beendet.
- Die Mitarbeiter in der Buchhaltung verspüren ein Informationsdefizit. Sie werden offiziell zu wenig mit den notwendigen Informationen versorgt, und das wenige, das sie erfahren, kommt meistens viel zu spät.
- Es finden keine Mitarbeiterbesprechungen statt.
- .... erkennt die Leistungen seiner Mitarbeiter nicht an.

Jetzt fühlen Sie sich verpflichtet, mit .... die Situation sowie dessen Führungs- und Informationsverhalten anzusprechen.

Rolle des Mitarbeiters

Seit vier Monaten sind Sie Leiter des Rechnungswesens. Bei Arbeitsantritt hatte Sie die Betriebsinhaberin vor einem zu kumpelhaften Umgang mit Ihren neuen Mitarbeitern gewarnt. Ein besonders inniges Verhältnis zu Ihren Mitarbeitern hätten Sie sowieso abgelehnt, weil Sie glauben, dass zwischen einem Vorgesetzten und seinen Mitarbeitern eine gewisse Distanz unumgänglich ist.
Sie sind der Auffassung, dass es nur recht und billig ist, wenn sich die Mitarbeiter während der Arbeitszeit ausschließlich fachlichen Aufgaben widmen. Sie sollen ihre ganze Arbeitskraft im Betrieb einsetzen und sich nicht durch Ablenkungen jeglicher Art von der Arbeit abhalten lassen. So können sich die Mitarbeiter über die Bundesligaergebnisse in ihrer Freizeit oder während der Mittagspause unterhalten. Einerseits klagen Mitarbeiter über ihre Arbeitsbelastung, andererseits ist genug Zeit für Small Talk vorhanden. Ihnen wäre es sehr lieb, wenn sich Privatgespräche unterbinden ließen. Sie selbst gehen mit gutem Beispiel voran.
Sie sind überzeugt, dass ein Vorgesetzter nicht verpflichtet ist, jeden Mitarbeiter umfänglich zu informieren, sondern nur in der für ihn richtig erscheinenden Dosierung. Es muss jedem Vorgesetzten das Recht zugestanden werden, nach eigenem Ermessen den einen Mitarbeiter mehr und den anderen weniger zu unterrichten. Dem Mitarbeiter, der mehr wissen will, steht es doch frei, Sie anzusprechen.

Ihre früheren Vorgesetzten vertraten die Auffassung »Nicht getadelt ist Lob genug« und fuhren damit ganz gut. Für Sie sind gute Leistungen Ihrer Mitarbeiter selbstverständlich, schließlich werden sie dafür bezahlt. Wozu dann noch eine zusätzliche Lobhudelei?
Bei Ihnen gibt es nach wie vor keine Zeit vergeudenden Mitarbeiterbesprechungen, die oft genug in Kaffeekränzchen umfunktioniert werden. Wenn etwas Wichtiges allen Mitarbeitern mitzuteilen ist, rufen Sie sie zehn Minuten vor der Mittagspause im Sozialraum zusammen. Da die Essenszeiten einzuhalten sind, entstehen keine unnötigen Diskussionen. Sie sind stolz darauf, dass es Ihnen gelungen ist, diese Zusammenkünfte (im Gegensatz zu Ihrem Vorgänger) auf ein zeitliches Minimum zu reduzieren.
Hin und wieder fühlen Sie bei Ihren Mitarbeitern eine gewisse Opposition, die Sie als vorübergehende Anlaufschwierigkeit einordnen. Fachliche Probleme traten bisher nicht auf.

Im Rollenspiel 16 (s. S. 245 ff.) wird ausführlich auf die Kontrollaufgabe von Vorgesetzten eingegangen. Dennoch hier einige wenige Anmerkungen: Gerade bei neuen Mitarbeitern sollte der Vorgesetzte seiner Kontrollfunktion von Beginn an nachkommen. Nur so kann er frühzeitig leistungshemmende Faktoren erkennen und eine Verbesserung und Weiterentwicklung nach angemessener Kritik ermöglichen. Positives kann er anerkennen und dies auch deutlich signalisieren.

Wird zu lange mit Kritik gewartet, kann eine diverse Punkte berührende »gesammelte Kritik« niederschmetternd wirken. Die Betriebsinhaberin hätte sehr viel früher handeln müssen.

Bei der Gesprächsauswertung sollten einige Punkte analysiert werden, für die nachstehende Empfehlungen gelten.

Positive Gesprächsatmosphäre schaffen Mit dem Hinweis auf die vorhandene fachliche Kompetenz und die bisher reibungslose Zusammenarbeit lässt sich sogleich eine positive Gesprächsatmosphäre erzeugen.

Eigene Beobachtungen darstellen Das Ansprechen kritikwürdiger Punkte läuft in der Regel problemlos, wenn die Aussagen auf eigenen Beobachtungen und Erkenntnissen beruhen. Mit nachprüfbaren Aussagen wie »Mir ist aufgefallen …«, »Ich konnte feststellen …« bewegt sich der Vorgesetzte auf sicherem Terrain.

In diesem Rollenspiel liegen der Vorgesetzten nur ungenaue Anschuldigungen von Mitarbeitern vor. Würde die Führungskraft diese Informationen (»Chefin, ich weiß etwas …«) ohne Überprüfung als erwiesene Tatsachen übernehmen, könnten Denunzianten ein breites Betätigungsfeld wittern. Die Folge: Es käme unweigerlich zur Verschlechterung des Arbeitsklimas, denn die Mitarbeiter würden jedes Wort sorgfältig abwägen aus der Angst heraus, alles könnte der Vorgesetzten von Spitzeln überbracht werden.

Tatsache ist, dass immer wieder Situationen einseitig, unvollständig und manchmal sogar bewusst verfälscht dargestellt werden. Nicht selten stößt man bei der Klärung des Sachverhalts auf Umstände, die das Ganze in einem anderen Licht erscheinen lassen. Also sind Hinweise wie »Mir ist zu Ohren gekommen …«, »Mir sind Informationen zugegangen …« untauglich für ein Sachgespräch. Ein selbstbewusster Mitarbeiter wird sogleich nachhaken: »Von wem wissen Sie das?«, »Bitte nennen Sie Ross und Reiter, damit ich auf diesen Vorwurf konkret eingehen kann!«, und würde damit die Führungskraft in die Bredouille bringen.

Nun könnte argumentiert werden: »Ich habe den Eindruck …«, »Irgendwie werde ich das Gefühl nicht los …«. Auch das ist ein ungünstiger Weg. Welches Urteil bildet sich beim Mitarbeiter, wenn der Vorgesetzte, nach konkreten Hinweisen befragt, gestehen muss, nichts Genaues zu wissen?

Der »Klageführer« Buchhalter Palm fällt als Rettungsanker aus. Würde dieser namentlich als Zeuge für die Unzulänglichkeiten seines direkten Vorgesetzten ins Feld geführt, könnten die Schwierigkeiten zwischen Palm und seinem Vorgesetzten zu einer Dauerfehde eskalieren.

Idealerweise sollte die Betriebsinhaberin mittels Fragen Informationen vom Leiter des Rechnungswesens einholen, die dann die Basis für die weitere Fortsetzung des Gesprächs darstellen. Sie könnte sich folgendermaßen äußern:

Beispiele für Fragen an den Vorgesetzten

- »Fachlich läuft bei Ihnen alles sehr zufriedenstellend. Was mich zusätzlich interessiert, ist die Frage, wie sich aus Ihrem Blickwinkel die Zusammenarbeit mit Ihren Mitarbeitern darstellt. Welche Eindrücke haben Sie?«
- »Welche über das rein Berufsmäßige hinausgehenden Kontakte gibt es zwischen Ihnen und Ihren Mitarbeitern?«
- »Besteht in Ihrer Abteilung ein gut ausgebildetes und funktionierendes Informationswesen? In welchem Umfang geben Sie Informationen an Ihre Mitarbeiter weiter?«
- »Wie stehen Sie dazu, den Mitarbeitern zuzugestehen, zur Auflockerung des Arbeitsklimas auch einmal einen kleinen Small Talk zu halten?«
- »Wie oft finden Mitarbeiterbesprechungen statt und wie lange dauern sie?«
- »Mitarbeitern soll ausreichend Gelegenheit gegeben werden, sich in den Mitarbeiterbesprechungen zu Wort zu melden, über Problemfälle miteinander zu diskutieren und einen lebendigen Erfahrungsaustausch zu pflegen. Wie läuft das in den von Ihnen geleiteten Mitarbeiterbesprechungen?«
- »Wie häufig sprechen Sie Ihren Mitarbeitern Anerkennung für geleistete Aufgaben aus?
- »Welche Möglichkeiten sehen Sie, das Arbeitsklima zu verbessern?«
- »Wenn Sie sich in Ihre Mitarbeiter hineinversetzen, wie zufrieden sind diese wohl mit Ihnen, ihrem neuen Vorgesetzten?«

Aktionsplan aufstellen Auf der Basis der Aussagen des Leiters des Rechnungswesens können nun Ziele für die Zukunft gemeinsam erarbeitet und vereinbart werden. Daraus wird ein konkreter Aktionsplan (Was? Bis wann? Welches Ziel?) entwickelt, damit der Mitarbeiter unverzüglich reagieren und sein Verhalten ändern kann. Diese Verhaltensänderungen sind unverzichtbar, damit das Arbeitsverhältnis über die Probezeit hinaus aufrechterhalten werden kann.

Gespräch positiv beenden Dem Gespräch darf beim Mitarbeiter kein bitterer Nachgeschmack anhaften. Vielmehr soll der Leiter des Rechnungswesens als Ergebnis verbuchen, dass ihm mit diesem Gespräch geholfen wurde, seine Aufgaben künftig noch besser zu bewältigen. So könnte das Gespräch positiv abgeschlossen werden: »Wenn wir wie besprochen vorgehen, bekommen Sie Ihre Arbeit noch besser in den Griff. Sie und Ihre Mitarbeiter werden für die von Ihnen bewirkten Verbesserungen des Arbeitsklimas dankbar sein. Ich zweifle keinen Moment daran, dass Sie das schaffen.«

Betroffenen Mitarbeiter beruhigen Schließlich muss Buchhalter Palm beruhigt und ihm signalisiert werden, dass ein Gespräch stattgefunden hat: »Ohne Sie zu nennen, habe ich mit Ihrem Abteilungsleiter gesprochen, der einiges ändern wird. Lassen Sie bitte die Gedanken an einen möglichen Betriebswechsel für die nächste Zeit ruhen. Sie sind einer unserer Leistungsträger, auf den ich und auch der neue Abteilungsleiter setzen. Nochmals mein Dank für die mir gegebenen Informationen. Damit zwischen Ihnen und Ihrem Abteilungsleiter ein von mir sehr gewünschtes Vertrauensverhältnis entstehen kann, sollten Sie künftig bei Unzulänglichkeiten direkt mit Ihrem Vorgesetzten sprechen, ohne den Umweg über mich zu wählen.«

Die im Drehbuch vom Leiter des Rechnungswesens aufgeführten fünf Begründungen für sein kritikwürdiges Verhalten müssen im Plenum zwingend erörtert werden. Hierbei sollte der Trainer die folgenden Überlegungen einfließen lassen:

Distanz Vorgesetzter – Mitarbeiter

Das Problem von Nähe und Distanz zwischen Vorgesetzten und Mitarbeitern gleicht oft genug einem Drahtseilakt. Weder eine gelebte Unnahbarkeit (= neuer Leiter des Rechnungswesens) noch ein kumpelhaftes Verhalten (= früherer Leiter des Rechnungswesens) sind zu empfehlen. Verbrüdern sich Vorgesetzte mit ihren Mitarbeitern, begeben sie sich in deren Hände. Anschließend dürfen sie sich nicht wundern, wenn die Mitarbeiter fortan Respekt und Achtung vermissen lassen. Bei signalisierter Unnahbarkeit wird dem Vorgesetzten die so bedeutungsvolle persönliche Autorität nicht zuerkannt. Beide Extrempositionen sind kontraproduktiv. Erfahrungsgemäß kommen Menschen im betrieblichen Alltag dann am besten miteinander aus, wenn der Umgang miteinander in einer »mittleren Entfernung« geschieht.

Der Philosoph Arthur Schopenhauer empfahl eine »gedeihliche Distanz«, die er in seiner Parabel »Die Stachelschweine« anschaulich beschrieb. Bezogen auf das Thema Mitarbeiterführung lässt sich aus der Parabel eine Analogie entwickeln:

Gedeihliche Distanz der Stachelschweine

Eine Herde Stachelschweine zog frierend bei klirrendem Frost und eisigem Sturm umher, bis eines der Stachelschweine einen Höhleneingang entdeckte und nach Zuruf alle Herdenmitglieder sogleich den Schutz der Höhle aufsuchten. Aber sie bemerkten sofort, dass die Höhle auf der dem Eingang entgegengesetzten Seite einen Ausgang aufwies, sodass es in der Höhle sehr zog. Sie drängten sich ganz eng aneinander, um der kalten Zugluft nur eine geringe Angriffsfläche zu bieten und sich gegenseitig zu wärmen. Aber sogleich sprangen sie auseinander, weil sie sich fürchterlich gegenseitig stachen und nahmen einen großen Abstand zueinander ein. Jetzt hatte der Wind ein leichtes Spiel, alle Stachelschweine auszukühlen. Das dauerte einige Zeit, in der alle bibbernd und zähneklappernd dem kalten Wind ausgesetzt waren, bis schließlich ein Verhalten entwickelt wurde, das eine gedeihliche Distanz aufweist: Sich so weit aufeinander zubewegen, dass man keine große Angriffsflächen bietet, sich aber auch nicht gegenseitig sticht!

Festzuhalten bleibt, dass jede Führungskraft sensibel ausloten wird, welche Distanz für sie angemessen ist. Eine stets zutreffende Empfehlung kann es nicht geben, weil es immer die jeweilige Situation zu beachten gilt.

Keine Privatgespräche?

Neben den offiziellen Informationskanälen existiert in Unternehmen auf der Grundlage persönlicher Sympathien und gemeinsamer Interessen ein inoffizieller Informationsaustausch. Manche Vorgesetzten beobachten diese von ihnen nicht gewünschte Kommunikation mit Argusaugen. Sie fürchten, an der Kaffeemaschine würden vor allem subversive Pläne zum Schaden des Arbeitgebers geschmiedet, wilde Gerüchte verbreitet und sie selbst als Zielscheibe für Kritik und Spott herhalten. Diese Befürchtungen sind unbegründet.

Tatsächlich nehmen Tratsch und Gerüchte nur einen kleinen Teil der aufgewendeten Zeit ein. Genauso oft, wie über das Wetter, Hobbys und Geburtstage geredet wird, unterhalten sich die Mitarbeiter über Firmenprojekte und fachliche Fragen. Dreimal öfter als über die Familie und private Probleme wird über organisatorische Veränderungen und allgemeine Entwicklungen gesprochen oder es werden Termine vereinbart. Auch steigert der kleine Schwatz zwischendurch das Wohlbefinden am Arbeitsplatz, fördert die Zusammenarbeit, hilft bei der Abstimmung von Arbeiten, bei der Aufgabenerledigung und der Informationsbeschaffung.

Solange diese der Sozialhygiene eines Betriebes dienenden gelegentlichen Schwätzchen nicht ausufern, sollte der Vorgesetzte nicht einschreiten. Schließlich sind Menschen soziale Wesen und keine Roboter. Überschreiten diese informellen Gespräche allerdings ein akzeptables Maß, wird der Vorgesetzte eine Reduzierung anmahnen und erreichen müssen.

Die Teilnehmer können das Verhalten des Vorgesetzten am Beispiel einer Diskussion über die Bundesligaergebnisse analysieren.

Vermutlich wird schnell nach Erkennen des unklugen Verhaltens des Vorgesetzten die folgende Alternative erarbeitet: Hätte sich der Leiter des Rechnungswesens wenige Minuten zu den drei Mitarbeitern gestellt, auf gleichberechtigter Ebene einige Sätze von sich gegeben und dann gesagt: »So, ich glaube, wir müssen wieder …«, wären alle zufrieden an ihren Arbeitsplatz gegangen. So aber jagte er die Mitarbeiter auseinander, die dann in Abwesenheit des Vorgesetzten bei nächstbester Gelegenheit ihre Spielanalyse fortsetzten und sich zudem noch über ihren »unmöglichen« Vorgesetzten aufregten.

Informationsweitergabe in der richtigen Dosierung?

Das Vorenthalten von Informationen durch den Vorgesetzten (»Das braucht der Mitarbeiter nicht zu wissen, das geht ihn nichts an«) verursacht die häufige Mitarbeiterklage: »Mir sagt ja keiner was!« Mit diesem Netmasyndrom (»Nobody ever tells me anything«) wird Demotivation erster Ordnung signalisiert.

Besonders schwache und unsichere Vorgesetzte betrachten Informationen als Machtfaktor und verteidigen ihr Informationsmonopol mit fast krankhaft anmutenden Zügen. Dem Grundsatz »Divide et impera« (»Teile und herrsche«) folgend erhält jeder Mitarbeiter nur jene Informationen, die er zwingend für seinen Arbeitsbereich benötigt. Lediglich der Vorgesetzte bleibt im Besitz aller Informationen und wähnt damit seine Stellung gefestigt und unangreifbar.

»Scientia potestas est« = Wissen ist Macht (*Francis Bacon)*

Eine offene Informationspolitik ist eine wirkungsvolle Methode der Vertrauensbildung, denn wo offen, sachlich und uneingeschränkt informiert wird, können sich nur schwerlich Gerüchte bilden. Ist es jedoch um die Informationsweitergabe schlecht bestellt, kommt es zu Informationsausgleichen: Der Informationen benötigende Mitarbeiter nutzt inoffizielle Kanäle, häufig zapft er die Gerüchteküche (»Flurfunk«, »Küstenklatschwelle« und Ähnliches) an. Hier geht er ein erhebliches Risiko ein. Da die durch inoffizielle Kanäle fließenden Nachrichten keinen offiziellen Charakter tragen, werden sie weit weniger sorgfältig behandelt und interpretiert als die auf offiziellem Wege übertragenen Informationen. Zudem besteht die Gefahr, lancierten Gerüchten aufzusitzen, die sich oft mit Überschallgeschwindigkeit ausbreiten und häufig eine besondere Zählebigkeit aufweisen.

»Ein Vakuum, geschaffen durch fehlende Kommunikation, füllt sich in kürzester Zeit mit falscher Darstellung, Gerücht, Geschwätz und Gift.«
(C. Northcote Parkinson)

Dass ein Mitarbeiter die für seinen Arbeitsplatz bedeutsamen Informationen erhält, sollte selbstverständlich sein. (Merke: Der informierte Mitarbeiter hat im Regelfall bei jedem Problem eine Lösung. Der nicht informierte Mitarbeiter hat im Regelfall bei jeder Lösung ein Problem!)

Manche Vorgesetzten übersehen, dass der Mensch als soziales Wesen ein ausgeprägtes individuelles Informationsbedürfnis aufweist. Diesen zusätzlichen Informationen wird von der Führungsseite kaum Beachtung geschenkt, obwohl sie für viele Mitarbeiter einen höheren Stellenwert aufweisen als »amtliche« Informationen.

Weshalb brauchen wir Informationen?

Auswirkungen ausreichender Informationen		Auswirkungen mangelhafter Informationen
aus rationalen Gründen = objektiver Informationsbedarf		
Wir entscheiden mit großer Wahrscheinlichkeit richtig.	Wir brauchen Informationen, um besser entscheiden zu können.	Bei Entscheidungen tragen wir ein hohes Risiko.
Wir haben gute Voraussetzungen, unsere Ziele zu erreichen.	Wir brauchen Informationen, um zweckmäßig handeln zu können.	Wir erreichen unsere Ziele wahrscheinlich nicht oder nur unter Schwierigkeiten.
aus emotionalen Gründen = subjektives Informationsbedürfnis		
Wir fühlen uns geborgen und zu den anderen gehörig. Wir sind eher bereit, anderen entgegenzukommen.	Wir brauchen Informationen, um Kontakt zu anderen Menschen aufnehmen und aufrechterhalten zu können.	Wir fühlen uns isoliert und einsam. Wir verhalten uns misstrauisch und wenig entgegenkommend.

■ **Weshalb brauchen wir Informationen?**		
Wir fühlen uns sicher und sind bereit, zu entscheiden und zu handeln.	Wir brauchen Informationen, um das Bedürfnis nach Anregungen und unsere Neugier zu befriedigen.	Wir sind verunsichert und ängstlich. Wir neigen zu gefühlsmäßigen und unbedachten Handlungen
Wir fühlen uns wohl und sind am Geschehen beteiligt. Wir haben das Gefühl, nicht am Wichtigsten vorbeizuleben.	Wir brauchen Informationen, um uns vor unerwarteten Ereignissen sicher zu fühlen.	Wir versuchen, auf verschiedenste Weise Informationen zu beschaffen. Wir hören sogar auf Gerüchte und Klatsch.
Wir sind zu guten Leistungen motiviert und bereit, Informationen mit anderen auszutauschen. Wir sind selbstbewusst und damit auch bereit, andere anzuerkennen.	Wir brauchen Informationen, um die eigene Person und die eigenen Leistungen bestätigt und anerkannt zu fühlen.	Wir versuchen, hintenherum Informationen zu beschaffen. Wir horten Informationen. Wir spielen Informationen gegen andere aus, um auf diese Weise Macht zu erlangen.

Mitarbeiterbesprechungen in maximal zehn Minuten?

Schwerpunkte von Mitarbeiterbesprechungen können sein

- Information (Austausch von Informationen und Meinungen zu den vorgesehenen Themen)
- Koordination oder Schlichtung (Gegensätzliche Meinungen sollen geschlichtet und auf einen gemeinsamen Nenner gebracht werden, damit auch künftig eine gute Zusammenarbeit ermöglicht wird.)
- Problemlösung (optimale Lösung von Problemen)
- Entscheidungsvorbereitung (Vorschläge und Beiträge sollen geliefert und bewertet werden, damit eine Entscheidung getroffen werden kann.)

Generell sollen in diesen Zusammenkünften Informationen, Vorstellungen, Ansichten, Kenntnisse und Erfahrungen zusammengetragen, sachlich und zeitlich geordnet und nach gemeinsamem Bearbeiten zu einem für den Betrieb optimalen Ergebnis geführt werden. Selbst der größte Optimist wird Zweifel hegen, ob dies alles in zehn Minuten möglich ist.

Vermutlich sollen unter zeitlichem Druck stehende Zusammenkünfte eine Alibifunktion erfüllen, denn sie kommen den Vorstellungen von einer erfolgreichen Besprechungsrunde in keiner Weise nahe. Die vom Leiter des Rechnungswesens anberaumte Veranstaltung wäre als »Befehlsausgabe« zutreffender charakterisiert.

Befürchtungen, das Meeting könnte inhaltlich und zeitlich ausufern, kann der Vorgesetzte durch seine Besprechungsleitung entgegentreten. Schließlich hat er es als »Primus inter Pares« (Erster unter Gleichen) und Katalysator für eine fruchtbringende Zusammenarbeit selbst in der Hand, durch Fragen, Worterteilung und Zusammenfassungen zu leiten. Unter seiner Federführung kann die Mitarbeiterbesprechung zu einem disziplinierten Marsch auf die vorgesehenen Besprechungsziele werden.

Nicht getadelt ist Lob genug?

Zu dieser Aussage bietet sich ein kleines Experiment an. Zeigen Sie als Erstes die folgenden Gleichungen.

Was fällt Ihnen an den folgenden Gleichungen auf?

1 + 1 = 2
2 + 1 = 3
2 + 2 = 5
3 + 3 = 6
4 + 4 = 8

Regelmäßig wird sogleich auf die fehlerhaft gelöste Gleichung hingewiesen. Mit der nächsten Folie wird ein »Aha-Erlebnis« bewirkt.

In der Regel übersehen wir die erfreuliche Tatsache, dass vier von fünf Gleichungen richtig sind.

Uns fällt immer das auf, was nicht gut ist. Wir sehen den Fehler, den Nachteil, das Defizit, das Problem. Dagegen werden positive Aspekte zumeist als selbstverständlich betrachtet und überhaupt nicht erwähnt.

So verwundert nicht, dass Anerkennung vielfach sehr zurückhaltend geübt wird.

Vorenthaltene Anerkennung bedeutet ein vorenthaltenes Entgelt in der »seelischen Lohntüte« des Mitarbeiters. Wären Vorgesetzte sich selbst gegenüber ehrlich, würden sie vermutlich die Feststellung bestätigen, dass jeder von uns Erfolge besonderer Art benötigt: in den Augen anderer Menschen Anerkennung finden. Anerkennung ist sowohl im Berufsleben als auch im Freizeitbereich eine überaus motivierende Kraft. Deshalb muss sie Mitarbeitern gegenüber deutlich herausgestellt werden. Schwerlich verstehen Mitarbeiter Bemerkungen ihrer Vorgesetzten, wonach das Fehlen von Kritik Anerkennung bedeute.

Kluge Vorgesetzte werden Anerkennung gezielt einsetzen und bei geschickter Nutzung dieses Führungsmittels die betrieblichen Ziele bei größerer Zufriedenheit ihrer Mitarbeiter erreichen. Sie haben erkannt, dass Anerkennen im Gegensatz zur Kritik eine besonders dankbare Aufgabe für jeden Vorgesetzten ist. Sie wissen: Anerkennung verschafft Erfolgserlebnisse.

»Ein Wort der Anerkennung hält den Menschen warm drei Winter lang.« *(chinesisches Sprichwort)*

Und Erfolgserlebnisse sind wesentliche Voraussetzungen für eine dauerhafte positive Einstellung zur Arbeit und für das Erzielen optimaler Arbeitsergebnisse. Denn was uns Erfolg gebracht hat, das wiederholen wir gern. Die Anerkennung selbst kleiner Fortschritte spornt zu weiteren Bemühungen an, die uns wiederum Anerkennung einbringen sollen.

Verdeutlichen Sie diese Ausführungen mit der folgenden Folie:

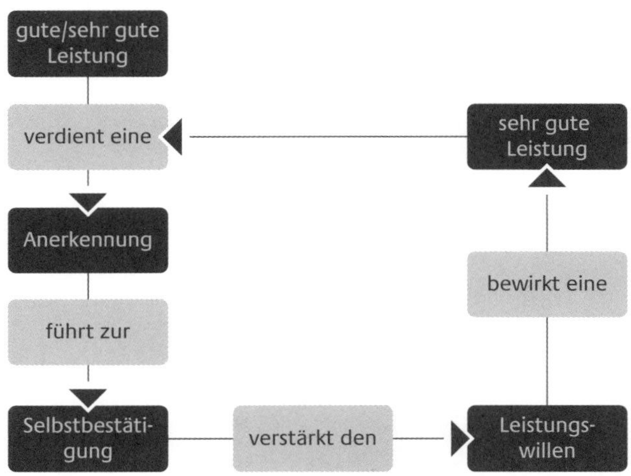

Sollten sich trotz dieser Ausführungen Seminarteilnehmer skeptisch zeigen, kann die folgende Übung Licht ins Dunkel bringen. Lassen Sie die Teilnehmer die einzelnen Fragen beantworten.

Selbstanalyse zum Führungsmittel Anerkennung

Wie reagieren Sie bei ehrlich gemeinter und sachlich nachvollziehbarer Anerkennung durch Ihren Vorgesetzten?	**ja**	**nein**
Mein Selbstwertgefühl steigt.	☐	☐
Ich habe ein Erfolgserlebnis.	☐	☐
Ich fühle mich gestreichelt.	☐	☐
Meine Arbeitsfreude erhöht sich.	☐	☐
Ich engagiere mich stärker und bin kreativer.	☐	☐
Die Anerkennung spornt mich zu weiteren guten Leistungen an.	☐	☐
Mein Vorgesetzter wird mir sympathischer.	☐	☐
Meine Loyalität gegenüber meinem Vorgesetzten wächst.	☐	☐
Ich werde ermutigt, was zusätzliche Kräfte in mir freisetzt.	☐	☐
Die Anerkennung wirkt sich – zumindest partiell – positiv auf andere Lebensbereiche aus und verbessert meine Lebensqualität.	☐	☐

Ihr Ergebnis:

.... × ja .... × nein

Bei der Beantwortung dieser Fragen wurde vermutlich häufiger »ja« als »nein« angekreuzt. Zählt jemand zu der seltenen und bedauernswerten Spezies, die sich häufiger für »nein« entschieden hat, liegt die Vermutung nahe, dass diese Person schon seit langer Zeit keine anerkennenden Worte mehr gehört hat und sich deshalb nicht mehr ihrer positiven Wirkung erinnern kann.

Nun, wenn Anerkennung für den Vorgesetzten selbst eine stark motivierende Kraft darstellt, wird sie auch auf seine Mitarbeiter eine ähnlich positive Wirkung haben. Mit einer vom Mitarbeiter redlich verdienten Anerkennung kommt dieser zu einem Höhenflug, der den Arbeitsalltag durchbricht. Vor allem Berufsanfänger und unsichere Mitarbeiter benötigen Anerkennung in besonderem Maße. Hier wirkt Anerkennung als Hilfe – als Entwicklungshilfe – und sorgt vorrangig dafür, dass eine richtig ausgeführte Tätigkeit »stabilisiert« wird. Hierdurch kommt es zu einer Stärkung des Selbstvertrauens des Mitarbeiters. Dieses ist wiederum eine wesentliche Voraussetzung, um sich in der Arbeitswelt sicher zu fühlen und um möglichst rasch Fuß zu fassen.

»Vielleicht wird alle hundert Jahre einmal ein Mensch durch Lob unglücklich oder unausstehlich, aber ganz sicher geht jede Minute etwas Gutes aus Mangel an Lob zugrunde.« *(John Masefield)*

Von einem interessanten »Abfallprodukt« der Anerkennung wissen Mediziner und Betriebspsychologen zu berichten: Erfolgserlebnisse führen zu einer günstigen Hormonlage im menschlichen Körper: Der Adrenalinspiegel ist entsprechend niedrig, während Endorphine, die als körpereigene Glückshormone gelten, freigesetzt werden. Hierdurch funktionieren die »Schaltvorgänge« der Gehirnzellen unseres Nervensystems reibungslos. Es stellt sich auch ein allgemeines Wohlbefinden ein. Und fühlt sich der Mensch wohl in seiner Haut, wird er erfahrungsgemäß besser arbeiten und gute Leistungen erzielen.

Mit Fug und Recht lässt sich Anerkennung als lebenswichtiges Vitamin bezeichnen. Ist die Vitaminzufuhr unzureichend, treten durch Vitaminmangel verursachte Symptome auf: Verdrossenheit, Lustlosigkeit, schnelle Ermüdung, Niedergeschlagenheit. Ist jedoch die Vitaminzufuhr gewährleistet, wirkt dieses Vitamin als Heil- und Wundermittel.

Wird konsequent auf anerkennende Worte verzichtet, lässt sich eines Tages feststellen, dass kaum noch anzuerkennende Leistungen erbracht werden. Die Mitarbeiter haben es mittlerweile aufgegeben, sich durch – offensichtlich nicht zur Kenntnis genommene – besondere Leistungen auszuzeichnen.

»Die gute Tat, die ungepriesen bleibt, würgt tausend and're, die sie zeugen könnte.« *(William Shakespeare)*

Auch wäre es betrüblich, wenn dem einzelnen Mitarbeiter erst am Rande seines Grabes die Anerkennung durch den Vorgesetzten zuteil würde. Offenbart der Vorgesetzte dann mit bewegter Stimme der Trauergemeinde, welch guten, gewissenhaften und fleißigen Mitarbeiter er verloren hat, kommt diese Würdigung für den Verblichenen viel zu spät!

Um diesen Fehler zu vermeiden, ist es besser, wenn Vorgesetzte ihren Mitarbeitern rechtzeitig eine verdiente Anerkennung zukommen lassen und ihnen damit Sternstunden verschaffen, die den Arbeitsalltag durchbrechen.

Anerkennung geben

Damit die erwünschten positiven Folgen einer Anerkennung, also Selbstbestätigung und Motivation, eintreten, ist es wichtig, Anerkennung in Erfolg versprechender Weise zu vermitteln. Eine fertige »Gebrauchsanweisung« oder ein praxiserprobtes mehrstufiges Gesprächsmodell gibt es für das Führungsmittel Anerkennung nicht. Beachtet der Vorgesetzte jedoch die folgenden sieben Punkte ab Seite 65, kann er dieses Führungsmittel situationsabhängig und besonders wirkungsvoll einsetzen.

Zunächst kann auf die folgende Checkliste eingegangen werden:

»Niemand kann andere Menschen gut führen, wenn er sich nicht ehrlich an deren Erfolgen zu freuen vermag.« *(Thomas Mann)*

Checkliste für ein Anerkennungsgespräch

Wer?	Zuständig ist grundsätzlich der direkte Vorgesetzte.
Was?	Positive Leistungen und Verhaltensweisen sind anzuerkennen, keine Charakterzüge. Nicht nur Spitzen- und gute Dauerleistungen anerkennen, sondern auch – bei unsicheren oder schwächeren Mitarbeitern – richtige Ansätze und Teilerfolge.
Wo?	Stets unter vier Augen. Bei Anerkennung von Gruppenleistungen das gesamte Team einbeziehen.
Wie?	Aufrichtig, ausdrücklich, differenziert, konkret, angemessen anerkennen.
Wann?	Möglichst bald nach den gewonnenen Erkenntnissen.
Folgen?	Den Worten bei Gelegenheit auch Taten folgen lassen: beispielsweise materielle Leistungen, Beförderung, Aufstieg, Aufgabenbereicherung durch Delegation herausfordernder Aufgaben, Kompetenzen und Verantwortung.

Die folgenden Merkpunkte können den Teilnehmern ebenfalls vorgelegt werden:

Merkpunkte zum Führungsmittel Anerkennung

1. Es ist wichtig, gelegentlich auch schwächeren Mitarbeitern gegenüber deutliche Anerkennung auszusprechen.
2. Anerkennung muss aufrichtig sein.
3. Anerkennung soll sich auf ein konkretes Leistungsergebnis beziehen.
4. Anerkennung nicht in Gegenwart Dritter aussprechen.
5. Anerkennung ist genau zu dosieren.
6. Anerkennung unmittelbar nach einer guten Leistung geben.
7. Anerkennung nicht mit Kritik verbinden.

Bei der Kommentierung dieser sieben Punkte können weitere Überlegungen angestellt werden.

Auch schwächeren Mitarbeitern Anerkennung geben Nicht nur die Vorzügliches leistenden Mitarbeiter haben Anerkennung verdient. Gerade in den Fällen normaler oder geringerer Arbeitsleistung sollten anerkennende Worte nicht vergessen werden, um auch den schwächeren Mitarbeitern Höhepunkte im Arbeitsleben zu vermitteln und sie zu motivieren. Schließlich möchte jeder Mitarbeiter von Zeit zu Zeit ausdrücklich bestätigt haben, dass die geleistete Arbeit den Anforderungen entspricht.

Aufrichtige Anerkennung Dient Anerkennung lediglich als Zweckmanöver, schlägt diese Form der Anerkennung ins Gegenteil um: Mitarbeiter fühlen sich zu Recht manipuliert und werden künftiger Anerkennung mit Misstrauen begegnen.

Konkretes Leistungsergebnis benennen Wird die Person des Mitarbeiters über den grünen Klee gelobt (»Sie sind mein bestes Pferd im Stall«), kann der Mitarbeiter mit dieser Aussage kaum etwas anfangen. Lässt sich die Anerkennung jedoch an einem konkreten Sachverhalt festmachen (»Die Kundenreklamation haben Sie sehr zügig und äußerst zufriedenstellend für alle Beteiligten erledigt, prima gemacht«), nimmt der Mitarbeiter diese positive Feststellung erfreut zur Kenntnis.

Unter vier Augen Eine Anerkennung von Leistungsergebnissen in Gegenwart Dritter kann bei diesen Neid und Missgunst auslösen. Diese Folge tritt vor allem dann ein, wenn der positiv herausgestellte Mitarbeiter allen Anwesenden als leuchtendes Vorbild dargestellt wird, dem nachzueifern sei. Grundsätzlich sollte eine positive Rückmeldung unter vier Augen abgegeben werden.

Gut dosieren Oft genug erzielt die Führungskraft schon mit einem anerkennenden Kopfnicken oder einem »Vielen Dank!« eine aufbauende Wirkung. Sollte der Mitarbeiter jedoch seine Ziele trotz schwieriger Bedingungen erreicht oder gar übertroffen haben, ist zu überlegen, wie ihm ein in seinem Gedächtnis haften bleibendes Erfolgserlebnis vermittelt werden kann.

Zeitnah reagieren Bei anerkennenden Worten muss dem Mitarbeiter deutlich bewusst sein, mit welcher Arbeitsleistung er sich die Streicheleinheit verdient hat. Daher sollte die Anerkennung unmittelbar nach einer guten Leistung übermittelt werden und nicht erst in gesammelter Form während des Jahresgesprächs.

Anerkennung nicht mit Kritik verbinden Anerkennung und Kritik werden stets zeitlich voneinander getrennt. Würden anerkennenden Worten sogleich kritische Aussagen folgen, wäre mit der ersten kritischen Äußerung sogleich die mit der Anerkennung verbundene wohltuende Wirkung verpufft. Die Kritik würde die vorhergehende Anerkennung überlagern und deren anfänglich positive Wirkung zunichtemachen.

Aus diesem Rollenspiel sollen alle Teilnehmer die Erkenntnis mitnehmen, dass informierte Mitarbeiter eher erfolgreich arbeiten können als jene, die in Unkenntnis gehalten werden. Jedem Vorgesetzten muss es ein wichtiges Anliegen sein, eine gläserne Informationspolitik zu betreiben und damit die Basis für den Erfolg seiner Mitarbeiter zu bereiten. Schließlich handelt er so im wohlverstandenen eigenen Interesse: Sind die Mitarbeiter erfolgreich, strahlt dies auf den Vorgesetzten zurück und es wird sich fast zwangsläufig auch bei ihm der Erfolg einstellen.

Rollenspiel 3: Betriebliche Veränderungen umsetzen

»Panta rhei« = »Alles fließt« *(Heraklit)*

Das Gesetz vom Überleben der Arten besagt, dass Arten oder Organisationen nur dann überleben, wenn sie sich permanent und schnell veränderten Rahmenbedingungen anpassen. Demzufolge ist es für jedes Unternehmen ein Muss, sich ständig selbst auf den Prüfstand zu stellen und erkannte notwendige Veränderungen in den Betriebsalltag zu integrieren. In unserer schnelllebigen Zeit sind Veränderungen allgegenwärtig und alltäglich, sie gehören in vielen Bereichen bereits zur Normalität.

Die Notwendigkeit von Veränderungen kann auf vielfältigen Wegen erkannt werden, so zum Beispiel:

- Interventionen oder Vorschläge übergeordneter Stellen oder Personen
- Hinweise aus Fachpublikationen
- Erkenntnisse aus Benchmarking-Projekten
- eigene Überlegungen des Vorgesetzten
- Ergebnisse von Problemlösungsgruppen der Mitarbeiter (quality circle)
- Ideen und Vorschläge aus Verbesserungsvorschlägen einzelner Mitarbeiter
- Handlungsansätze aus dem »Kontinuierlichen Verbesserungsprozess« (KVP – japanisch: Kaizen)

Die Umsetzung des erkannten Veränderungsbedarfs in die Praxis bereitet vielfach erhebliche Probleme. Insbesondere bei organisatorischen Veränderungen ist in vielen Fällen ein sachlich kaum mehr nachvollziehbares intensives Beharrungsvermögen bei den Mitarbeitern zu erkennen, sodass sich der jeweils zuständige Vorgesetzte auf diesem schwierigen Terrain als erfolgreicher »Veränderungsmanager« beweisen kann.

In Trainings können in solchen Fällen Rollenspiele eine wirksame Unterstützung sein. Dabei sollte ein Trainer Folgendes beachten:

Rollen am Vortag vergeben Wenn möglich, sollte der Rollenspieler am Vortag festgelegt werden, damit er sich in Ruhe die organisatorischen Veränderungen durch den Kopf gehen lassen und Vorstellungen eventuell auch visualisieren kann (PowerPoint-Folien oder Flipchartgrafiken).

Einweisung für das »Publikum« Für dieses Rollenspiel ist nur ein einziges Drehbuch, nämlich das für den Vorgesetzten, vorgesehen. Dieses Drehbuch wird im Plenum vorgelesen. Anschließend verlässt der Rollenspieler einen Moment den Raum. Sie als Trainer erklären die Rolle der Teilnehmer im Plenum: Sollte der Vorgesetzte von Beginn an versuchen, seine Mitarbeiter mit ins Boot zu bekommen, sollten diese neutral bis positiv-konstruktiv reagieren. Werden die Mitarbeiter jedoch vor vollendete Tatsachen gestellt, sollte dem Vorgesetzten zunächst eisiges Schweigen entgegenschlagen, das bald in eine einmütige Ablehnung der vorgesehenen Veränderung einmündet. Dabei können auch unsachliche Beiträge fallen.

Nach dieser Einweisung wird der Rollenspieler »Vorgesetzter« in den Raum gebeten und beginnt das Rollenspiel.

Rollenspiel: Betriebliche Veränderungen umsetzen

Rolle des Vorgesetzten

Vor neun Wochen übernahmen Sie die neue Arbeitsstelle als Gruppenleiter. Ihr Abteilungsleiter hatte darauf hingewiesen, dass Ihr Vorgänger, der in Rente gegangen ist, in letzter Zeit die Zügel hatte schleifen lassen, sodass organisatorische Veränderungen bis zum Zeitpunkt nach seinem Ausscheiden zurückgestellt wurden. Es fällt auch die Bemerkung: »Sie als neue und engagierte Führungskraft können mit der Neuorganisation Ihres Zuständigkeitsbereichs beweisen, dass Sie der richtige Mann am richtigen Platz sind. Dabei behalten Sie bitte im Auge, dass demnächst zwei Mitarbeiter Ihres Teams die Firma verlassen und anschließend nicht mehr ersetzt werden. Die übrigen Mitarbeiter brauchen sich um ihre Arbeitsplätze keine Sorgen machen, sie sind sicher. Sie bekommen das schon in den Griff. Ich setze großes Vertrauen in Sie.«

Seither hatten Sie genügend Zeit, die Arbeitsabläufe Ihrer Mitarbeiter zu beobachten und die Zuständigkeitsbereiche sowie die Arbeitsauslastung näher ins Auge zu fassen. Hierbei sind Ihnen viele änderungswürdige Unzulänglichkeiten aufgefallen, die im Interesse einer effektiven Aufgabenerledigung unbedingt abgestellt werden müssen.

In den letzten drei Wochen stellten Sie einen umfangreichen Änderungsplan auf, mit dem die Aufgabenbereiche Ihrer Mitarbeiter neu zugeschnitten werden sollen unter gleichzeitiger Ausdehnung der Kompetenzen und Verantwortung. Durch die vorgesehenen organisatorischen Änderungen werden zwei Arbeitsplätze eingespart. Da sowieso in nächster Zeit zwei Mitarbeiter in Rente gehen werden, muss kein Mitarbeiter versetzt oder entlassen werden.

Sie wollen in einer Mitarbeiterbesprechung den Änderungsbedarf ansprechen …

Als Trainer brechen Sie das Rollenspiel ab, wenn dem Vorgesetzten nach ablehnenden und unsachlichen Reaktionen der Mitarbeiter die Felle davonzuschwimmen drohen und alle Anwesenden erkennen können, dass das anvisierte Ziel kaum mehr zu erreichen ist. Ansonsten würde die Situation für den Rollenspieler peinlich und bedrohlich. Ersparen Sie ihm einen vermeintlichen Gesichtsverlust, indem Sie den Abbruch positiv begründen:

- »Jetzt sollten wir eine Zäsur machen und das soeben Gehörte verarbeiten.«
- »Herzlichen Dank an Sie, Herr …, Sie haben in dem Rollenspiel eine hohe Frustrationstoleranz gezeigt, obwohl die übrigen Seminarteilnehmer – und das war vor Beginn so abgesprochen – Ihnen das Leben sehr schwer gemacht haben. Jetzt können wir diskutieren, wie wir künftig Erfolg versprechend vorgehen sollten bzw. welche Aspekte einen Misserfolg provozieren.«

Bei der Auswertung sollten die Teilnehmer zunächst den vom Vorgesetzten gewählten Einstieg in die Besprechung analysieren. Denn bei diesem Rollenspiel gilt ganz besonders die Erkenntnis: Wie man startet, so liegt man im Rennen. Gelingt dem Vorgesetzten ein gut bedachter Start, wird er sein Ziel eher erreichen als wenn er sich nach einem holprigen Start nur noch um Schadensbegrenzung bemühen muss.

Welche Empfehlungen sollten einem Vorgesetzten gegeben werden, damit der Start nahezu perfekt gelingt?

- Eröffnen Sie am besten mit Worten der Anerkennung von bisher Geleistetem.
- Anschließend können Sie auf den gemeinsamen Nutzen hinweisen, den das Team erzielen will.
- Die fachliche Kompetenz der Mitarbeiter, die als Spezialisten anzusehen sind, sollten Sie klar herausstellen und herausarbeiten, in welche zu treffenden Entscheidungen sie einbezogen werden sollen.
- Konkrete Vorhaben des Abteilungsleiters sollten Sie erst ansprechen, wenn das anfängliche Eis zwischen allen Beteiligten gebrochen ist.
- Um anfängliche Ängste und Bedenken zu verringern, sollten Sie betonen, dass niemand um seinen Arbeitsplatz fürchten muss, dass aber jeder daran mitarbeiten sollte, langfristig seinen Arbeitsplatz zu sichern, indem jede Stelle immer wieder zukunftsgerecht organisiert wird.

- Die eigene Konzeption sollte lediglich als Diskussionsgrundlage dienen, die von den Mitarbeitern durch eigenes Know-how optimiert werden kann.
- Nach dem Motto »Keiner weiß so viel wie wir alle zusammen« können die Mitarbeiter das Konzept verbessern, praktikabel machen und mit Leben erfüllen. Damit verringert der Vorgesetzte auch das Risiko einer subjektiven Fehleinschätzung, denn »der Teufel steckt im Detail«.
- Appellieren Sie an die Mitarbeiter, nicht nur zu kritisierende Aspekte in den Vordergrund zu stellen, sondern das Konzept unter dem Gesichtspunkt »Welche positiven Aspekte sind damit verbunden?« zu analysieren.
- Signalisieren Sie Bereitschaft, Vorschläge und Anregungen der Mitarbeiter ohne Voreingenommenheit auch dann aufzunehmen, wenn diese dem ursprünglichen Plan nicht folgen, sondern völlig neue Wege aufzeigen.

1400 Jahre alte Abtregel des heiligen Benedikt

Der Abt (heute: *Vorgesetzter*) soll die Angelegenheit vortragen, den Rat der Brüder (heute: *Mitarbeiter*) anhören und dann entscheiden.

Dies wäre der optimale Verlauf. Ganz anders schaut der folgende Einstieg aus, der zwangsläufig zu einem Fehlstart führt: Nach dem Motto »Friss oder stirb« werden vorgesehene Veränderungen den Mitarbeitern in Form von Anweisungen aufoktroyiert. Damit werden bei den zu Befehlsempfängern degradierten Mitarbeitern erhebliche Widerstände aktiviert. Werden dabei noch unglückliche Formulierungen gewählt, steht die beabsichtigte Veränderung unter keinem guten Stern:

Beispiel für einen negativen Gesprächsauftakt

»Es werden demnächst eine Reihe von Änderungen auf Sie zukommen. Ich habe bereits eine Vielzahl von Ideen entwickelt, die aus Erfahrungen in früheren Tätigkeitsbereichen resultieren. Diese werden wir unverzüglich anpacken.«

Mit diesem oder einem ähnlichen Statement eröffnet sich dem Vorgesetzten die exzellente Chance, sich ins Abseits zu stellen. Mitarbeiter entnehmen der Aussage einen indirekten Angriff: »Das Bisherige war schwach und taugt nichts. Gleiches trifft auch auf euch zu. Ich werde zeigen, wie es richtig und erfolgreicher laufen kann.«

Gelang dem Rollenspieler die lehrbuchmäßige Darstellung seines Parts und konnte er die Mitarbeiter für die Veränderung motivieren und mobilisieren, sollten dennoch die folgenden grundlegenden Überlegungen angesprochen werden.

Viele Führungskräfte berichten von erheblichen Widerständen und Reibungsverlusten bei der Einführung von Veränderungen und beklagen ein immenses Beharrungsvermögen bei ihren Mitarbeitern. Tatsächlich bevorzugen die meisten Mitarbeiter den Status quo und bringen dem Konstanten trotz möglicher Nachteile oder Schwächen Vertrauen entgegen. Selbst bei erkennbar positiven Wirkungen einer Veränderung greift häufig die »Schuster-bleib-bei-deinen-Leisten-Philosophie«. Mitarbeiter wissen, wie es ihnen unter den gegenwärtigen Bedingungen geht. Jede Veränderung bedeutet aber neue und fremde Bedingungen, die auf eine Fülle von Gegeninteressen sowie auf offene oder verborgene Widerstände stoßen.

Die folgenden sieben Gründe können ausschlaggebend sein für das störende Festhalten an Bisherigem:

Erstens: Unbekanntes führt zu Unsicherheit Anthropologisch gesehen führt alles Unbekannte, Unvertraute und Ungewisse zu Unsicherheit, Unbehagen oder gar Angst. Weil nicht abzuschätzen ist, was die Zukunft unter veränderten Vorzeichen bringen wird, lehnen Mitarbeiter Instabilität intuitiv als Störung der etablierten Ordnung ab. – Die Reaktion: Widerstand!

Zweitens: Vertraute Arbeitsabläufe werden berührt Die bisherige Arbeit ist den Mitarbeitern ans Herz gewachsen und in Fleisch und Blut übergegangen. Jeder Mitarbeiter musste zunächst erhebliche Energien einsetzen, um sich allmählich mit den Arbeitsinhalten seines Aufgabenbereichs so vertraut zu machen, dass er schließlich zu guten Leistungen gelangte. Das soll nun – zumindest teilweise – wegen einer Neuerung preisgegeben werden? – Die Reaktion: Widerstand!

Drittens: Routinen gehen verloren Es ist ungewiss, ob die veränderte Arbeitssituation ebenso gut bewältigt werden kann wie die bisherige. Mitarbeiter konnten in der Vergangenheit Denkgewohnheiten und Verhaltensroutinen entwickeln, die ihre Bereitschaft, Veränderungen positiv anzugehen, einschläferten. Der sichere und vorausberechenbare Alltag nach der »Ich-tue-hier-doch-nur-meinen-Job-Philosophie« ist gefährdet. – Die Reaktion: Widerstand!

Viertens: Umlernprozesse werden notwendig Jede Veränderung beinhaltet für den Mitarbeiter Lernprozesse. Während einer längeren Zeitspanne herausgebildete Gewohnheiten sollen abgelegt, angepasst oder durch neue ersetzt werden. – Wie schwer dies fällt, ist daran zu erkennen, dass bei vielen Gelegenheiten von manchen Deutschen in Gedanken immer noch Euro-Beträge in DM-Beträge umgerechnet werden. – Die Angst besteht, dass möglicherweise erworbene Kenntnisse und Erfahrungen entwertet werden. Selbst wenn die Veränderung eine Arbeitserleichterung zum Ziel hat, ist mit dem Prozess des Umlernens (Umlernen benötigt mehr Energie als erstmaliges Lernen!) bei manchen Mitarbeitern ein Moment der Trägheit angesprochen. – Die Reaktion: Widerstand!

Fünftens: Misstrauen und Angst stellen sich ein Gegenüber den Absichten der Stelle beziehungsweise der Person, die die Veränderung propagiert, wird Misstrauen aufgebaut. Angst vor der Zukunft entsteht, die sich – vor allem, wenn der eigene Arbeitsplatz zur Diskussion steht – in antriebshemmender und lähmender Hilflosigkeit, Ohnmacht und Resignation dokumentiert. Das Gefühl verstärkt sich, als ausführendes Organ disponibel zu sein. Mitarbeiter empfinden die Chancen der sich bietenden technischen und ökonomischen Veränderungen subjektiv als Zukunftsängste auslösende Bedrohung (sofern nicht von Beginn an flankierende Strategien zur sozialen Absicherung der Betroffenen vorgesehen werden). – Die Reaktion: Widerstand!

Sechstens: Bisheriger Status gerät in Gefahr Der gegenwärtige Status im Betrieb oder die bisher erhaltene Anerkennung für geleistete Arbeit kann sich wandeln, sodass beim Mitarbeiter das Selbstwertgefühl negativ berührt wird. – Die Reaktion: Widerstand!

Siebtens: Soziale Kontakte werden beeinträchtigt Veränderungen können bestehende soziale Beziehungen innerhalb des bisherigen beruflichen Umfelds (Kollegen, Vorgesetzte, Mitarbeiter, Kunden) bedrohen oder zerstören. Das Bedürfnis nach geordneten sozialen Beziehungen steht dem entgegen. – Die Reaktion: Widerstand!

Während die beabsichtigte Veränderung für den Betrieb einen Fortschritt bewirken soll, bedeutet sie für die Mitarbeiter zunächst einen Schritt fort vom Bisherigen. Viele Spielarten geleisteten Widerstands sind in diesen Fällen die Folge:

- mürrische Widerspenstigkeit
- langsames Erlernen neuer Arbeitsmethoden
- Leistungszurückhaltung bis hin zur inneren Kündigung
- schlechte Arbeitsqualität
- erhöhte Fehlerquote
- vermehrte Missverständnisse
- Zurückhalten von Informationen wie das Verschweigen von Hinweisen auf Fehlerquellen (»Soll es doch anbrennen!«) zum Nachweis, dass die Veränderung nichts wert ist
- In der Neuerung enthaltene Fehler werden prompt und »gewissenhaft« vollzogen.
- »Dienst nach Vorschrift«, um eine Änderung ad absurdum zu führen
- Bilden von Cliquen, die im Untergrund »Wühlarbeit« leisten
- Vortragen von recht unwahrscheinlichen Gefahren- und Extremfällen, in denen die Veränderung zweifelhaft erscheint.
- Prinzipielle Aversionen gegen Anweisungen und Vorschriften, die am grünen Tisch erarbeitet wurden und deren Tragweite »die da oben« in ihrer »Praxisferne« nicht ermessen können.

Eines stellen alle Formen des Widerstands dar: fehlgeleitete Energien des Mitarbeiters, die eigentlich für die bestmögliche Aufgabenerledigung zur Verfügung stehen sollten. Kein Vorgesetzter kann auf Dauer zulassen, dass Energiepotenzial für hemmende oder verhindernde Aktivitäten aufgebraucht wird. Versucht er, behindernde Kräfte durch Einsatz von Machtmitteln zu zerstören, wird er zumeist Schiffbruch erleiden.

Widerstände gegen Veränderungen verringern

Ein Großteil der Widerstände lässt sich durch mehrere miteinander zu kombinierende vertrauensfördernde Steuerungselemente vorbeugend vermeiden oder wenigstens verringern. Sie können in Ihrem Seminar dafür die folgende Vorlage einsetzen:

Arbeitsblatt: Änderungen realisieren

1. Sie stärken bei Ihren Mitarbeitern die generelle Einsicht in die Notwendigkeit von Veränderungen.
2. Sie wollen erreichen, dass Ihre Mitarbeiter notwendige Änderungen akzeptieren.
3. Sie informieren Ihre Mitarbeiter frühzeitig und beziehen sie von Beginn an in den Veränderungsprozess ein.
4. Sie stärken Ihre Überzeugungskraft mit Beispielen.
5. Sie erwähnen auch mögliche Nachteile.
6. Sie sorgen für einen ungehinderten Informationsfluss.
7. Sie sehen möglichst einen Probelauf vor.
8. Sie engen die Handlungsspielräume Ihrer Mitarbeiter nicht ein.
9. Sie ziehen die Kontrollschraube nicht zu stark an.
10. Sie gestehen Ihren Mitarbeitern die erforderliche Umstellungszeit zu.
11. Sie sehen nicht zu viele Änderungen in kurzer Zeit vor.
12. Sie achten darauf, dass Ihre Mitarbeiter rechtzeitig über das erforderliche Know-how verfügen.
13. Sie aktivieren – vor allem wenn Sie Newcomer sind – viel Energie, damit Veränderungen bald Erfolge zeigen.

Die Empfehlungen des Arbeitsblatts können Sie wie folgt kommentieren:

Sie stärken bei Ihren Mitarbeitern die generelle Einsicht in die Notwendigkeit von Veränderungen Hilfreich können hier Sinnsprüche wie die folgenden sein, die den Teilnehmern vorgelegt werden.

Wer heute nichts tut, lebt morgen wie gestern.	Nichts ist beständiger als der Wechsel. (Charles Darwin)	Wer nicht mit der Zeit geht, der geht mit der Zeit!	Nichts ist so gut, dass man es nicht noch besser machen könnte!
Wer nicht aufhört, besser zu werden, hört bald auf, gut zu sein.	Es ist nicht gesagt, dass es besser wird, wenn es anders wird. Aber wenn es besser werden soll, muss es anders werden.	Wer nichts verändern will, wird auch das verlieren, was er bewahren möchte!	Wer rastet, der rostet!

Vorgesetzte verdeutlichen ihren Mitarbeitern ständig, dass Veränderungen notwendig, nützlich und konstruktiv sind. Die Veränderungsappelle wirken glaubwürdiger, wenn Vorgesetzte keine Vorbehalte geltend machen, sondern eine Vorbildfunktion ausüben. Durch regelmäßiges Erörtern von Problemen und Beschäftigen mit erkennbaren Entwicklungen im Rahmen von Teammeetings erhalten Mitarbeiter eine größere Einsicht in die Notwendigkeit von Veränderungen.

Sie wollen erreichen, dass Ihre Mitarbeiter notwendige Änderungen akzeptieren Ist nach Auffassung des Vorgesetzten eine Änderung unvermeidlich, ist es am sinnvollsten, gemeinsam mit den Mitarbeitern eine Bestandsaufnahme vorzunehmen und die bisherige Situation zu analysieren. Die Mitarbeiter sollen selbst erkennen, wo Probleme vorliegen, die durch eine Änderung beseitigt werden können. Auf diese Weise überzeugen Sie sie, dass eine Änderung auf echten und zwingenden Gründen basiert und nicht auf persönlichen Launen, Profilierungssüchten oder besonderen Neigungen des Vorgesetzten.

Sie informieren Ihre Mitarbeiter frühzeitig und beziehen sie von Beginn an in den Veränderungsprozess ein Nichts wirkt so niederschmetternd und destruktiv auf Betriebsklima und Arbeitsmoral, als wenn Mitarbeiter von einer geplanten Veränderung erst von Kollegen aus anderen Abteilungen oder aus der Zeitung erfahren. Vorgesetzte sollten sich stets die notwendige Zeit nehmen, Mitarbeiter über Veränderungen frühzeitig zu informieren. In der heutigen Zeit, die von Instabilität geprägt ist, ist das Vertrauen, welches Mitarbeiter ihren Vorgesetzten entgegenbringen, unbezahlbar. Dieses hohe Gut sollte durch das Zurückhalten von Informationen nicht aufs Spiel gesetzt werden.

»Das Vertrauen ist eine zarte Pflanze. Ist es einmal zerstört, so kommt es so bald nicht wieder.« *(Otto von Bismarck)*

Werden diejenigen, die von einer Änderung berührt werden und diese realisieren sollen, vom gesamten Planungs- und Entscheidungsprozess ferngehalten, bedeutet das, nutzbare Fähigkeiten sowie vorhandenes Urteilsvermögen und Verantwortungsbewusstsein vorsätzlich zu ignorieren. Kann man dann den Mitarbeitern das Gefühl anlasten, sie würden als unmündige Kinder vom Vorgesetzten unter Vormundschaft gestellt? Ist es das Ziel kooperativer Führung, aus Ausführenden von Anweisungen mündige Mitarbeiter und Partner zu machen, so muss diesem Vorsatz erst recht bei der Planung und Durchführung von Veränderungen Rechnung getragen werden.

Je früher die aktive Beteiligung am Willensbildungsprozess einsetzt, desto eher erkennen Mitarbeiter die Einführung einer Änderung auch als ihre eigene Entscheidung. Selbst wenn die Lösung nur in einem unwesentlichen Teilbereich von einem Betroffenen miterarbeitet wurde, identifiziert er sich doch mit der Gesamtlösung und setzt sich für deren erfolgreiche Durchführung ein.

»Man lässt sich gewöhnlich leichter durch Gründe überzeugen, die einem selbst zu Sinn gekommen sind, als durch solche, die anderen zu Sinn gekommen sind.« *(Blaise Pascal)*

Je intensiver die Mitwirkung der Mitarbeiter ist, umso weniger kommt es zu einem Leistungsabfall, dafür aber umso schneller zu einer Leistungssteigerung.

Sie stärken Ihre Überzeugungskraft mit Beispielen Abstrakte Vorschläge, weitschweifige theoretische Erörterungen und akademische Sandkastenspiele eignen sich nicht, um Mitarbeiter sofort in Ihren Bann zu ziehen. Die meisten Menschen lehnen bloße Theorien ab, verachten sie sogar. Deshalb lohnt es sich, den Wert einer geplanten Änderung anhand von Beispielen darzustellen, die als Belege und Illustrationen für die angestrebte Neuerung dienen. Beispiele sind konkrete und lebensnahe Hinweise auf Erfahrungen, die mit gleichen oder ähnlichen Maßnahmen in anderen Bereichen gesammelt wurden. Die Glaubwürdigkeit Ihrer Argumente wächst. Auch spielt der Wunsch der Mitarbeiter mit, bestimmte Situationen gleich gut wie oder besser als andere zu bewältigen.

Sie erwähnen auch mögliche Nachteile Die Auswirkungen der Veränderung sollten transparent gemacht und die Vor- und Nachteile herausgestellt werden. Häufig sind mit einer Umstellung neben absehbaren Vorteilen auch unvermeidbare Nachteile verbunden. Werden diese Minuspunkte verschwiegen, führt das zu einem späteren Zeitpunkt zu vermeidbaren Belastungen. Denn dann wird meist unter dem Vorzeichen heftigen Misstrauens diskutiert. Damit die Mitarbeiter sich später nicht »überfahren« fühlen, vermeidet die Führungskraft jede Form von Manipulation. Also zeigt sie den Betroffenen auch die negativen Seiten auf und verdeutlicht gleichzeitig in überzeugender Form, dass sich durch die Änderung per Saldo eine Besserung ergeben wird.

Sie sorgen für einen ungehinderten Informationsfluss Eigentlich bedarf es keiner besonderen Erwähnung, dass den Mitarbeitern der Zugang zu allen notwendigen Informationen ermöglicht wird, damit die Veränderung auch positiv praktiziert werden kann.

Sie sehen möglichst einen Probelauf vor Um Widerstände gegen eine Veränderung abzubauen, sollte keine Umstellung als absolut und für alle Zeiten gültig angesehen und proklamiert werden. Es kann hilfreich sein, eine Änderung erst einmal für eine Probezeit einzuführen, sie zu testen. Während dieses Probelaufs können wertvolle Erfahrungen für die endgültige Entscheidung gesammelt werden. Stellt sich trotz positiven Einsatzes der Beteiligten heraus, dass die erwarteten Vorteile nur dem Wunschdenken zuzuordnen sind, kann das Experiment ohne Autoritätsverlust beendet werden. Ärgerlich wäre es dagegen für den Vorgesetzten, eine von ihm angeordnete und mit vielen Vorschusslorbeeren versehene Änderung müsste aufgehoben und der ursprüngliche Zustand wieder hergestellt werden.

Sie engen die Handlungsspielräume Ihrer Mitarbeiter nicht ein Handlungsspielräume für Mitarbeiter sollten nicht bis in die kleinste Einzelheit festgelegt werden. Mitdenkende und mithandelnde Mitarbeiter benötigen Entfaltungsmöglichkeiten und Freiheitsgrade zur Ausgestaltung ihrer Arbeit und damit auch der Veränderung.

Sie ziehen die Kontrollschraube nicht zu stark an Passen sich die Mitarbeiter der technischen, organisatorischen oder arbeitsmäßigen Veränderung an, sollten sie nicht mit Argusaugen beaufsichtigt und überwacht werden. Wird während des Umgewöhnens auf die neuen Erfordernisse massiver Druck auf Mitarbeiter ausgeübt, provoziert dies in der Regel Gegendruck. Es genügt, an den kritischen Punkten Stichprobenkontrollen (s. S. 250) vorzusehen und sich ansonsten darauf zu beschränken, die erzielten Ergebnisse mit dem Soll zu vergleichen und anschließend die notwendigen Folgerungen zu ziehen. Gefragt sind vom Vorgesetzten aktive Hilfestellung und verständnisvolle Begleitung. Das Motto lautet: Nicht nur fordern, sondern auch fördern!

Sie gestehen Ihren Mitarbeitern die erforderliche Umstellungszeit zu Kommt eine Änderung auf Initiative einer Führungskraft zustande, so hat diese sich bereits im Vorfeld – meist über einen längeren Zeitraum – mit der Umstellung gedanklich auseinandergesetzt. Gegenüber den Mitarbeitern kommt es hierbei zu einem bedeutenden Zeit- und oft auch Informationsvorsprung. Ungeduld ist daher fehl am Platz, wenn nicht jeder Mitarbeiter die Änderung auf Anhieb »verkraftet«. Viele Mitarbeiter können sich nicht von heute auf morgen umstellen, denn sie sind – wie wir alle – »Gewohnheitstiere«. Sie benötigen Zeit, um neue Fertigkeiten zu erwerben, bisherige Gewohnheiten aufzugeben, in einer neuen Umgebung heimisch zu werden oder sich in einer auch nur minimal veränderten Situation zurechtzufinden.

Sie sehen nicht zu viele Änderungen in kurzer Zeit vor Ein Mitarbeiter hat nur eine begrenzte Kapazität für Änderungen, denn Umstellungen und Neuorientierungen sind nicht nur auf die Berufstätigkeit beschränkt, sondern vollziehen sich ebenso im privaten Umfeld. Dies kann sich zu einem größeren Änderungsvolumen addieren, das möglicherweise Zukunftsängste aufkommen lässt. Auch führt eine größere Anzahl von Änderungen innerhalb einer kurzen Zeitspanne regelmäßig zu »organisatorischen Verdauungsstörungen«. Wie oft kommt es zu fast permanenten Änderungen, wenn eine

Arbeitsgruppe einen neuen Vorgesetzten erhält oder es zu Fusionen oder Eigentumsveränderungen kommt. Ist das Tempo der dann folgenden Umstellungen zu groß, wird das Knirschen im Betriebsgeschehen unüberhörbar. Schnell tritt eine Veränderungsübersättigung ein, der eine Veränderungsmüdigkeit folgt, die wenig später in eine Veränderungsverweigerung umschlägt.

Sie achten darauf, dass Ihre Mitarbeiter rechtzeitig über das erforderliche Know-how verfügen Benötigen die Mitarbeiter zur Realisierung der Änderungen zusätzliches Wissen und Können, ist es rechtzeitig zu vermitteln. Manche Widerstände gegen Veränderungen lassen sich auf fehlendes Wissen und Können zurückführen. Die rechtzeitige Teilnahme der Mitarbeiter an Fortbildungsmaßnahmen ist zu unterstützen. Müssen Kenntnisse vor Ort erworben werden, sind Vorgesetzte dazu aufgerufen, als Trainer oder Coach für das Team zu fungieren.

Sie aktivieren – vor allem, wenn Sie Newcomer sind – viel Energie, damit Veränderungen bald Erfolge zeigen Ist schon nach kurzer Zeit der Erfolg einer durchgeführten Veränderung für alle Betrachter erkennbar, wird dies von Mitarbeitern und von nächsthöheren Vorgesetzten positiv zur Kenntnis genommen. Die Mitarbeiter haben Anerkennung verdient und werden anschließend von ihrem neuen Vorgesetzten angetan sein. Und übergeordnete Vorgesetzte nehmen wohlwollend zur Kenntnis, dass sie bei der Stellenbesetzung einen Glücksgriff getan haben.

Der Vorgesetzte darf nicht vergessen, die erzielten Erfolge als Gemeinschaftsleistung herauszustellen und keinen Mitarbeiter Dritten gegenüber mit kritischen oder anerkennenden Worten zu erwähnen. Denn sonst käme bei den Mitarbeitern der Verdacht auf, der Vorgesetzte würde allen positiven Ergebnissen sein eigenes Siegel aufdrücken und diese als alleiniges Werk verkaufen.

Das Einbeziehen von Mitarbeitern in Änderungsprozesse kann den Nachteil haben, dass einerseits das System träge funktioniert. Andererseits spricht die Effizienz bei der Realisierung für das vorgestellte Verfahren, bei dem Umstellungen sehr intensiv vorbereitet werden und die Betroffenen weitgehend am Entscheidungsprozess mitwirken. »Schnellschüsse« nach der Ksf-Methode (kurz, schnell, falsch) sollten generell hinter Möglichkeiten zurücktreten, Konsens mit den von der Änderung Betroffenen herbeizuführen. Ein anfänglich höherer Zeit- und Diskussionsaufwand lässt sich durch ein schnelleres und reibungsärmeres Umsetzen von Änderungsprozessen kompensieren.

Fazit Jeder Vorgesetzte ist im Rahmen seines Zuständigkeitsbereichs als Changemanager tätig. Von ihm wird erwartet, dass er Veränderungen ohne Knirschen vorbereitet und durchführt. Berücksichtigt er dabei die psychologische und soziale Seite der Änderung, kommt es zu einer Reduzierung von Nervenbelastung, Zeit und Kosten. Änderungsprozesse werden dann nicht mehr durch massive Eingriffe von Vorgesetzten auf einen steinigen und ein Vorwärtskommen behindernden Weg gebracht. Vielmehr befindet sich die Veränderung nach partnerschaftlicher Zusammenarbeit mit den betroffenen Mitarbeitern sogleich auf einem geebneten Weg. Folgender Merksatz bringt dieses Vorgehen auf den Punkt:

Der Vorgesetzte beteiligt frühzeitig die von einer Änderung Betroffenen und macht die Beteiligten durch Übergehen nicht betroffen!

Rollenspiel 4: Burnout-Syndrom entgegenwirken

In diesem Rollenspiel geht es um die Führung eines bislang vorbildlichen Mitarbeiters, bei dem sich die Gefahr eines Burnouts abzeichnet. Zur Einführung können Sie als Trainer erläutern, was einen engagierten und leistungsstarken Mitarbeiter ausmacht.

Mitarbeiterleistung

Die Leistung eines Mitarbeiters ist abhängig von drei Faktoren, die miteinander in Zusammenhang stehen.

Wollen (Motivation)	=	**Leistungsbereitschaft**
Können (Fähigkeiten und Fertigkeiten)	=	**Leistungsfähigkeit**
Dürfen (Leistung muss gefragt, erlaubt und erwünscht sein)	=	**Leistungsmöglichkeit**

Werden diese Faktoren von einem Mitarbeiter in hohem Maße erfüllt, ist der jeweilige Vorgesetzte mit einem »Wunschmitarbeiter« gesegnet. Gelegentlich werden solche Mitarbeiter als »Topleistungsträger«, »Überflieger«, »Leuchttürme« oder »Leistungshelden« bezeichnet. Sie sind bei hoher Motivation und umfangreichen Fertigkeiten und Fähigkeiten ohne einschnürende Leistungsmöglichkeiten Garanten für den angestrebten Erfolg. Sie verfügen über einen hohen Reifegrad.

Reifegrad

Unter Reifegrad sind der Wille und die Fähigkeit zu verstehen, sich hohe, aber erreichbare Ziele zu setzen, selbstständig Probleme zu lösen, Verantwortung für die Steuerung des eigenen Verhaltens zu übernehmen und die betrieblichen Aufgaben bestmöglich zu erledigen.

Mit solchen »reifen« Mitarbeitern lassen sich betriebliche Ziele natürlich optimal erreichen. Sie tragen in vorbildlichem Umfang zum Betriebserfolg bei.

Für das Rollenspiel können Sie Ihren Seminarteilnehmern die folgenden Drehbücher übergeben.

Rollenspiel: Burnout-Syndrom entgegenwirken

Rolle des Vorgesetzten

Sie sind kaufmännischer Geschäftsführer in einem mittelständischen Unternehmen. Der zu Ihrem Bereich zählende Herr .... ist seit sieben Jahren in Ihrem Unternehmen als Vertriebsleiter tätig. Sie schätzen ihn auf der fachlichen Ebene, halten aber im persönlichen Bereich Abstand, weil der als extrovertiert einzuordnende Vertriebsleiter Ihnen manchmal auf die Nerven geht.
Herrn .... ist es vorrangig zu verdanken, dass es Jahr für Jahr zu erfreulichen Umsatzsteigerungen kam. Er erwies sich bisher als Workaholic, dem keine Arbeit zu viel war. Er weiß alles, er kann alles, er kennt die A-Kunden sehr gut – er ist unverzichtbar. Deshalb wurden ihm auch große Freiräume zugestanden (zum Beispiel Vertrauensarbeitszeit), die er eher selten in Anspruch nimmt.
Gegenüber Ihren früheren Vorschlägen, doch einige Zeit und Energie kostende Arbeiten an Mitarbeiter zu delegieren, zeigte er sich beratungsresistent. Nachdem einige Delegationsversuche ohne Erfolg geblieben waren – Sie vermuten, dass diese Delegationsvorhaben von ihm nur halbherzig angegangen wurden –, sah sich der Vertriebsleiter in seinem bisherigen Arbeitsverhalten bestätigt. Sie sprachen den Punkt Arbeitsüberlastung nicht mehr an.
Niemals gab es mit ihm ernsthafte Probleme – bis vor Kurzem. In den letzten drei Wochen erhielten Sie von zwei wichtigen Kunden Anrufe, in denen das ruppige Verhalten des Vertriebsleiters beklagt wurde. Ebenso bekamen Sie von Mitarbeitern aus dem Vertrieb Rückmeldungen, dass Herr .... in jüngster Zeit fast aus heiterem Himmel und bei unwesentlichen Vorkommnissen zu Überreaktionen neige. Zwar beginnen in drei Wochen die Betriebsferien, dennoch wollen Sie vorher noch

unbedingt mit dem Vertriebsleiter sprechen, damit sich die Situation nicht noch weiter hochschaukelt. Allerdings fühlen Sie sich nicht sehr wohl in Ihrer Haut, mit dem Vertriebsleiter die gegenwärtige Situation zu erörtern. Sie vermuten, dass sich Ihr Vertriebsleiter nach seinem langjährigen Power-Einsatz übernommen hat und nun ausgebrannt ist.

Rolle des Mitarbeiters
Seit sieben Jahren sind Sie Vertriebsleiter in Ihrer Firma. Durch Ihren großen Arbeitseinsatz gelang es Ihnen, ständig für sehr erfreuliche Umsatzsteigerungen zu sorgen, sodass Sie sicher sind, bei der Geschäftsleitung über ein ausgezeichnetes Image zu verfügen.
In den letzten Wochen bemerken Sie an sich Zeichen von Ungeduld und mangelnder Konzentration. Sie fühlen sich ausgebrannt und urlaubsreif. Selbst an den Wochenenden kommen Sie nicht zur Ruhe, worunter Ihr Familienleben ebenfalls leidet. Über Ihre Situation haben Sie in der Firma mit niemandem gesprochen, weil Sie befürchten, Ihr guter Ruf könne dann leiden.
Früheren Vorschlägen Ihres kaufmännischen Geschäftsführers, Aufgaben an Ihre Mitarbeiter zu delegieren, sind Sie nach einigen missglückten Versuchen nicht mehr nachgekommen. Ihre Gründe dafür sind folgende:

- Was Sie selbst machen, geht schneller, muss von Ihnen nicht kontrolliert werden und spart Zeit.
- Ihren Mitarbeitern fehlt die erforderliche Erfahrung, und sie klagen schon jetzt über zu viel Arbeit.
- Sie fürchten, Ihre Mitarbeiter könnten das eine oder andere besser erledigen als Sie selbst, was Sie als nicht hinnehmbar empfinden.

Es verstärkt sich das für Sie völlig ungewohnte Gefühl, ab und zu nicht mehr Herr Ihrer persönlichen Situation zu sein. Sie fühlen sich in Ihrer Lebensführung zunehmend verunsichert. Auch machen Sie sich Sorgen, Ihre Gesundheit könne darunter leiden.

Konnten sich die Teilnehmer im Vorfeld des Rollenspiels Gedanken über die anzuvisierenden Ziele machen (s. S. 15), wären jetzt vermutlich die nachstehend dargestellten Ziele zu diskutieren.

Unterschiedliche Zielsetzungen

1. Der Vorgesetzte akzeptiert die Versicherung des Vertriebsleiters, es handle sich bei den aufgetretenen Symptomen um eine vorübergehende Phase. Nach den bevorstehenden erholsamen Urlaubswochen werde er wieder mit voller Schaffenskraft zur Verfügung stehen.
2. Der Vertriebsleiter sagt zu, sich mehr zu schonen, künftig einen Gang zurückzuschalten, etwas kürzerzutreten, sich demnächst um einen Kuraufenthalt zu bemühen.
3. Der Vertriebsleiter ist damit einverstanden, in Kürze ein qualifiziertes Zeitmanagementseminar zu besuchen, um besser erkennen zu können, wo und wie sein Zeit- und Energieeinsatz zu optimieren ist.
4. Das Einverständnis des Vertriebsleiters wird eingeholt, dass dessen Funktionsbereich auf Deutschland Nord reduziert wird, während für Deutschland Süd ein weiterer Vertriebsleiter vorzusehen wäre.
5. Mit einer Versetzung auf einen weniger stressbesetzten Arbeitsplatz soll das gegenwärtige Problem aus der Welt geschafft werden.
6. Der Vertriebsleiter sagt zu, sich intensiv (eventuell Hilfestellung durch einen Coach oder Mentor) mit der Delegation von Aufgaben, Kompetenzen und Verantwortung zu beschäftigen (wobei erkennbar sein muss, dass es sich nicht um ein Lippenbekenntnis handelt) und diese Managementtechnik nach Ende der Betriebsferien intensiv einzusetzen.

Welche Ziele können nachhaltig zu einer Problemlösung beitragen, welche sind weniger geeignet?

Zu 1.: Vermeintlich vorübergehende Phase Es steht zu erwarten, dass hier eine unrealistische Augenwischerei betrieben wird. Möglicherweise ist der Vertriebsleiter im Anschluss an den Urlaub wieder einige Wochen topfit. Da er sein Arbeitsverhalten vermutlich nicht verändert hat, befindet er sich weiter auf dem Weg vom alltäglichen Stress zum Burnout.

Typisch für Burnout ist ein schleichender Verlauf, der zunächst verdrängt und mit vermehrtem Engagement kompensiert werden soll. Im SPIEGEL (4/2011) wurden die folgenden drei Stufen genannt.

Die drei Stufen von Burnout

Stufe 1: Erste Anzeichen der Erschöpfung
Schlafstörungen
Schmerzen, Tinnitus, unregelmäßiger Herzschlag
gesteigerte Arbeitsaktivität
verminderte Leistungsfähigkeit
Reiz- und Kränkbarkeit

Stufe 2: Die Erschöpfung schreitet voran. Das Verhalten ändert sich, alles dreht sich nur noch um die Arbeit.
aggressive Ausbrüche
blinder Aktionismus
Rückzug von Freunden und Familie
Ohnmachtsgefühle
Konzentrations- und Gedächtnisprobleme

Stufe 3: Burnout! Leistung und Lebensmut schwinden. Körper und Geist steuern auf die völlige Erschöpfung zu.
vollkommene Apathie
Suizidgefahr
Depression
drohender Infarkt

In diesem Fall darf der Vorgesetzte nicht passiv bleiben und den Dingen ihren Lauf lassen. Er sollte reflektieren, dass mit seiner Vorgesetztenposition stets zwei wesentliche (in Stellenbeschreibungen nicht enthaltene) Aufträge verbunden sind:

- Er besitzt für seinen Zuständigkeitsbereich Weisungsbefugnis (= Berechtigung, die Arbeitsleistung der zugeordneten Mitarbeiter im Hinblick auf Art, Ort und Zeit zu beeinflussen und zur Durchsetzung seiner Anordnungen Sanktionen zu ergreifen) und
- er hat als verlängerter Arm des Arbeitgebers gegenüber seinen Mitarbeitern eine Fürsorgepflicht wahrzunehmen.

Ein »Kopf-in-den-Sand-Stecken« stellt in diesem Fall eine Verletzung der Fürsorgeverpflichtung dar und ist unabhängig hiervon auch aus moralischen Gründen nicht vertretbar. Diese Variante ist eindeutig nicht zielführend. Sie sorgt eher dafür, dass die von Joachim Ringelnatz in einem Gedicht beschriebene Situation eintritt:

»Du weißt nicht mehr,
wie Blumen duften.
Kennst nur die Arbeit
und das Schuften,
so geh'n sie hin,
die schönen Jahre,
auf einmal liegst du
auf der Bahre.
Und hinter dir, da
grinst der Tod:
Kaputt gerackert …
Vollidiot.«
(Joachim Ringelnatz)

Zu 2.: Versprechen, sich zu schonen Ob den Absichtserklärungen Taten folgen werden, ist höchst ungewiss. Ein Mensch kann seinen in vielen Jahren herausgebildeten Arbeitsstil ohne fremde Hilfe nicht so einfach verändern, wie wenn er einen Schalter umlegt. Träten Phasen des Nichtstuns und der Ruhe auf, würde es schnell wieder in den Fingern kribbeln – alte Gewohnheiten, die zur Selbstausbeutung führen, wären aktiviert. Dieses eher weltfremde Ziel führt vermutlich nicht zu einer nachhaltigen Problemlösung.

Zu 3.: Zeitmanagementseminar Bei diesem Ergebnis stiehlt sich der Vorgesetzte aus seiner Verantwortung. Der Trainer wird es im Seminar schon richten … Diese Lösung ist nur dann zu begrüßen, wenn sie mit zusätzlichen Vereinbarungen verbunden wird.

Zu 4.: Funktionsbereich verringern In europäisch geprägten Gesellschaften stehen bei den meisten Menschen Erfolg, Anerkennung, Status und Prestige im Vordergrund. Sie tragen drei große, unsichtbare Spruchbänder auf ihrer Brust, auf denen steht:

- Ich möchte wichtig sein!
- Ich möchte anerkannt werden!
- Ich möchte bewundert werden!

Erfolgserlebnisse bilden in der Regel eine wesentliche Voraussetzung für eine dauerhaft positive Einstellung zur Arbeit und für das Erzielen optimaler Ergebnisse.

Die Reduzierung von Aufgaben, Kompetenzen und Verantwortung entspricht nicht den Wünschen auf den drei Spruchbändern. Der Vertriebsleiter wird ein solches – aus Sicht des Vorgesetzten wohlgemeintes – Angebot als Degradierung empfinden. Das, was er in harter Arbeit über eine lange Zeit hinweg aufgebaut hat, soll er nun mit einer anderen Person teilen? – Allein diese Vorstellung wirkt demotivierend.

Zu 5.: Versetzung Mit dieser Lösung schadet sich der Vorgesetzte selbst. Denn: Führungskräfte sind existenziell auf gute Mitarbeiter angewiesen und lassen diese nicht ohne Not ziehen. Im Übrigen ist fraglich, ob das Unternehmen mit dieser Lösung einen Volltreffer landet. Schließlich ist der Mitarbeiter ein ausgewiesener Vertriebsprofi, dem für eine erfolgreiche Tätigkeit in einem anderen Bereich das aktuelle Know-how fehlen dürfte.

Längerfristig kann das Ziel allerdings im Auge behalten werden, wenn ein Nachfolger aufgebaut und ein reibungsloser Übergang gewährleistet ist.

Zu 6.: Delegieren Diese Lösung bewirkt vermutlich schnell eine spürbare Entlastung für den Vertriebsleiter unter der Voraussetzung, er praktiziert das Delegieren richtig. Falls im Unternehmen möglich, könnte begleitend die Unterstützung eines Coachs oder Mentors organisiert werden.

Möglicherweise bestanden die fehlgeschlagenen Delegationsversuche des Vertriebsleiters in der lapidaren Aufforderung: »Machen Sie mal ...« Wenn sich bei diesem »durchdachten« Ansinnen ein Misserfolg einstellt, sehen sich Vorgesetzte entweder in ihrer Auffassung bestätigt, dass Delegation Teufelszeug sei, oder sie meinen, es nur mit unfähigen Mitarbeitern zu tun zu haben.

Delegation

Bei manchen Führungskräften herrscht Unklarheit, was unter zeitgemäßer Delegation zu verstehen ist. In früheren Zeiten beschränkte sich die Delegation lediglich auf die Übertragung von Aufgaben, das heißt, es wurde die fehlerfreie Ausführung von Detailaufgaben gefordert. Die Entscheidungen oblagen jedoch dem Vorgesetzten.

Im Sinne zeitgemäßer Mitarbeiterführung kann diese Form der Delegation nicht zufriedenstellen. Heutzutage gehören zum Delegieren

- die Übertragung von Aufgaben oder Tätigkeiten aus dem Funktionsbereich eines Vorgesetzten auf einen Mitarbeiter,
- die Zuweisung der für die Aufgabenerfüllung notwendigen sachlichen, finanziellen, personellen Kompetenzen (Rechte und Befugnisse, alle zur Erfüllung der Aufgabe notwendigen Handlungen vorzunehmen und Entscheidungen selbstständig zu fällen) und

- die Verantwortung für die sachgerechte Durchführung der Aufgabe (Bereitschaft des Mitarbeiters, über Erfolg und Misserfolg Rechenschaft abzulegen).

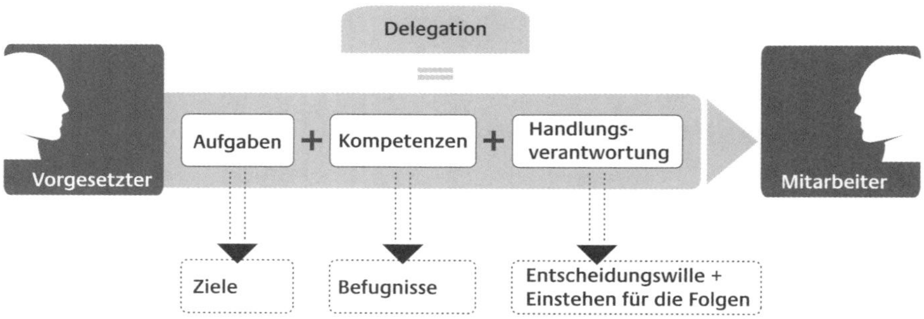

Gleichzeitig mit der Übertragung von Aufgaben (Vervielfältigung der ausführenden Hände) werden die erforderlichen Kompetenzen (Vervielfältigung der mitdenkenden und mithandelnden Köpfe) und die Verantwortung (Vervielfältigung der tragenden Schultern) delegiert.

Im Seminar können an dieser Stelle die Teilnehmenden ihr eigenes Delegationsverhalten überprüfen. Sie können dazu folgenden Test einsetzen.

Test: Ihre Bereitschaft und Fähigkeit zur Delegation

Bitte beantworten Sie folgende Fragen:	ja	nein
1. Nehmen Sie hin und wieder Arbeit mit nach Hause, die Sie während der Arbeitszeit nicht geschafft haben?	☐	☐
2. Wenden Sie Zeit für Routineaufgaben auf, die eigentlich auch Ihre Mitarbeiter erledigen könnten?	☐	☐
3. Widmen Sie sich Tätigkeiten oder Problemen, die Sie in Ihrem vorigen Verantwortungsbereich zu erledigen beziehungsweise zu lösen hatten?	☐	☐
4. Setzen Sie sich mit Arbeiten auseinander, die Ihnen Freude bereiten, die aber auch Ihren Mitarbeitern übertragen werden könnten?	☐	☐

Test: Ihre Bereitschaft und Fähigkeit zur Delegation

Bitte beantworten Sie folgende Fragen:	ja	nein
5. Müssen Sie sich abmühen, Termine einzuhalten?	☐	☐
6. Ist Ihr Schreibtisch überhäuft, wenn Sie einige Tage nicht in der Firma waren?	☐	☐
7. Haben Sie Schwierigkeiten, sich Zeit und Ruhe für wirklich wichtige Aufgaben zu nehmen?	☐	☐
8. Nehmen Sie immer wieder einmal Mitarbeitern Arbeiten ab, die diese nicht bewältigen?	☐	☐
9. Arbeiten Sie durchschnittlich länger als 40 Stunden in der Woche?	☐	☐
10. Wollen Sie möglichst an allem beteiligt sein und über alles informiert werden?	☐	☐

Anzahl der mit »Ja« beantworteten Fragen: ....

Nach diesem Test sind Sie ein .... Delegierer.

Testauswertung

Die Anzahl der Ja-Antworten Ihrer Teilnehmer kommentieren Sie bitte wie folgt:

0 bis 2 Ja-Antworten: Herzlichen Glückwunsch, Sie sind ein *ausgezeichneter* Delegierer!

3 bis 4 Ja-Antworten: Als *durchschnittlicher* Delegierer werden Sie sich nicht mit Durchschnittlichem begnügen wollen. Setzen Sie auf die Verbesserung Ihres Delegationsverhaltens.

Mehr als 4 Ja-Antworten: Sie sind ein *unterdurchschnittlicher* Delegierer.

Nicht selten landen schlechte Delegierer mit einem Herzinfarkt oder einer anderen gesundheitlichen Schädigung in einer Klinik und bestätigen damit den Text von Eugen Roth (s. Randspalte).

Es kommt vor, dass schwache Delegierer mit viel Fantasie und Überzeugungskraft diverse Ausreden nennen, um den verstärkten Einsatz des Delegationsprinzips von sich zu weisen. Den wahren Kern ihrer Zurückhaltung verschweigen sie indes: Sie haben richtiges Delegieren nicht gelernt. So fehlt es an Erfahrung, und bevor man Schiffbruch erleidet, lässt man lieber die Finger von dieser heiklen Sache.

Sind die Teilnehmer nicht auch schon mit einem der folgenden elf Vorbehalte konfrontiert worden? Oder haben sie sich sogar einige dieser Ausflüchte zu eigen gemacht? Hier kann der Trainer für jeden Vorbehalt eine Folie zeigen und die Teilnehmer auffordern, die Berechtigung des Vorbehalts zu diskutieren. Die abgedruckten Kommentare zu den Vorbehalten sind als Handreichungen für den Trainer gedacht und stellen schlüssige Antworten auf die geäußerten Vorbehalte dar.

»Ein Mensch sagt –
und ist stolz darauf –,
er geh in seinen
Pflichten auf.
Bald aber, nicht mehr
ganz so munter,
geht er in seinen
Pflichten unter.«
(Eugen Roth)

»Weshalb soll ich eine Arbeit delegieren, wenn ich sie selbst besser erledigen kann als meine Mitarbeiter?«
Sie erledigen Aufgaben nach langer Praxis und Routine grundsätzlich besser als Ihre Mitarbeiter. Und so bleibt es auch, wenn Sie es Ihren Mitarbeitern nicht ermöglichen, in zu delegierende Aufgaben hineinzuwachsen und praktische Erfahrungen zu sammeln, sodass sich nach einiger Zeit Routine einstellt. Hier sollten Sie sich die Erkenntnis zu eigen machen, dass auch Ihre Mitarbeiter nur dann etwas aus dem Ärmel schütteln können, wenn vorher etwas hineingetan wurde.

»Meine Mitarbeiter verfügen leider nicht über die erforderliche Erfahrung. Es liegt mir deshalb fern, sie zu überfordern.«
Es ist sicherlich nicht die Regel, dass der Mitarbeiter über einen reichen Erfahrungsschatz verfügt, der sogleich eine meisterhafte Ausführung der zu delegierenden Arbeit ermöglicht. Vielmehr ist es doch nur ganz natürlich, wenn sich Mitarbeiter zunächst überfordert fühlen, wenn sie aus dem Stand heraus mit ihnen fremden Arbeiten konfrontiert werden. Hier liegt es bei Ihnen, Ihren Mitarbeitern durch das Heranführen an schwierigere Aufgaben und Probleme positive Erfahrungen zu vermitteln.

»Wenn ich es selbst mache, geht es schneller, und ich spare damit kostbare Zeit.«
Das Alles-selbst-machen-Wollen ist eine flächendeckend anzutreffende Vorgesetztenkrankheit. An keinen anderen Arbeitsplätzen bleiben so viele wichtige Arbeiten

liegen wie an den Plätzen dieser »Selbermacher«! Dem Statement pflichten Sie möglicherweise auf den ersten Blick aus eigener Erfahrung bei. Auf den zweiten Blick erkennen wir jedoch, dass sich bei dieser Prämisse nur kurzfristig Zeit einsparen lässt. Ein wesentlicher Zeitgewinn wird dann erzielt, wenn die delegierte Aufgabe häufiger vom Mitarbeiter wahrgenommen wird.

»Ich traue meinen Mitarbeitern nicht das entsprechende Können und die erforderliche Leistungsbereitschaft zu.«

Verzichten Sie auf Delegation, setzen Sie weiterhin unzureichend Wissen, Erfahrung und Können Ihrer Mitarbeiter für die bestmögliche Aufgabenerledigung ein. Sie nutzen auch nicht diese vorzügliche Möglichkeit, um das eigentliche Leistungspotenzial Ihrer Mitarbeiter überhaupt zu erkennen.

Oft genug bemerkt ein Vorgesetzter erst nach einer langen Zusammenarbeit eher aus Zufall die in Mitarbeitern latent vorhandenen, aber bislang ungenutzten Fähigkeiten. So leitet beispielsweise ein mit Registraturaufgaben betrauter Mitarbeiter in seiner Freizeit bereits seit Jahren in äußerst erfolgreicher Weise einen großen Sportverein, während ein anderer mit untergeordneten Tätigkeiten beschäftigter Angestellter im kommunalpolitischen Bereich durch seine allseits anerkannte Kompetenz hohes Ansehen genießt.

Vertrauen baut auf, Misstrauen hingegen lähmt. Werden Leistungsbereitschaft und Leistungsfähigkeit vom Vorgesetzten in Zweifel gezogen, fühlen sich die Mitarbeiter zunehmend verunsichert und beginnen, an sich selbst zu zweifeln. Kein Wunder, dass Motivation und Produktivität dieser Mitarbeiter rapide absinken (s. hierzu Pygmalioneffekt S. 280). Gehen Sie aber vertrauensvoll auf Ihre Mitarbeiter zu, werden diese Ihnen gewiss keine Steine in den Weg rollen, sondern sich nach besten Kräften bemühen, das in sie gesetzte Vertrauen zu rechtfertigen.

Vermeiden Sie den Fehler, sich um alles und jedes zu kümmern, weil Sie Ihren Mitarbeitern nicht vertrauen und ihnen vor allem nicht zutrauen, die Aufgaben selbstständig und ordentlich zu erledigen. Wer ständig misstraut, arbeitet selbst viel zu viel. Und wer zu viel arbeitet, verliert den Überblick und wird als Vorgesetzter seinen Aufgaben nicht mehr gerecht!

»Meine Mitarbeiter klagen schon jetzt über zu viel Arbeit. Belaste ich sie zusätzlich, komme ich ihnen gegenüber meiner Fürsorgepflicht nicht nach.«

Ein Mitarbeiter, der sich über zu wenig Arbeit beklagt, dürfte die rühmliche Ausnahme sein. Eher werden Mitarbeiter den entgegengesetzten Weg einschlagen und vorbeugend ein lautes Klagelied über die nur unter Aufopferung aller Kräfte gerade noch zu bewältigende Arbeit anstimmen (Pseudo-Burnout-Syndrom). In diesem Fall wird ein vorsichtiger Vorgesetzter schnell seine Delegationsüberlegungen ad acta legen und eine mögliche Überlastung von Mitarbeitern zu vermeiden versuchen.

Besser ist, Sie lassen sich nicht von dem Wehgeschrei abschrecken, sondern gehen den Gegebenheiten auf den Grund: Zunächst beobachten Sie in aller Ruhe das Arbeitsverhalten des klagenden Mitarbeiters. Vielleicht erkennen Sie unzweckmäßige Arbeitstechniken, unrationelle Bearbeitungsweisen oder fehlerhaftes Zeitmanagement. Werden solche Hindernisse durch Ihre Hinweise oder ein adäquates Training ausgeräumt, tritt eine Zeitersparnis ein, die für das Delegieren von neuen Aufgaben genutzt werden kann.
Vielleicht bringt Ihre Recherche auch das Ergebnis, dass die angebliche Arbeitsbelastung eine reine Schutzbehauptung darstellt. Erkennen Sie allerdings, dass der Mitarbeiter ein zu hohes Arbeitsvolumen bewältigen muss, wäre zu prüfen, ob er einen Teil seiner Aufgaben an ihm nachgeordnete Betriebsangehörige delegieren sollte. Ist dies unmöglich, greift die Fürsorgepflicht des Vorgesetzten, der auf anderen Wegen für eine Entlastung sorgen muss.

»Welche Wertschätzung genieße ich in den Augen meiner Mitarbeiter, wenn diese plötzlich die bislang von mir erledigten Arbeiten besser als ich bewältigen?«
Zunächst sollten Sie froh sein, dass Ihnen qualifizierte Mitarbeiter zugeordnet sind, die nach der Delegation Aufgaben effektiver erledigen, als es bisher der Fall war. Da Sie Ihren Zuständigkeitsbereich nach außen vertreten, können Sie die in Ihrem Bereich erzielten besseren Leistungsergebnisse – zumindest teilweise – auf ihre eigene Fahne heften.
Der befürchtete Autoritätsverlust in den Augen Ihrer Mitarbeiter tritt nicht ein, wenn Sie zu Beginn der Delegation Ihrem Mitarbeiter deutlich machen, keinerlei Probleme mit der Möglichkeit zu haben, dass der Mitarbeiter künftig bessere Ergebnisse erzielt als Sie bisher. Im Gegenteil: Sie entschließen sich zum Delegieren, weil Sie damit eine mindestens gleich gute, wenn nicht gar bessere Aufgabenerledigung als bisher erwarten und sich schon darauf freuen, wenn diese Arbeiten künftig stärker als bisher zum Betriebserfolg beitragen.

»Einige Aufgaben bereiten mir viel Spaß und Freude, sodass ich sehr an diesen Lichtblicken im grauen Tagesgeschehen hänge. Soll ich mich durch Delegation selbst bestrafen?«
Übertragen Sie lieb gewonnene Aufgaben, stellt dies für Sie keine Bestrafung dar. Ihr Zeitbudget würde einen Gewinn verzeichnen und Ihr Kopf wäre eher frei für neue und wichtige Dinge, die Ihnen wiederum Spaß und Freude bereiten können.

»Delegiere ich auch Entscheidungskompetenz an meine Mitarbeiter, erhöht sich durch deren Fehlentscheidungen das Risiko für meinen Zuständigkeitsbereich.«
Befreien Sie sich von der Vorstellung, selbst alles zu wissen und zu können. Wenn Sie zudem noch meinen, dieses Wissen und Können im Betrieb fehlerfrei zu nutzen,

sollten Sie sich schnell um eine wirklichkeitsnahe Betrachtungsweise bemühen: Fehler stellen sich auf jeder betrieblichen Ebene ein. Gestehen Sie demzufolge auch Ihren Mitarbeitern das Recht zu, gelegentlich Fehler zu machen. Da Sie delegieren, ohne hierbei die Kontrolle zu verlieren, vermindern Sie das Entscheidungsrisiko.

»Wenn ich durch Delegieren die Aufgabenerledigung aus dem Blick verliere, weiß ich nicht mehr, was in meinem Bereich geschieht. Es fehlen mir dann die unbedingt erforderlichen umfangreichen Kontrollmöglichkeiten. Ich muss ständig sämtliche Fäden in der Hand haben und über alles genau informiert sein. Schließlich ist seit Jahrhunderten bekannt: ›Das Auge des Herrn macht die Kühe fett!‹«
Mancher Vorgesetzte glaubt fälschlicherweise, nach dem Delegieren einer Aufgabe an einen geeigneten Mitarbeiter seine Pflicht und Schuldigkeit getan zu haben. Er setzt sich entspannt zurück und denkt: »Diese Tätigkeit bin ich endlich los. Die Verantwortung trägt ab sofort der Mitarbeiter, ich habe damit nichts mehr am Hut.« Dieser Vorgesetzte übersieht allerdings, dass es bergab gehen kann, wenn man eine Sache sich selbst überlässt.
Sie dürfen trotz vollzogener Delegation Ihre Führungsaufgabe Kontrolle nicht vernachlässigen. Kommen Sie Ihrer Kontrollverpflichtung in ausreichendem Umfang nach, werden Ihnen Mitarbeiter kein X für ein U vormachen können.

»Mit der Delegation von Befugnissen an Mitarbeiter schmälere ich meinen eigenen Machtbereich, beschneide meine Vorgesetztenposition und trage zu einer möglichen Stärkung von Rivalen bei. Im Extremfall wird mir mein Platz durch fähige, selbstständige, verantwortungsbereite und starke Mitarbeiter streitig gemacht.«
Sie haben keinen Anlass, gegenüber Ihren Mitarbeitern Konkurrenzangst zu empfinden, auch dann nicht, wenn diese selbstständig und verantwortlich agieren, ein größeres Selbstbewusstsein entwickeln und beruflich aufsteigen wollen. Übertragen Sie delegierbare Aufgaben und kommen Sie weiterhin Ihren nicht delegierbaren Aufgaben nach (s. S. 95), stärken Sie sogar Ihre Position, indem Sie sich von delegierbaren Aufgaben entlasten. Sie gewinnen Zeit und Energie, sich um die wirklich wichtigen Dinge intensiv zu kümmern.
Im Rahmen des Delegationsprinzips geben Sie – eher unbedeutende – Macht ab, um Macht zu gewinnen!

»Mit meiner ständigen Präsenz und der Bewältigung eines umfangreichen Arbeitspensums fühle ich mich als Vorbild für meine Mitarbeiter und will es auch bleiben.«
Zum Image vieler Führungskräfte scheint eine hohe Stundenbelastung durch die Berufstätigkeit zu zählen. Bei diesem Zeitaufwand fühlt sich manche Führungskraft – oft insgeheim mit stolzgeschwellter Brust – als erster Sklave des Zuständigkeitsbereichs.

Wie wird wohl ein Vorgesetzter, der sich mit seinen Aufgaben zuschüttet und seine eigene Zeit kaum managen kann, eine ganze Abteilung gut managen können? Mitarbeiter werden eher mitleidig ihren arbeitswütigen Vorgesetzten belächeln als sich an ihm ein Beispiel nehmen.

Merke: Wer nicht mehr abschalten kann, kann eines Tages auch nicht mehr schalten!

Wird den Teilnehmern die folgende Checkliste ausgehändigt, steht ihnen nach der Rückkehr an ihren Arbeitsplatz ein praktikabler Leitfaden zur Verfügung. Die kommentierenden Anmerkungen sollen im Seminar die Checkliste mit Leben erfüllen.

Empfehlungen für ein behutsames Vorgehen bei der Realisierung der Delegation

1. Stellen Sie die delegierbaren Aufgaben fest.
2. Sie ermitteln die Aufgaben, die Sie auf keinen Fall delegieren wollen.
3. Delegieren Sie möglichst Aufgabenkomplexe.
4. Delegieren Sie nicht nur unangenehme Aufgaben.
5. Sehen Sie möglichst eine dauerhafte Delegation vor.
6. Legen Sie fest, an wen delegiert werden soll.
7. Sorgen Sie dafür, dass der Mitarbeiter das erforderliche Know-how für die zu delegierende Aufgabe erwirbt.
8. Sie legen dem Mitarbeiter seine gestiegene Bedeutung dar.
9. Versorgen Sie den Mitarbeiter mit notwendigen Informationen.
10. Geben Sie dem Mitarbeiter Unterschriftsbefugnis. Motto: Wo zuständig – da selbstständig!
11. Vereinbaren Sie Ziele: Was? Warum? Bis wann?
12. Schaffen Sie die organisatorischen Voraussetzungen.
13. Vernachlässigen Sie nicht Ihre Führungsaufgabe Kontrolle.
14. Das Follow-up nicht vergessen!

Zu 1.: Delegierbar sind Routineaufgaben, Spezialistentätigkeiten, Detailfragen und Arbeiten, die von Mitarbeitern schneller, besser oder kostengünstiger erledigt werden können, sowie vorbereitende Arbeiten für Entscheidungen (zum Beispiel Informationsbeschaffung und -analyse).

Zu 2.: Nicht delegierbar sind Führungsaufgaben (Ziele vereinbaren, Planen, Entscheiden, Realisieren[lassen], Kontrollieren), außergewöhnliche Fälle (wichtige Aufgaben von großer Tragweite und/oder hohem Risikoanteil sowie akute, eilige Aufgaben), vertrauliche Angelegenheiten sowie sicherheitsrelevante Aspekte.

Zu 3.: Werden nur Teilvorgänge übertragen, gewinnt der Mitarbeiter keine Gesamtübersicht und arbeitet vielleicht nach anderen Prioritäten als der Vorgesetzte.

Zu 4: Unter Delegation ist kein Schuttabladen zu verstehen! Behält der Chef nur die »Rosinen« und überträgt er lediglich Unangenehmes oder Aufgaben, an denen er bereits erfolglos herumprobiert hat, wird das Echo negativ sein.

Zu 5.: Bei fallweiser, gelegentlicher Delegation erlebt sich der Mitarbeiter als bloßer Ersatzmann und wird in seiner Selbstständigkeit und Initiative beeinträchtigt.

Zu 6.: Der vorgesehene Mitarbeiter sollte über Wissen, Können, Motivation und Zeit verfügen, um die zu delegierende Aufgabe zufriedenstellend erledigen zu können. Bei der Auswahl des passenden Mitarbeiters sind zu bedenken

- sachlich-organisatorische Gegebenheiten (Passt die zu delegierende Aufgabe von der Sache her in ein bereits bestehendes Aufgabengebiet hinein?)
- gerechte Auslastung der Mitarbeiter
- das Maß an Verantwortung (Akzeptiert der Mitarbeiter nicht nur die Aufgabe, sondern auch die damit verbundene Verantwortung?)
- die fachliche Kompetenz

Zu 7: Ist für die zu delegierende Aufgabe ein Lernbedarf erkennbar, sorgt der Vorgesetzte – eventuell in Zusammenarbeit mit der Personalentwicklung – für einen zumeist betriebsinternen Ausgleich. Dabei lässt er sich von vier Fragen leiten:

- Was soll vermittelt werden?
- In welcher Zeit soll dies geschehen?

- Wer soll unterweisen?
- Wie soll vorgegangen werden?

Zu 8.: Dem Mitarbeiter sollte erklärt werden, warum gerade er die neue Aufgabe mit Kompetenzen und Verantwortung übertragen erhält. Es genügt nicht, allein den technischen Ablauf einer Arbeit zu erläutern. Der Mitarbeiter soll vor allem – eventuell nach motivierenden Zusatzinformationen seines Vorgesetzten – erkennen können, weshalb die an ihn delegierte Aufgabe für den Betrieb oder die Abteilung besonders wichtig ist. Weiß der Mitarbeiter, weshalb seine Arbeitsleistung zum Gesamtnutzen seiner Firma beiträgt, wird er sich weniger als unwichtiges Rädchen empfinden.

Zu 9.: Zum gewünschten Informationsverhalten des Vorgesetzten enthält das Rollenspiel 2 (s. S. 49 ff.) ausführliche Hinweise.

Zu 10.: Soll der Mitarbeiter selbstständig handeln, bedeutet dies auch, unterschreiben zu dürfen. Die Unterschrift besiegelt dabei die persönliche Verantwortung.

Zu 11: Zielvereinbarungen enthalten die vom Mitarbeiter erwarteten Leistungen. Da im letzten Zielvereinbarungsgespräch die neu delegierte Aufgabe noch nicht ins Auge gefasst wurde, sollten jetzt hierfür weitere Ziele nach partnerschaftlicher Diskussion vereinbart werden.

Zu 12.: Die neue Aufgabe muss offiziell an den Mitarbeiter übertragen werden. Das bedeutet auch, die vollzogene Delegation in die Stellenbeschreibung des Mitarbeiters zu übernehmen.

Zu 13.: Auch nach abgeschlossener Delegation gibt der Vorgesetzte seine Führungsaufgabe Kontrolle nicht aus der Hand. Bei seinen Kontrollen berücksichtigt er die Merkpunkte ab Seite 252.
Zu 14.: Nach erst- oder mehrmaliger Durchführung der delegierten Aufgabe sieht der Vorgesetzte mit seinem Mitarbeiter eine Nachbesprechung in einer kooperativen und konstruktiven Atmosphäre vor, in der erste Erfahrungen ausgetauscht werden. Ziel der gemeinsamen Bemühungen sollen optimale

Leistungsergebnisse bei einem hohen Maß an persönlicher Zufriedenheit sein.

Bei den Teilnehmern sollte sich nach dem Rollenspiel und seiner Auswertung die Erkenntnis festigen, dass über eine verstärkte Delegation von Aufgaben, Kompetenzen und Verantwortung bessere Ergebnisse zu erwarten sind – sowohl aufgaben- als auch personenbezogen. Anfängliche Umstellungsprobleme können manchmal zu Enttäuschungen führen. Richtig praktizierte Delegation wird erfahrungsgemäß aber häufiger erfreuliche Überraschungen bringen und längerfristig den erhofften Erfolg bewirken.

Vorgesetzte sind gut beraten, sich häufiger einer alten Weisheit zu erinnern:

Wer ein Orchester leiten will, der muss andere spielen lassen!

Rollenspiel 5: Private, persönliche Probleme eines Mitarbeiters

Private oder persönliche Probleme belasten, sie sind ein eklatanter Störfaktor, der zunehmend die Lebensqualität des Betroffenen vermindert. Wir können unsere Sorgen nicht morgens vor der Firmentür deponieren, genau wie sich betriebliche Probleme nicht gänzlich aus der Freizeit verbannen lassen. Ungewollt beschäftigen wir uns am Arbeitsplatz immer wieder mit den ungelösten privaten, persönlichen Problemen. Nach einiger Zeit können wir keinen klaren Gedanken mehr fassen, und die Gedanken beginnen sich im Kreis zu drehen. Darunter leidet die Konzentration, die Fehlerhäufigkeit steigt, Leistungsfähigkeit und -bereitschaft werden vermindert.

Bemerkt ein Vorgesetzter bei einem Mitarbeiter mehrfach in kürzeren Zeitabständen untypische Verhaltensweisen, können diese als Signale für eine unbewältigte Problemsituation gewertet werden. Resultieren daraus Einschränkungen in der Leistungsfähigkeit, sinkt die Arbeitsqualität oder verringert sich das Arbeitsvolumen, besteht auf der Seite des Vorgesetzten Handlungsbedarf. Um die Situation zu verbessern, sollte – auch im Rahmen der Fürsorgeverpflichtung, die der Vorgesetzte innehat – ein Dialog mit dem Mitarbeiter geführt werden. Die Aussage »Private, persönliche Probleme sind für mich tabu, schließlich bin ich kein Seelsorger« weist auf mangelnde soziale Sensibilität hin. Einem solchen Vorgesetzten ist das Wohl seines Mitarbeiters, mit dem er tagaus, tagein zusammenarbeitet, einerlei.

Rollenspiel: Private, persönliche Probleme eines Mitarbeiters

Rolle des Vorgesetzten

Ihr Mitarbeiter .... ist seit mehreren Jahren in Ihrer Abteilung tätig. Mit seinen Leistungen waren Sie immer zufrieden, sein Verhalten gab zu keinen Klagen Anlass.

In letzter Zeit bemerkten Sie verstärkt, dass Ihrem Mitarbeiter Fehler unterliefen, die früher undenkbar gewesen wären. Sie sprechen ihn darauf an. Sie haben das Gefühl, dass Ihr Mitarbeiter persönliche Probleme hat, die seine gute Arbeitserledigung beeinträchtigen. Vielleicht liegt es daran, dass er vor einigen Wochen das Rauchen auf-

gegeben hat und deshalb weniger konzentriert seinen Aufgaben nachkommt. Die von Ihnen bemerkten Symptome (mangelnde geistige Frische, mit den Gedanken abwesend sein, unzureichende Konzentration, Flüchtigkeitsfehler) haben Sie schon früher bei einem anderen Mitarbeiter bemerkt, bei dem sich später eine Alkoholerkrankung herausstellte.
Sie halten es für Ihre Pflicht, die Gesamtsituation zur Sprache zu bringen ...

Rolle des Mitarbeiters
Sie sind Vater von zwei Söhnen (13 und 16 Jahre alt). Der 13-jährige Sohn ist seit seiner Geburt schwerbehindert. Ihre Frau hat die Pflege übernommen und konnte deshalb ihren Beruf nicht mehr ausüben.
Ihren 16 Jahre alten Sohn konnten Sie bis vor sechs Monaten als »pflegleicht« bezeichnen. In der Schule erwies er sich als mittelmäßiger Schüler, in seiner Freizeit spielte er in einem örtlichen Sportverein Basketball und war deshalb wöchentlich mehrfach für seinen Sport unterwegs. In letzter Zeit »lief er aus dem Ruder«, was Sie und Ihre Frau zunächst als Folge der Pubertät betrachteten. Die Veränderungen waren auch nicht so gravierend, um sich ernsthafte Sorgen zu machen. In mehreren Gesprächen erklärte Ihnen Ihr Sohn, es sei doch überhaupt nichts, es sei von seiner Seite aus alles in Ordnung.
Mittlerweile hat sich herausgestellt, dass Ihr Sohn drogenabhängig ist. Sie erfuhren zudem, dass er sich schon seit längerer Zeit nicht mehr beim Sportverein hat sehen lassen. Das für seinen Drogenkonsum erforderliche Geld verschaffte er sich mit Einbruchdiebstählen. Nachdem die Polizei Ihren Sohn als Täter identifizierte, glichen Sie den Geschäftsleuten die angerichteten Schäden aus. Das fiel Ihnen sehr schwer, weil Sie Alleinverdiener sind. Sie lösten Ihr Erspartes auf und nahmen zusätzlich bei der Bank ein Darlehen auf. Damit sind Ihre finanziellen Möglichkeiten ausgereizt. Um Geld zu sparen, haben Sie vor einigen Wochen das Rauchen aufgegeben.
Sie stehen in ständigem Kontakt mit dem Jugendamt und der Drogenberatungsstelle. Immer mehr fühlen Sie, dass Ihnen die Dinge über den Kopf zu wachsen drohen. Kommen im Betrieb zusätzliche Probleme auf Sie zu, können Sie wegen des verstärkten Drucks manchmal keinen klaren Gedanken mehr fassen. Schon mehrfach ertappten Sie sich bei ärgerlichen Fehlern, welche früher unvorstellbar gewesen wären. Zwar steht Ihnen noch Erholungsurlaub zu, den Sie aber nicht beantragen wollen. Zu Hause finden nämlich ständig Diskussionen mit Ihrer Frau statt, in denen gegenseitige Vorwürfe an der Tagesordnung sind, nichts vom Abdriften des Sohnes bemerkt zu haben. Da ist es Ihnen lieber, durch Ihre Arbeit von Ihrem Problem abgelenkt zu werden. Bisher haben Sie es vermieden, mit Außenstehenden über Ihre prekäre Situation zu sprechen, denn Sie wollen Ihre privaten Probleme nicht öffentlich ausbreiten. Eigentlich möchten Sie Ihrem Vorgesetzten keinen Einblick in Ihre Situation gewähren. So üben Sie zu Gesprächsbeginn große Zurückhaltung, die Sie erst peu à peu aufgeben,

wenn es dem Vorgesetzten gelingt, eine vertrauensvolle Gesprächsatmosphäre aufzubauen. Ansonsten hüllen Sie sich im persönlichen Bereich in Schweigen und versuchen, das Gespräch auf ein fachliches Gleis zu schieben, indem Sie Kritikpunkte des Vorgesetzten zu bagatellisieren versuchen, zum Beispiel: »Wo gehobelt wird, da fallen Späne …«, »Ich bin auch nicht mehr der Jüngste«, »Die Arbeit nimmt ohne irgendeinen Ausgleich ständig zu, da muss es fast schon zwangsläufig zu Fehlern kommen«, »Man sollte diese Fehler nicht überbewerten!«, »Im Moment habe ich keine gute Phase, aber das wird sich schon bald ändern«, »Die Kollegen arbeiten doch auch nicht fehlerfrei«.

Geht es dem Rollenspieler »Vorgesetzter« um das Wohl seines Mitarbeiters, wird er schnell erkennen, dass ein Rückzug auf die fachliche Ebene nicht in Betracht kommt. Vielmehr muss er sich auf einem sensiblen Terrain bewegen, für das er keine Blaupause besitzt. Dem Rollenspieler sollten keine zusätzlichen Informationen über die Vorgehensweise gegeben werden. Dann lässt sich bei der Auswertung zumeist unzweifelhaft erkennen, ob der Vorgesetzte die Rolle des Machers und Helfers einnimmt oder aber eine soziale Dienstleistung für den Mitarbeiter erbringt.

Häufig nutzen als Machertypen einzuordnende oder mit dem Helfersyndrom ausgestattete Vorgesetzte die problembehaftete Situation, dem Mitarbeiter Hilfe anzubieten und sich sogleich mit Aktivitäten kräftig ins Zeug zu legen. Dabei wird der Vorgesetzte nur über eingeschränkte Möglichkeiten der Hilfestellung verfügen. Auch den Versuch, dem Mitarbeiter als Amateurtherapeut zur Seite zu stehen oder für ihn aufgetretene Probleme zu lösen, sollte der Vorgesetzte nicht weiterverfolgen. Einerseits fehlt im Regelfall die erforderliche Qualifikation, andererseits wird der Mitarbeiter zur Hilflosigkeit und somit Unselbstständigkeit ermutigt. Je mehr der Vorgesetzte das Handeln für den Mitarbeiter übernimmt (»Geben Sie mal her, ich regle das für Sie«), desto eher verlässt sich der Mitarbeiter künftig darauf, sämtliche Probleme bei seinem Vorgesetzten abladen zu können.

Eine soziale Dienstleistung sollte der Vorgesetzte allerdings übernehmen: Er sollte sich der Situation nicht verschließen, sondern dem Mitarbeiter anbieten, als »Klagemauer zur Verbesserung der allgemeinen seelischen Funktionsfähigkeit« zur Verfügung zu stehen. Häufig stellt sich beim Mitarbeiter schon eine befreiende Wirkung ein, wenn er einem verständnisvollen Zuhörer sein Herz ausschütten konnte, ohne dass seine Aussagen sogleich mit persönlichen oder moralischen Urteilen bewertet wurden.

Einem verantwortungsbewussten Vorgesetzten kommt die Rolle zu, mit dem Mitarbeiter in einer Atmosphäre des gegenseitigen Vertrauens über ein sensibles Thema zu reden, gemeinsam Rat zu halten und miteinander Wege der Klärung zu suchen.

Da jeder Mensch eine angeborene Fähigkeit und Anlage zu Selbstlenkung und Selbstregulierung besitzt, muss es Ziel des Gesprächs sein, dem mit einem Problem belasteten Gesprächspartner Handlungs- und Entscheidungsalternativen zugänglich zu machen, ohne ihm vorzuschreiben, was er zu tun oder zu lassen hat. Es wird hiernach Hilfe zur Selbsthilfe zur Förderung des individuellen Entscheidungsprozesses geleistet.

Auf der Basis des absolvierten Rollenspiels lässt sich in der Auswertungsphase gut herausarbeiten, worauf ein Vorgesetzter bei einer verständnisvollen Gesprächsführung zu achten hat.

Gesprächseinstieg gut überlegen Würden vom Vorgesetzten sogleich in vorwurfsvoller Form die Unzulänglichkeiten der letzten Zeit zur Sprache gebracht werden oder würde er den Verdacht äußern, der Mitarbeiter könnte eventuell ein Alkoholproblem haben, würde sich der Mitarbeiter an den Pranger gestellt fühlen. Ein vertrauensvolles Gespräch wäre nicht mehr möglich. Besser ist ein sensibler Beginn.

Beispiel für einen Gesprächsbeginn

»Herr …, mir sind in letzter Zeit einige für mich nicht nachvollziehbare Dinge aufgefallen. Sie haben als alter Hase sicherlich selbst bemerkt, wann und wo es bei Ihrer Aufgabenerledigung knirschte. Über die zu bemängelnden Dinge will ich jetzt aber nicht mit Ihnen sprechen.
Bis vor Kurzem waren Sie für mich ein Mitarbeiter, auf den ich mich verlassen konnte. Plötzlich zeigen Sie Schwächen, die für mich ganz neu sind. Irgendetwas scheint Sie zu belasten. Da muss etwas passiert sein, was Sie nicht einfach wegstecken können. Ich möchte gern schauen, ob ich etwas tun kann, damit Sie wieder wie früher Ihren Job möglichst sorgenfrei machen können …«

Mit diesem Start lässt der Vorgesetzte erkennen, dass ihm sein Mitarbeiter mit seinem Problem am Herzen liegt und dass er ihm nicht nur aus höflichem Interesse zuhört. Dann wird der Mitarbeiter eher vertrauensvoll über seine Probleme sprechen, womit bereits der erste Schritt zur Lösung des Problems getan ist.

Beurteilt der Mitarbeiter seinen Vorgesetzten auf menschlicher Ebene positiv, wird er sich mit seinem Problem öffnen. Spricht der Mitarbeiter aus eigenem Antrieb den Vorgesetzten mit seinem Problem an, ist dies als besonders positiver Vertrauensbeweis zu werten.

Erweist sich trotz des wohlüberlegten Gesprächseinstiegs die Hemmschwelle beim Mitarbeiter als zu hoch und öffnet er sich trotz einiger vorsichtiger Anstöße (zum Beispiel: »Wir arbeiten doch schon so lange zusammen …«, »Bisher sind wir immer vertrauensvoll miteinander umgegangen …«) nicht, sollte das Gespräch in positiver Form beendet und dem Mitarbeiter angeboten werden, bei Bedarf das Gespräch fortzusetzen.

Vertraulichkeit zusichern Mit der dem Mitarbeiter bei Gesprächsbeginn zuzusagenden absoluten Vertraulichkeit lösen sich Befürchtungen auf, die Problemstellung könnte im Betrieb die Runde machen. Sollte seitens des Vorgesetzten die Notwendigkeit der Kontaktaufnahme mit anderen Betriebsstellen (während des Gesprächs oder später) erkennbar werden, darf dies nur mit Zustimmung des Mitarbeiters geschehen.

Balance zwischen Nähe und Distanz halten Es ist wichtig, dass die Führungskraft die Balance hält zwischen Mitgefühl und emotionalem Abstand. Sie muss dem Mitarbeiter gegenüber aufgeschlossen und zugeneigt sein, ihm eine positive Wertschätzung entgegenbringen und ihn in seiner Persönlichkeit akzeptieren. Vom Vorgesetzten ist Empathie für den Gesprächspartner zu fordern.

Empathie

Unter Empathie versteht man das Heraustreten eines Menschen aus sich selbst, um einen anderen Menschen zu verstehen, ohne jedoch dessen Emotionen zu verspüren. Es handelt sich um eine Art »kühle Sympathie«, um die Fähigkeit, sich in die Lage des Gegenübers zu versetzen und gleichzeitig Distanz und Objektivität zu wahren.

Hilfe anbieten Für angebotene konkrete Hilfestellungen des Betriebs oder des Vorgesetzten ist der Mitarbeiter vermutlich dankbar. Manche Unternehmen helfen ihren in Not geratenen Mitarbeitern beispielsweise damit, dass sie einen Gehaltsvorschuss leisten. Die Zusage, kurzfristig und vorübergehend bei wichtigen Terminen Arbeitsbefreiung oder Erholungsurlaub zu erhalten, wird vermutlich positiv registriert. Das Angebot des Vorgesetzten, die Arbeiten des Mitarbeiters genauer ins Auge zu fassen, damit nichts passieren kann oder kein wichtiger Termin versäumt wird, kann ebenfalls Befürchtungen zerstreuen. Allerdings sollten diese Hilfsmöglichkeiten auf einen überschaubaren Zeitraum begrenzt sein.

Mitarbeiter ermutigen Für den Vorgesetzten ist es ein Muss, dem Mitarbeiter bei Gesprächsende Mut zu machen und ihm sein Vertrauen auszusprechen, dass er seine schwierige Situation meistern wird. Nach dem Gespräch kann der Vorgesetzte nachvollziehen, welche Gründe die nachlassende Leistung bewirkt haben. Auch vermeidet er alles, was einen zusätzlichen Druck auf den Mitarbeiter ausüben und dessen Problemlage noch weiter verschärfen würde.

Nicht-direktive Gesprächstechnik

Eher selten kennen und bedienen sich Teilnehmer der nicht-direktiven Gesprächstechnik. Deren Anwendung bietet sich in Beratungssituationen mit privaten, persönlichen Problemstellungen an. Die wichtigsten Grundregeln dieser Gesprächstechnik sind:

- keine Geltungsansprüche im Gespräch dokumentieren, sondern sich auf die gleiche Stufe stellen
- aktiv und partnerorientiert zuhören
- den Mitarbeiter ausreden lassen
- weder belehren noch auf Fehler hinweisen
- Schweigen ertragen können (Pausen im Gespräch sind Freiräume für den Gesprächspartner, Pausen stellen eine Technik für Nervenstarke dar)
- keinesfalls eigene Emotionen ins Spiel bringen (»Da sprechen Sie mir ganz aus der Seele«),
- nichts interpretieren (»Sie meinen also, dass …«)
- nicht moralisieren (»Das gehört sich nicht!«)
- keineswegs etwas verharmlosen (»Es gibt Schlimmeres«)
- auch nicht trösten (»Nehmen Sie es doch nicht so tragisch«)
- nicht in die Defensive drängen (»Wie konnten Sie sich das gefallen lassen?«)

- keine Dogmen verkünden (»Es steht eindeutig fest, dass …«)
- auf keinen Fall eigene Lösungsvorschläge anbieten (»Da weiß ich eine prima Lösung«)

In Gesprächspausen gibt der Vorgesetzte am besten mit eigenen Worten sinngemäß wieder, was der Mitarbeiter gerade gesagt hat: »Sie finden, dass …«, »Also, Ihrer Meinung nach …«, »Mit anderen Worten …«

Für den gesamten Verlauf des nicht-direktiven Gesprächs gilt, dass der Vorgesetzte so wenig wie möglich selbst redet, der problembelastete Mitarbeiter aber unbegrenzte Redezeit hat.

Beachtet der Vorgesetzte die genannten Grundsätze, gibt er seinem Mitarbeiter Unterstützung und methodische Hilfe, seine eigenen Probleme aufzuarbeiten und konkrete Entscheidungen für deren Lösung selbst zu treffen. Zwangsläufig wird sich die Zusammenarbeit künftig vertrauensvoller gestalten.

Spätestens bei der Auswertung des Rollenspiels 5 werden den Teilnehmern die Augen geöffnet, dass eine strikt sachlich geführte Kommunikation unzureichend ist. Sie sollten insbesondere bei privaten, persönlichen Problemstellungen erkennen, dass Vorgesetzte über soziale Sensibilität verfügen müssen und diese auch zum Wohle der Beteiligten einsetzen.

Rollenspiel 6: Probleme im Außendienst

In diesem Rollenspiel geht es um Probleme einer Außendienstmitarbeiterin mit einem von ihr besuchten Chefarzt. Dieser trat ihr gegenüber in ungebührlicher Weise auf. Einerseits könnte der Empfehlung des Philosophen Arthur Schopenhauer gefolgt werden: »Gewissen Menschen gegenüber kann man seine Intelligenz nur auf eine Art beweisen, nämlich indem man nicht mit ihnen redet.« Andererseits stehen dem häufig berufliche Zwänge entgegen, die es nicht zulassen, den Kontakt zu einer unangenehm auftretenden Person abzubrechen.

Von Vertriebsmitarbeitern im Außendienst wird deshalb generell eine überdurchschnittlich ausgebildete Frustrationstoleranz erwartet. Misserfolge sollen sie wegstecken und sich auch bei verbalen Angriffen eines Kunden nicht aus dem seelischen Gleichgewicht bringen lassen.

Im Seminar können Sie die folgenden Rollenbeschreibungen austeilen:

Rollenspiel: Probleme im Außendienst

Rolle des Vorgesetzten
Sie sind der für Deutschland zuständige Vertriebsleiter einer weltweit agierenden amerikanischen Firma, welche hochwertige medizinische Geräte herstellt und vertreibt. Gestern erhielten Sie einen sehr emotionalen Anruf der Außendienstmitarbeiterin Frau .... die Krankenhäuser und Kliniken im Bundesland Sachsen betreut. Bislang hatten Sie von Frau ...., einer erfolgreich arbeitenden Außendienstlerin, den Eindruck, dass sie sich durch nichts so schnell aus der Ruhe bringen lässt. Doch gestern erhielten Sie von ihr unter Schluchzen und Weinen folgende Informationen: In der Klinik »Elbblick« (nahe Dresden) musste Frau .... trotz frühzeitiger Terminabsprache knapp eine Stunde warten, bis sie vom Chefarzt Dr. Rauh empfangen wurde. Möglicherweise war sie wegen des Wartens nicht ganz so freundlich wie üblich. Dennoch gab sie sich Mühe, einen positiven Kontakt zu dem erstmals von ihr aufgesuchten Arzt aufzubauen.
So fragte sie unter anderem danach, welche Informationen über Geräte der eigenen Firma bereits vorlägen. Darauf reagierte der Chefarzt – für Ihre Mitarbeiterin aus heiterem Himmel – ziemlich gereizt und unterstellte seiner Besucherin in immer lauter

werdendem Ton, sie glaube wohl, dass man in Sachsen immer noch auf dem Mond lebe und dass Westdeutsche den Ostdeutschen nichts zutrauen würden. Er habe es satt, von Besserwissern so behandelt zu werden, bei ihm habe sie sich aber in der Adresse geirrt. So ging das eine ganze Weile weiter.
Nach diesen verbalen Angriffen konnte Ihre Mitarbeiterin nur mühsam ihre Tränen zurückhalten und brach unter Hinweis auf terminliche Schwierigkeiten das Gespräch beinahe fluchtartig ab.
Frau .... bat Sie am Telefon, diesen als Multiplikator ins Auge gefassten Chefarzt nicht mehr besuchen zu müssen und eine andere Regelung zu treffen. Während des Telefonats versuchten Sie durchgehend, die aufgelöste Mitarbeiterin zu beruhigen. Sie vereinbarten mit ihr für heute ein Gespräch in der Zentrale und sagten zu, sich bis dahin den gesamten Vorfall und das weitere Vorgehen durch den Kopf gehen zu lassen.

Rolle der Mitarbeiterin
Sie sind eine erfolgreich arbeitende Außendienstlerin einer weltweit agierenden amerikanischen Firma, welche hochwertige medizinische Geräte herstellt und vertreibt. Normalerweise kann Sie so schnell nichts aus der Ruhe bringen. Doch Erfahrungen wie beim gestrigen Besuch bei Chefarzt Dr. Rauh in der Klinik »Elbblick« (nahe Dresden) sammelten Sie noch nie.
Sie informierten gestern telefonisch den Vertriebsleiter Herrn .... von Ihrem misslungenen Besuch dieser Klinik, wobei Sie ein gelegentliches Schluchzen und Weinen nicht unterdrücken konnten.
Ihrem Vorgesetzten schilderten Sie den Vorgang: In der Klinik »Elbblick« mussten Sie trotz frühzeitiger Terminabsprache knapp eine Stunde warten, bis Sie vom Chefarzt empfangen wurden. Möglicherweise waren Sie wegen des Wartens nicht ganz so freundlich wie üblich. Dennoch gaben Sie sich Mühe, einen positiven Kontakt zu dem erstmals von Ihnen aufgesuchten Arzt aufzubauen. So fragten Sie unter anderem danach, welche Informationen über Geräte der eigenen Firma bereits vorlägen. Darauf reagierte der Chefarzt – für Sie völlig aus heiterem Himmel – ziemlich gereizt und unterstellte Ihnen in immer lauter werdendem Ton, Sie würden wohl glauben, dass man in Sachsen immer noch auf dem Mond lebe, dass Westdeutsche den Ostdeutschen nichts zutrauen würden. Er habe es satt, von Besserwissern so behandelt zu werden, bei ihm habe Sie sich aber in der Adresse geirrt. So ging das eine ganze Weile weiter.
Nach diesen verbalen Angriffen konnten Sie nur mühsam Ihre Tränen zurückhalten und brachen unter Hinweis auf terminliche Schwierigkeiten das Gespräch beinahe fluchtartig ab.
Sie baten den Vertriebsleiter am Telefon, diesen als Multiplikator ins Auge gefassten Chefarzt nicht mehr besuchen zu müssen und eine andere Regelung zu treffen. Der Vertriebsleiter vereinbarte mit Ihnen für heute ein Gespräch in der Zentrale und sag-

te zu, sich den gesamten Vorfall und das weitere Vorgehen durch den Kopf gehen zu lassen.
Ihnen wäre es am liebsten, Ihnen bliebe ein weiterer Besuch der Klinik »Elbblick« erspart. Sie haben sich vorgenommen, Ihren ganzen Charme einzusetzen, um den Vertriebsleiter in Ihrem Sinne zu beeinflussen. Sie könnten ihm anbieten, anstelle der Klinik »Elbblick« mehrere Kunden in Thüringen zu übernehmen, Hauptsache, Sie müssen nicht noch einmal mit Dr. Rauh sprechen.

In von mir geleiteten Seminaren wurden von den Teilnehmerinnen und Teilnehmern bei der Auswertung des Rollenspiels mehrere Lösungen für das Vorgehen des Vorgesetzten diskutiert.

Mögliche Lösungswege

Der Vorgesetzte kann zwischen drei unterschiedlichen Lösungswegen wählen.

Erster Lösungsweg: Die Mitarbeiterin wird vom Klinikbesuch entbunden In diesem Fall wird die Auffassung vertreten, die Fürsorgepflicht des Arbeitgebers gebiete es, die angegriffene und nervlich strapazierte Außendienstlerin aus der Schusslinie zu nehmen. Es habe keinen Sinn, die angeschlagene Mitarbeiterin erneut ins Feuer zu schicken. Es sei niemandem damit gedient, wenn es zu einem Nervenzusammenbruch oder anderen körperlichen Reaktionen käme. Aber: Da die Mitarbeiterin von sich aus das Angebot machte, ersatzweise sogar mehrere Krankenhäuser und Kliniken in Thüringen zu übernehmen, träte für sie keine Entlastung ein, sondern eine zusätzliche Belastung. Diese ins Spiel gebrachte mit Mehrarbeit verbundene Kompensation zeige, dass es sich offensichtlich um ein ernsthaftes Problem der Mitarbeiterin handle.

Bevor der Vorgesetzte diese Entscheidung trifft, ist es wichtig, dass er sich mit mehreren Fragen beschäftigt:

- Wer soll die Klinik »Elbblick« in Zukunft übernehmen?
- Welcher Kollege käme dafür in Betracht?
- Wie kann diesem das Einspringen schmackhaft gemacht werden?

- Leidet das innerbetriebliche Image der Mitarbeiterin, wenn bekannt wird, dass sie in diesem Fall erfolglos war?
- Soll wegen eines Einzelfalls die sorgfältig ausgeklügelte Zuständigkeitsregelung über Bord geworfen werden?

Außerdem gilt es abzuwägen, ob diese Regelung bei anderen Mitarbeitern Aufforderungscharakter bekommen könnte, um bei vermuteten Problemen mit Kunden auf diesen Präzedenzfall zu verweisen und ebenfalls eine Sonderregelung zu erwirken.

Spätestens bei Beantwortung dieser Fragen wird erkennbar, dass diese Lösung nicht zufriedenstellen kann. Sie ist dem Samariterherzen des Rollenspielers »Vorgesetzter« geschuldet. Die Fürsorgepflicht des Arbeitgebers kann nämlich nicht dazu führen, dass Mitarbeiter in Watte zu packen sind und beim erstmaligen Auftreten von Problemen sofortige Hilfestellung gewährt wird. Das geflügelte Wort »Man kann hinfallen, darf aber das Aufstehen nicht vergessen« wird nicht beachtet. Wie soll ein Mitarbeiter sich entwickeln, sein Know-how erweitern und auch in schwierigen Situationen einen Erfahrungsschatz aufbauen, wenn ihm das erfolgreiche Durchstehen nicht alltäglicher Situationen sogleich abgenommen wird?

Das bedeutet: Dieser Lösungsansatz ist keinesfalls optimal.

Zweiter Lösungsweg: Der Vorgesetzte übernimmt den schwierigen Kunden und fährt gemeinsam mit der Mitarbeiterin (oder auch allein) zum nächsten Kundenbesuch Begründet wurde dieses Vorgehen meistens mit der besonderen Bedeutung der Klinik »Elbblick« für das Unternehmen. Diese Klinik solle aus guten Gründen als Multiplikator dienen, sei also als A-Kunde zu bewerten, der mit größerem Einsatz als üblich zu betreuen sei. Nach dem Fehlstart müsse der Vertriebsleiter in die Bresche springen, der nicht nur fachlich bestens geeignet sei, sondern aufgrund seiner Position im Unternehmen vom Chefarzt eher als ebenbürtig angesehen werden dürfte.

Bei dieser Lösung wird allerdings übersehen, dass der Mitarbeiterin eine klassische Rückdelegation gelungen ist. Ihr Problem ist plötzlich das Problem des Vorgesetzten geworden.

Gelegentlich entwickeln Mitarbeiter durchaus interessante »Techniken«, um sich einer U-Aufgabe (unangenehm, unerfreulich, unergiebig, unbequem, unbeliebt, unerträglich, unbefriedigend, undankbar, uncool …) zu entledigen. Gemeint ist die Rückdelegation. Wir sprechen von Rückdelegation, wenn es dem Mitarbeiter gelingt, an ihn übertragene Aufgaben, Kompetenzen und Verantwortung dem Vorgesetzten zuzuschieben. Dieses Vorgehen wird vorrangig von Mitarbeitern eingesetzt, die es nicht lieben, eigenverantwortlich zu arbeiten oder allen eigenen Aufgaben nachzukommen (Bequemlichkeit, Arbeitsunlust). Um sich mittels Rückdelegation zu entlasten, zeigen Mitarbeiter eine bei ihnen sonst nicht zu beobachtende Kreativität. Häufig wird behauptet, die Aufgabe nicht lösen zu können oder überfordert zu sein (keine Zeit, keine Erfahrung, fehlende Infos, fehlendes Know-how).

Es lässt sich nicht ausschließen, dass der Vorgesetzte sich zunächst geschmeichelt fühlt, wenn er von einem Mitarbeiter aufgesucht und mit vielen Worten des Bedauerns über die Störung um die Übernahme einer Aufgabe oder um Zustimmung zu irgendeiner belanglosen Regelung gebeten wird. Möglicherweise fällt es der Führungskraft schwer, »Nein« zu sagen, wenn sie um Rat und Hilfe angegangen wird. Es schwingen der Reflex des Helfenwollens sowie die Angst mit, den Mitarbeiter durch die Zurückweisung seines Anliegens zu verletzen oder wegen des Versagens von Unterstützung als unsozial oder wenig kooperativ zu gelten. Auch mag eine verständliche Beunruhigung auftreten, wenn es bei der Delegation zu Schwierigkeiten kommt, sodass eine Rückdelegation akzeptiert wird, damit nichts anbrennt. Das sind alles Gründe, die nachvollziehbar sind. Dennoch ist es wichtig für den Vorgesetzten, die Rückdelegation nicht zuzulassen, es sei denn, es spricht wirklich ein triftiger Grund dafür.

Wohlmeinende Ratschläge wie:

- »Bevor etwas falsch läuft, klären Sie das erst mit mir ...«,
- »Wenn Sie eine Entscheidung benötigen, steht meine Tür für Sie immer offen«,

signalisieren die Bereitschaft, Rückdelegation anzunehmen.

Führungsnachwuchskräfte haben im Regelfall das Delegieren nicht gelernt und sind häufig recht unsicher, welche Reaktionen sie bei Rückdelegationsversuchen zeigen sollten. Falls es die Zeit zulässt, könnten im Seminar als Handreichungen für die Praxis konkrete Formulierungen erarbeitet werden.

Dem Delegationsprinzip besonders angemessen wären Vorgesetztenreaktionen wie

- Was würden *Sie* machen, wenn ich für längere Zeit nicht in der Firma wäre?
- Was haben *Sie* bisher getan, um die Aufgabe zu bewältigen?
- Was könnten *Sie* noch zusätzlich tun?
- Was schlagen *Sie* vor?
- Welche Alternativen haben *Sie* sich überlegt?
- Was kann ich mit Ihnen gemeinsam tun, damit *Sie* die Aufgabe erfüllen und eine Entscheidung treffen können?

Werden Fragen gestellt, wird der Mitarbeiter veranlasst, selbst mitzudenken und seine Arbeit selbst zu tun. Erforderlichenfalls geht der Vorgesetzte mit dem Mitarbeiter die zur Aufgabenerledigung notwendigen Informationen durch, lässt aber die Aufgabe anschließend vom Mitarbeiter erledigen.

- Damit wird keine Rückdelegation zugelassen.
- Der Mitarbeiter hat weiterhin Entscheidungen in seinem Bereich zu treffen und zu verantworten.
- So bekommt der Mitarbeiter das Vertrauen seines Chefs zu spüren, welches ihm trotz aufgetretener Unsicherheiten, Fragen und/oder Probleme weiterhin geschenkt wird.
- Und der Mitarbeiter hat einen Ansporn zu weiterem Mitdenken und Mithandeln.

Es kommt vor, dass sich ein Mitarbeiter überhaupt nicht mit der Problematik beschäftigt hat. In einem solchen Fall fordert der Vorgesetzte ihn auf, zunächst seine »Hausaufgaben« zu machen. (Grundsatz: Kommen Sie nicht mit Problemen zu mir, sondern bringen Sie Lösungen!) Erst danach kann ein sachlich relevanter Gedankenaustausch stattfinden.

Vorsorglich wird der Vorgesetzte einen zur Rückdelegation neigenden Mitarbeiter häufiger kontrollieren und ihm dabei so oft wie möglich bestätigen, dass er seine Entscheidungen sachgerecht getroffen hat (Grundsatz der positiven Verstärkung).

Ausnahmsweise kann es zur Rückdelegation kommen, wenn der Vorgesetzte zur begründeten Auffassung gelangt, dass der Mitarbeiter trotz redlicher Bemühungen hinsichtlich der Arbeitsmenge absolut überlastet oder von seiner Eignung her überfordert ist oder dass ein bedeutender Schaden für das Unternehmen droht.

Sie können zur Unterstützung dieser Feststellungen Ihren Teilnehmern folgende Sätze präsentieren:

Mit der Ablehnung von Rückdelegation managt die Führungskraft den Mitarbeiter – lässt sie Rückdelegation zu, managt der Mitarbeiter seinen Vorgesetzten!

Tritt der Vorgesetzte dem Versuch zur Rückdelegation nicht entgegen, wird er zum besten Mitarbeiter seines Mitarbeiters!

Spinnen wir den Faden weiter: Der Vorgesetzte hat die Rückdelegation angenommen, und es gelingt ihm, von der Klinik »Elbblick« einen Auftrag zu erhalten mit der Option, die Klinik künftig als Multiplikator zu nutzen. Vermutlich fährt er mit stolzgeschwellter Brust in die Zentrale zurück. Doch wie ist es nun um die Gefühls- und Motivationslage der Mitarbeiterin bestellt?

Wir ahnen es: Ein Motivationsschub ist nicht erkennbar, im Gegenteil: Es wirkt demotivierend, wenn einer erfahrenen und erfolgreichen Mitarbeiterin nach einem Misserfolg vom Vorgesetzten nach dem Motto »Jetzt demonstriere ich Ihnen, wie man es richtig macht« gezeigt wird, wie die Aufgabe zu bewältigen ist. – Diese Variante ist somit für eine Problemlösung nicht geeignet.

Wurden im Rollenspiel den Lösungswegen 1 oder 2 der Vorzug gegeben, sollte in der folgenden Auswertung diskutiert werden, mit welchen Problemen bei diesen Ergebnissen zu rechnen ist. Der Trainer wird hierbei zusätzliche Hinweise gemäß unseren Ausführungen geben.

Nun könnte das Rollenspiel noch einmal gestartet werden, wobei der Rollenspieler »Vorgesetzter« das Ziel verfolgen müsste, die Mitarbeiterin zu einem erneuten Anlauf zu bewegen.

Dritter Lösungsweg: Die Mitarbeiterin bleibt für die Klinik »Elbblick« zuständig Für den Vorgesetzten gibt es keinen Anlass, eine Rückdelegation in Erwägung zu ziehen. Krankenhaus- und Klinikbesuche im Bundesland Sachsen gehören zum Stellenprofil der Mitarbeiterin. Auch verfügt sie über die erforderliche Kompetenz. Es führt kein Weg daran vorbei, einen zweiten Kundenbesuch durchzuführen.

Sicherlich wäre es unklug, der Mitarbeiterin Daumenschrauben anzulegen und sie zum erneuten Besuch der Klinik »Elbblick« zu zwingen. Besser ist es, in dem Gespräch zwei Phasen vorzusehen:

- Erste Phase: Wie kann es gelingen, die Mitarbeiterin wieder Stück für Stück aufzubauen?
- Zweite Phase: Wie soll es konkret weitergehen?

In der ersten Phase, in der es darum geht, dass die Mitarbeiterin wieder ihr normales Selbstvertrauen zurückgewinnt, kann mithilfe einer Kombination aus persönlicher Wertschätzung und sachlichen Überlegungen erreicht werden, dass die Mitarbeiterin ihren Widerstand gegen einen weiteren Kundenbesuch aufgibt. Denkbar wären folgende Beruhigungsmöglichkeiten und Motivationsversuche:

- Woran mag es gelegen haben, dass sich der Chefarzt in der von Ihnen geschilderten Weise gehen ließ? Möglicherweise befanden Sie sich gestern zum falschen Zeitpunkt am falschen Ort und mussten als Blitzableiter für eine verschobene Aggression (s. S. 232) des Chefarztes herhalten. Vielleicht kam er gerade aus einer Operation, die trotz seiner intensiven Bemühungen misslungen war? Ist dann seine schlechte Laune zwar nicht zu entschuldigen, aber ein klein wenig nachvollziehbar?
- Wie würden Sie sich fühlen, wenn an Ihrer Stelle eine andere Person zur Klinik »Elbblick« fahren und anschließend mit einen dicken Auftrag in der Tasche zurückkehren würde?
- Nähme ich Ihnen dieses Problem ab, würden Sie mir nach einigen Tagen der Ruhe kaum verzeihen, dass ich Sie um eine zweite Chance gebracht habe.
- Nur weil sich ein Chefarzt unmöglich benommen hat, kann ich nicht sämtliche Zuständigkeiten über den Haufen werfen.
- Ich kann nachvollziehen, dass Sie nach dem gestrigen Ereignis frustriert sind, aber Weglaufen gilt nicht, so schnell werfen Sie doch nicht das Handtuch.
- Als gestandene Außendienstlerin werden Sie sicher nicht vor den schlechten Manieren dieses Chefarztes kapitulieren. Ich bin sicher, beim nächsten Mal überzeugen Sie diesen Ansprechpartner.

- Ich vermute, dass dem Chefarzt mittlerweile schon längst bewusst geworden ist, wie unmöglich er Sie behandelt hat. Deshalb wird er sein schlechtes Benehmen bei Ihrem nächsten Besuch durch Höflichkeit und Entgegenkommen kompensieren.
- Ich brauche Ihnen ja nicht zu sagen, wie wichtig diese Klinik für uns ist. Deshalb müssen wir am Ball bleiben. Und da setze ich voll auf Sie, schließlich zählen Sie zu unseren besonders erfolgreichen Mitarbeiterinnen. Da kann Sie das gestrige Erlebnis doch nicht völlig aus der Bahn werfen. Ich setze mein uneingeschränktes Vertrauen in Sie.
- Dr. Rauh bedauert vermutlich den gestrigen Vorfall. Wäre er ein Ungeheuer, welches fachkundige und charmante Frauen frisst, wäre ihm nie die Klinikleitung übertragen worden. Geben Sie ihm die Chance, sich von einer besseren Seite zu zeigen. Wenn Sie nach seinen gestrigen Entgleisungen wieder furchtlos bei ihm vorsprechen, beschämen Sie ihn. Ihre Chancen auf ein erfolgreiches Gespräch können kaum besser stehen. Ich weiß, Sie nutzen die Gelegenheit.

In der zweiten Phase geht es um das konkrete Vorgehen. Wie also soll die Mitarbeiterin weitermachen? Sie soll nun den Blick nach vorn richten und selbst Vorschläge zum weiteren Vorgehen entwickeln. Hier genügen keine nebulösen Absichtserklärungen, dafür müssen eindeutig fixierte Punkte vereinbart werden. Letzte Bedenken kann der Vorgesetzte ausräumen, indem er seiner Mitarbeiterin Rückendeckung zusagt.

Beispiel für Rückendeckung

»Ich weiß, dass Sie beim nächsten Gespräch Ihr Bestes geben werden. Deshalb bin ich sehr zuversichtlich, dass sich die Fahrt zur Klinik ›Elbblick‹ für Sie lohnen wird. Sollte wider Erwarten das Gespräch negativ verlaufen, verspreche ich Ihnen, dass ich Ihnen einen weiteren Anlauf nicht zumuten werde. In diesem Fall streichen wir schweren Herzens die Klinik ›Elbblick‹ von der Landkarte bis zu dem Moment, wenn der Chefarztposten neu besetzt ist. Aber ich rechne nach wie vor mit Ihrem Erfolg beim nächsten Besuch.
Sollte der unwahrscheinliche Fall eintreten, dass Dr. Rauh Sie wieder als Fußabtreter benutzen will, legen Sie sich vorher eine passende Reaktion zurecht, damit dem Mann bewusst wird, dass er mit Ihnen nicht machen kann, was er will. In diesem Fall müssten wir noch einmal überlegen, welches andere Haus als Multiplikator in Betracht kommen könnte. – Also Kopf hoch, Sie schaffen das!«

Der dritten Variante, dass die Mitarbeiterin nach wie vor für die Klinik zuständig bleibt, sollte grundsätzlich der Vorzug gegeben werden! Vermutlich werden die Motivationsbemühungen des Vertriebsleiters in der Regel auch erfolgreich sein.

Motivation – das A und O der Mitarbeiterführung

Vorgesetzte stellen sich immer wieder die Frage, wie sie ihre Mitarbeiter wirkungsvoll motivieren können.

Motivation

Motivation bedeutet wörtlich »in Bewegung setzen«, also den Mitarbeiter zu Handlungen zu veranlassen, die er grundsätzlich will – zumindest nicht ablehnt – und die im Sinne des Arbeitgebers sind. Nur der Mitarbeiter selbst kann sich motivieren. Der Vorgesetzte kann nur Anreize bieten, die zu den Bedürfnissen des einzelnen Mitarbeiters passen und ein von der Führungskraft gewünschtes Verhalten bewirken können. Die Art und Weise der Beeinflussung von Mitarbeitern durch Vorgesetzte ist von entscheidender Bedeutung.

Leider gibt es auch Fälle, in denen der Vorgesetzte Mitarbeiter manipuliert. Sie können die Teilnehmer darauf mit folgender Aussage einstimmen:

Manipulation

Jemand beeinflusst bewusst und zum eigenen Vorteil andere Menschen, ohne dass diesen die Art und Weise dieses Einflusses durchschaubar oder auch nur erkennbar wird.

Erkennen Mitarbeiter zu einem späteren Zeitpunkt, dass sie Opfer einer Manipulation wurden, werden sie hellhörig und fühlen sich mit gutem Recht betrogen. Sie werden künftig ihrem Vorgesetzten mit großem Misstrauen begegnen, sodass diesem eine zweite Manipulation schwerlich gelingen wird.

Eine weitere Möglichkeit der Beeinflussung von Mitarbeitern besteht darin, Druck auszuüben. Die folgende Abbildung »KITA«, die Sie Ihren Teilnehmern präsentieren können, basiert auf einem Denkmodell des Motivationsforschers Frederick Herzberg.

KITA = Kick In The Ass/Arse

Der Vorgesetzte trägt einen Schuh mit Stahlspitze, mit dem er dem vor ihm stehenden störrischen und widerborstigen Esel – dem Mitarbeiter – permanent in den Allerwertesten tritt. Der Esel wird einen Schritt nach vorn gehen, dann stehen bleiben oder versuchen, sich seitlich in die Büsche zu schlagen. Um dies zu vermeiden, folgt der nächste Tritt. Dies wiederholt sich unter großem Zeit- und Energieeinsatz immer wieder (wegen der erhöhten Schuhabnutzung die Stahlspitze!), bis der Esel schließlich an dem vom Vorgesetzten anvisierten Ziel angelangt ist. Ohne massiven Druck und ständige Kontrolle lässt sich bei dieser als KITA (»Kick In The Ass/Arse« = Tritt in den Esel/Arsch) bezeichneten Vorgehensweise das Ziel nicht erreichen.

In unserer Arbeitswelt ist zunehmend die Tendenz zu beobachten, Mitarbeiter seelisch unter Druck zu setzen. Gelegentliche Attacken auf die Mitarbeiterpsyche bis hin zu regelmäßigem Mobbing sind zwar weniger augenfällig brutal, schlagen jedoch tiefe seelische Wunden und sind demzufolge ebenso unmoralisch wie direkte Aggressionen.

Bei eingesetztem KITA übersieht der Vorgesetzte, dass nach einem physikalischen Gesetz Druck Gegendruck erzeugt. So muss in unserem Denkmodell der Vorgesetzte hellwach sein, damit er rechtzeitig eine Gegenreaktion des Esels erahnt (zum Beispiel tritt der Esel in einem Moment der Unaufmerksamkeit zurück oder sucht das Weite) und diese im Keim erstickt. Und was passiert, wenn durch eine längere Abwesenheit des Vorgesetzten die Mitarbeiter dem permanenten Druck nicht mehr ausgesetzt sind? Nun, erfahrungsgemäß tanzen dann die Mäuse auf dem Tisch.

Wenden wir uns nun einer dritten Beeinflussungsmöglichkeit zu, der Motivation (Karottenmethode). Hierzu ein weiteres Denkmodell von Frederick Herzberg:

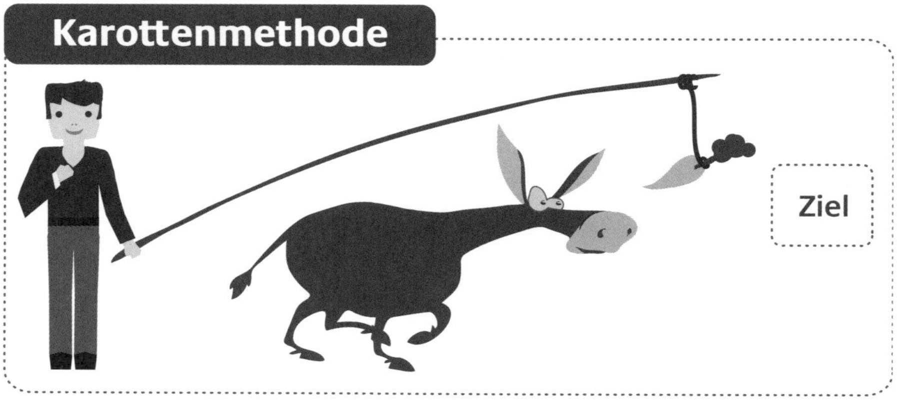

Bei der Karottenmethode hat der mit einer Stahlspitze ausgestattete Schuh ausgedient. Der Vorgesetzte lässt dafür vor dem Maul des Esels eine Karotte hin und her baumeln, die an der Spitze einer in seiner Hand befindlichen Angel befestigt ist. Da der Esel im Normalfall besonders gern Karotten mag, können wir nachvollziehen, dass er freudig erregt nach vorn springt, um sich die Karotte einzuverleiben. In dem vom Esel angeschlagenen Tempo bewegt sich der Vorgesetzte in die gleiche Richtung, sodass der angestrebte Zielpunkt bald erreicht ist. Als Lohn für seine Mühen erhält der Esel die in Aussicht gestellte Karotte.

Bei dieser Vorgehensweise ist jedoch zu bedenken, dass nicht jeder Esel auf die gleiche Karottenart Appetit verspürt. Während Esel A ganz heiß auf rote und lange Karotten ist, wird Esel B diese Karotten kaum eines Blickes würdigen, weil ihm der Sinn eher nach gelben, runden Karotten steht. Demzufolge kann die Karottenmethode nur dann Erfolg versprechend eingesetzt werden, wenn uns bekannt ist, welche verschiedenartigen Karotten insgesamt zur Auswahl stehen und auf welche Karottenart der Esel gegenwärtig besonders großen Appetit hat. Der Vorgesetzte muss zunächst auf Karottensuche gehen und die vom Esel besonders gewünschte Karottenart anbieten.

Verlassen wir nun dieses Denkmodell und wenden wir uns weiteren Erkenntnissen der Motivationspsychologie zu. Menschen sind »Mängelwesen«, denen irgendetwas immer fehlt. Sie haben persönliche Wünsche, Vorstellungen, Hoffnungen, Sehnsüchte, Leidenschaften, Gelüste und Triebe. Die Aussicht, diese Bedürfnisse (= Karotten) zu befriedigen, weckt in Menschen Energien und erzeugt ein zielgerichtetes Verhalten. Sie arbeiten nach der Devise »Ich will!« selbstständig und engagiert auf ihre Ziele hin – sie sind motiviert.

Arbeitspsychologen überlegten, ob das vom Mitarbeiter für seine persönliche Bedürfnisbefriedigung eingesetzte Energiepotenzial gleichzeitig für die Erledigung beruflicher Aufgaben genutzt werden kann. Da jeder Mensch zielorientiert handelt, um seine Bedürfnisse zu befriedigen, und auch im Unternehmen zielorientiert gearbeitet wird, wäre es naheliegend, eine Übereinstimmung zwischen den persönlichen Zielen des Mitarbeiters und den Zielsetzungen des Betriebs herbeizuführen. Zunächst scheinen die unterschiedlichen Zielsetzungen jedoch unüberbrückbar:

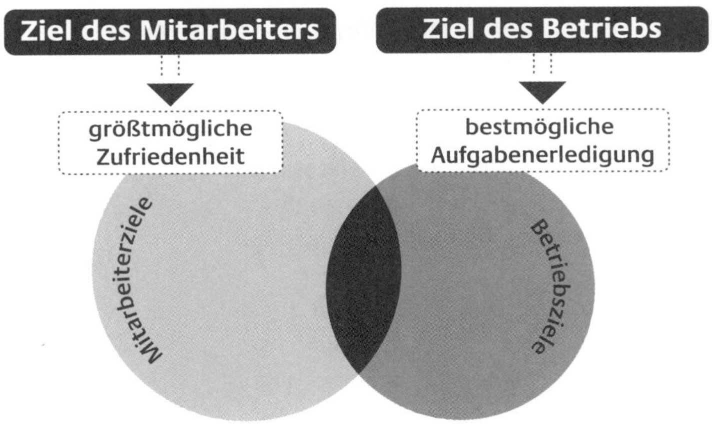

Wie Sie dieser Abbildung entnehmen können, stimmen Betriebsziele und Mitarbeiterziele nur wenig überein. Hier setzt die wichtige und eine ständige Herausforderung bedeutende Aufgabe des Vorgesetzten ein, Mitarbeiterziele den Betriebszielen anzunähern, bis idealerweise die Betriebsziele Bestandteil der Mitarbeiterziele sind.

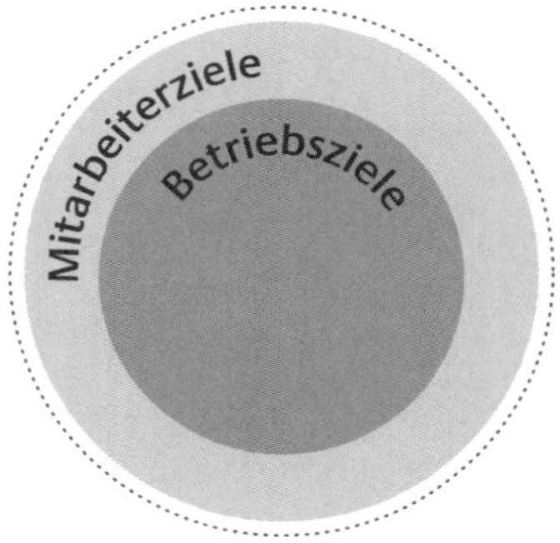

Im Idealfall wird beim Mitarbeiter der Gedanke des »Arbeitenmüssens« vom Gefühl des »Arbeitenwollens« abgelöst

Gelingt dies, werden die Mitarbeiter von sich aus die Ziele anstreben, die sie aus der Sicht des Vorgesetzten erreichen sollen. Mitarbeiter legen dann naturgemäß ein großes Engagement und eine hohe Arbeitsmoral an den Tag und sind voraussichtlich mit größerem Erfolg tätig. Immerhin realisieren die Mitarbeiter mit den Betriebszielen zugleich ihre eigenen Ziele. Solche Mitarbeiter werden bereit sein, aus eigenem Antrieb eine hohe Leistung zu erbringen. Daraus resultierende Erfolge des Mitarbeiters werden auch Erfolge des Vorgesetzten sein. Und welcher Vorgesetzte will sich diese Erfolge nicht sichern?

Mitarbeiter haben bestimmte Bedürfnisse, die sie im Rahmen ihrer Berufstätigkeit zu befriedigen hoffen. In dem Maße, wie ihre Bedürfnisse erfüllt werden, kann man im Allgemeinen eine mehr oder weniger hohe Arbeitszufriedenheit erwarten. Arbeitszufriedenheit ist wiederum eine Voraussetzung für ein positives Arbeitsverhalten. Deshalb stellt sich die Frage, welche Bedürfnisse Menschen haben, und als Folgerung daraus, welche Maßnahmen ihr Arbeitsverhalten beeinflussen können.

Der amerikanische Ingenieur Frederick Winslow Taylor stellte die Hypothese auf, dass Menschen durch ihr Erwerbsstreben charakterisiert werden und mithin das Geld der einzige entscheidende Motivationsfaktor sei. Dieser Annahme schlossen sich Generationen von Vorgesetzten an. So nahm beispielsweise der amerikanische Automobilindustrielle Henry Ford eine klare Position ein, während amerikanische Gewerkschaftsführer bei Lohnverhandlungen einen anderen Standpunkt vertraten. Die beiden Zitate, die in der Randspalte stehen, können Sie den Teilnehmern auf einer Folie gegenüberstellen.

Neben den materiellen Leistungen des Arbeitgebers muss es also weitere Bedürfniskategorien geben, die der arbeitende Mensch durch seine Berufstätigkeit befriedigt sehen möchte und durch die er sich motivieren lässt.

Tatsächlich wirken unendlich viele Motive (= Beweggründe) auf das Verhalten des Menschen ein. Dem amerikanischen Motivationspsychologen Abraham H. Maslow ist das Verdienst zuzuschreiben, das Modell einer Bedürfnispyramide entwickelt zu haben, welches die Vielzahl der Motive auf fünf überschaubare Bedürfniskategorien zurückführt. Vereinfacht dieses Erklärungsmodell auch die Vielschichtigkeit menschlicher Bedürfnisse, ist es doch ein hilfreiches Instrument für den Praktiker mit Führungsverantwortung.

Um die Aufmerksamkeit der Teilnehmerinnen und Teilnehmer zu steigern, können Sie, beginnend mit Stufe 1, die einzelnen Stufen der Bedürfnispyramide nacheinander einblenden und mit Ihren Kommentaren versehen.

»Alles, was der Arbeiter will, ist,
dass man ihn anständig bezahlt und
ihm sagt, was er zu tun hat.«
(Henry Ford)

»Wir wollen nicht nur Brot,
sondern wir wollen noch Rosen dazu.«
(US-Gewerkschaftsführer, 1949)

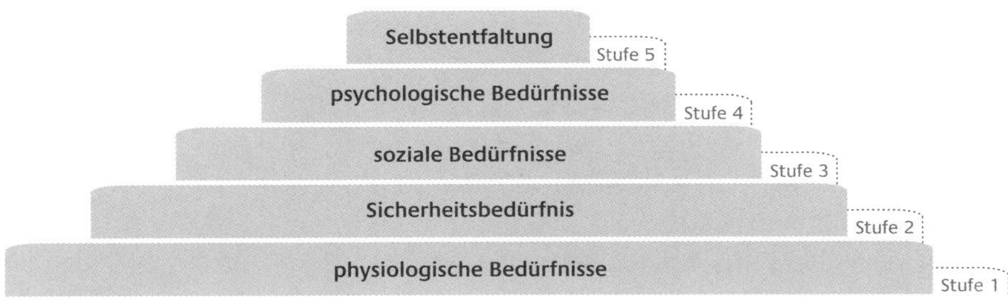

Stufe 1: Physiologische oder physische Bedürfnisse = Grundbedürfnisse Auf der untersten Ebene der Bedürfnispyramide treffen wir die physiologischen Bedürfnisse an, die über Sein oder Nichtsein entscheiden: Essen, Trinken, Schlafen, Geschlechtstrieb, Gesundheit, frische Luft, Kleidung, Wohnung.

Viele Bedürfnisse dieser Ebene erfüllen wir uns mit den aus unserer Erwerbstätigkeit resultierenden finanziellen Mitteln. Hieraus ist zunächst unser Drang zum Geldverdienen zu verstehen. Bestehen bei diesen Grundbedürfnissen wesentliche Defizite, wird ein Mensch sein ganzes Sinnen und Trachten auf eine Befriedigung dieser existenziellen Bedürfnisse richten. So wird er in Krisensituationen für eine warme Graupensuppe, die er normalerweise dankend ablehnen würde, Schwerstarbeit verrichten. Kurz und bündig bemerkte dies Bertolt Brecht in der Dreigroschenoper: »Erst kommt das Fressen, dann die Moral!«

Welche Mittel der Bedürfnisbefriedigung stehen uns im beruflichen Alltag für diese Ebene der Bedürfnispyramide zur Verfügung?

- gesunder Arbeitsplatz
- ausreichende Beleuchtung
- klimatisierte Arbeitsräume
- Hilfe bei der Wohnraumbeschaffung
- ärztliche Betreuung bei gesundheitsgefährdenden Tätigkeiten
- Schutzkleidung
- Erholungsurlaub
- Pausen und Erholungszeiten
- Kantine, Mittagstisch
- finanzielles Existenzminimum
- Bereitstellung von Arbeitshilfsmitteln zur körperlichen Entlastung

Stufe 2: Sicherheitsbedürfnisse Jeder Mensch hat – auch wenn er es nicht ausspricht – Furcht vor dem Unbekannten. Wir wollen nicht mit unnötigen Ängsten und Ungewissheiten leben, die uns quälen und das Leben vergällen. Deshalb richtet der Mensch sein Interesse auf die Frage, inwieweit er seine physiologischen Bedürfnisse auch in Zukunft befriedigen kann. Hier sind Aspekte der materiellen Sicherheit des Arbeitsplatzes, das Bedürfnis nach Stabilität, Schutz, Ordnung, Gesetz und der Wunsch nach Sicherheit vor Risiken durch Naturkatastrophen, Krankheit oder Alter einzuordnen.
Mit diversen abgeschlossenen Versicherungen wollen wir uns vor den Fährnissen des täglichen Lebens schützen. Unser Staat berücksichtigt das Sicherheitsbedürfnis seiner Bürger, indem er für ein funktionierendes Gemeinwesen sorgt und auf eine soziale Absicherung über Renten-, Krankheits-, Pflege-, Arbeitslosenversicherung achtet. Weiterhin trägt er mit diversen Spezialbestimmungen – zum Beispiel Kündigungsschutz, Mutterschutz, Arbeitsplatzschutzregelungen – dem Sicherheitsbedürfnis der Bürger Rechnung.

Im beruflichen Bereich kommen dieser Bedürfnisebene entgegen:

- unkündbarer Arbeitsplatz
- Stellenbeschreibung zur organisatorischen Absicherung des eigenen Arbeitsplatzes

- Einbeziehung von Arbeitnehmervertretungen in personelle Entscheidungsprozesse
- Beschwerdemöglichkeiten
- Arbeitsvorschriften, Handbücher, Hausmitteilungen
- praktizierter Unfallschutz
- rechtzeitiges und ausreichendes Unterrichten über sowie frühzeitiges Einbeziehen der Mitarbeiter in vorgesehene Veränderungen
- betriebliche Altersversorgung
- Weiterbildungsmöglichkeiten zur Absicherung des Arbeitsplatzes
- Zusicherung sozialverträglicher Lösungen bei Freisetzung von Arbeitskräften

Stufe 3: Soziale Bedürfnisse Der Mensch ist ein Gemeinschaftswesen, wie der Hund oder das Pferd ein Herdentier. Bereits in der Bibel heißt es, dass es nicht gut sei, wenn der Mensch allein ist. Kein Mensch möchte das tröstliche Gefühl der Zusammengehörigkeit missen. Demzufolge strebt der Mensch nach Zuneigung, Geborgenheit und Identifizierung mit der Gruppe.

»Wenn gute Reden sie begleiten, dann fließt die Arbeit munter fort.« *(Friedrich von Schiller)*

Der Vorgesetzte kann durch folgende Maßnahmen das Wir-Gefühl bei seinen Mitarbeitern stärken:

- Ersatz monotoner Einzelarbeit durch Gruppen- und Teamarbeit
- Beseitigen von Konflikten in der Arbeitsgruppe
- Integration isolierter Mitarbeiter
- vertrauensvolle Mitarbeitergespräche
- offene Kommunikation am Arbeitsplatz
- kooperativer Führungsstil
- rechtzeitige Information der Mitarbeiter über geplante organisatorische Veränderungen, welche die Gruppenzusammengehörigkeit berühren
- Betriebsausflug
- Betriebssportgruppen
- Kegelabend der Abteilung

Kurzum: Ein gutes Arbeitsklima fördert den so wichtigen Teamgeist und kommt der Bedürfnisbefriedigung auf dieser Ebene sehr entgegen.

Stufe 4: Psychologische Bedürfnisse. Ichbezogene Bedürfnisse oder »Ego-Needs« In der Stufe 3 will der Mitarbeiter integriert sein, einfach dazugehören. Auf Dauer wird er sich damit aber kaum zufriedengeben, sondern darauf Wert legen, als Individuum ein hohes Maß an Wertschätzung aus der Umwelt zu erfahren. Hier stehen für den Menschen in europäisch oder europäisch geprägten Gesellschaften sozialer Erfolg, Anerkennung, Status und Prestige im Vordergrund.

Erfolgserlebnisse bilden eine wesentliche Voraussetzung für eine dauerhaft positive Einstellung zur Arbeit und für die Erzielung optimaler Ergebnisse.

Anreize auf dieser Bedürfnisebene stellen dar:

- Aufstiegsmöglichkeiten
- Delegation von Aufgaben, Kompetenzen und Verantwortung
- Einkommenshöhe (größeres Einkommen, das die eigene Wichtigkeit unterstreicht und die Anerkennung von Vorgesetzten für die gezeigten Leistungen verdeutlicht, auch um sich mehr »zu leisten« und damit Anerkennung aus der Umwelt zu erfahren)
- Anerkennung durch den Vorgesetzten
- Titel, Orden, Ehrenzeichen
- Beteiligung an betrieblichen Planungen und Entscheidungsfindungen
- Vertretung der Firma in externen Gremien
- sogenannte »Klimbimaktionen« zur Statusanhebung (Statussymbole = Rangabzeichen der Zivilisten): Größe des Arbeitszimmers, Ausstattung mit Möbeln, Vorzimmer, offizielle Befreiung von festgelegten Arbeitszeiten, verschiedenfarbige Schutzhelme auf Baustellen, wohlklingende Tätigkeitsbezeichnungen

Stufe 5: Bedürfnisse nach Selbstentfaltung Auf der höchsten Ebene der Bedürfnispyramide ist das Bedürfnis nach Selbstentfaltung und Selbstverwirklichung angesiedelt, das für die kreative Eigengestaltung unseres Lebens bedeutungsvoll ist. Maslow definiert dieses Streben nach persönlicher Erfüllung als »das Bedürfnis, Möglichkeiten und Fähigkeiten zu entwickeln, das aus sich zu machen, was man aus sich zu machen können glaubt«. Je größer die beruflichen Freiräume sind, umso eher werden dem Mitarbeiter Eigeninitiative und selbstverantwortliches Handeln möglich.

Die Mitarbeiter lassen sich auf dieser Ebene beispielsweise motivieren durch

- Erteilung von Entscheidungsbefugnissen
- Mitbestimmung bei der Arbeit
- Karriereplanung
- interessante und herausfordernde Arbeiten
- Selbstkontrolle der Arbeitsergebnisse
- Wechsel anspruchsvoller Arbeiten
- Flexibilisierung von Arbeitszeiten
- freie Entscheidung hinsichtlich der Arbeitsdurchführung

Werden durch aufgebaute beziehungsweise freigesetzte Motivkräfte Leistungsziele erreicht, stellt sich das Gefühl einer tiefen Befriedigung (Flow = Erfahrung, in der ein Mensch völlig in einer Tätigkeit aufgeht und dabei ein besonderes Glücksgefühl des Gelingens erlebt) ein. Hierzu ein überzeugendes Beispiel: Der mit mehr als hundert Patenten versehene amerikanische Erfinder Thomas Alva Edison soll, hoch in den Achtzigern, gegen Ende seines Lebens gesagt haben: »Ich arbeitete keine Stunde in meinem Leben, alles war nur Lust und Freude!«

Nach der Beschreibung der Bedürfnispyramide können die Teilnehmerinnen und Teilnehmer eine kleine Übung durchführen und den folgenden Arbeitsbogen ausfüllen. Bei den Downloadmaterialien erhalten Sie den Arbeitsbogen ohne den kursiven Antworttext.

Arbeitsbogen: Stufen der Bedürfnispyramide nach Maslow

Welche Stufe oder Stufen der Pyramide nach Maslow wird/werden in der jeweils beschriebenen Situation angesprochen?

Situation	Stufe
1. Wunsch, von Kollegen in fachlichen Dingen befragt zu werden. *Das Bedürfnis nach Anerkennung, ein Ich-Bedürfnis des Befragten wird angesprochen = Stufe 4.*	....
2. Bedürfnis, sich in der Abteilung durch Übernahme von Aufgaben wie Führen der Kaffeekasse, Kauf von Aufmerksamkeiten bei Geburtstagen und Ähnlichem nützlich zu machen *Für die Zugehörigkeit zu einer Arbeitsgruppe sind Mitarbeiter häufig bereit, der Gruppe dienende Aufgaben zu*	....

übernehmen. Das soziale Bedürfnis nach Integration in die Gemeinschaft steht hier im Vordergrund = Stufe 3.

3. Anweisung des Firmeninhabers, ein bestimmtes Fahrzeug als »Chefwagen« ständig zur Verfügung zu haben (obwohl es höchstens zweimal pro Woche benötigt wird) ....
Der »Chefwagen« als Statussymbol signalisiert die Stufe der Ego-Needs = Stufe 4.

4. Ziel, eine Abteilung souverän und erfolgreich zu leiten und von den Mitarbeitern anerkannt zu werden ....
Hier wird das Bedürfnis nach Selbstentfaltung und Selbstverwirklichung erkennbar = Stufe 5.
Zusätzlich der Wunsch nach Anerkennung durch die Mitarbeiter = Stufe 4

5. Bemühen, Verantwortung möglichst von sich zu weisen ....
Wir erkennen das Sicherheitsbedürfnis eines Mitarbeiters, der auf »Nummer sicher« gehen will = Stufe 2.

6. Wunsch, an möglichst vielen Weiterbildungsmaßnahmen teilzunehmen ....
Je nach Individuum kann

   - *das persönliche Sicherheitsstreben ausschlaggebend sein (mehr Wissen = sicherer Arbeitsplatz) = Stufe 2,*
   - *die Hoffnung auf Kennenlernen interessanter Menschen sowie Ausweitung sozialer Kontakte im Vordergrund stehen = Stufe 3,*
   - *das Gefühl vorherrschen, in den Augen der Kollegen, Mitarbeiter oder Vorgesetzten an Wichtigkeit zu gewinnen = Stufe 4,*
   - *bei Weiterbildungsmaßnahmen, die der Persönlichkeitsentwicklung oder der Kultivierung von Freizeitinteressen dienen, der Wunsch nach Selbstverwirklichung Pate stehen = Stufe 5.*

7. Bedürfnis, sich in eine Arbeitsgruppe mit guter Arbeitsmoral einzuordnen und die dort geltenden Regeln zu beachten ....
Deutlich wird hier das Bedürfnis nach Zugehörigkeit zur Arbeitsgruppe = Stufe 3.
Der Vorsatz, die in der Arbeitsgruppe geltenden (ungeschriebenen) Regeln zu beachten, weist auf das Sicherheitsstreben des Mitarbeiters hin = Stufe 2.

Arbeitsbogen: Stufen der Bedürfnispyramide nach Maslow

8. Interesse an Informationen, auch wenn diese nicht zum unmittelbaren Arbeitsbereich gehören ....
Der Wunsch nach zusätzlichen Informationen kann aus dem Sicherheitsstreben (man weiß, was so alles »läuft«) = Stufe 2, aber auch aus den Ego-Needs (man verfügt über Insiderwissen und hat anderen gegenüber einen Informationsvorsprung) hergeleitet werden = Stufe 4.

---

9. Wunsch nach möglichst eindeutigen Zielsetzungen in der täglichen Arbeit ....
Der Mitarbeiter erwartet von seinem Vorgesetzten, dass ihm dieser ständig konkret sagt, was zu tun ist. Dies entspricht seinem Sicherheitsstreben = Stufe 2.

---

10. Bedürfnis, auch bei leicht zu lösenden Problemen eine Mitarbeiterbesprechung anzusetzen und die offenen Fragen im Plenum ausführlich zu diskutieren ....
Sollte die unausgesprochene Angst vor Entscheidungen das Handlungsmotiv sein, haben wir es mit dem Sicherheitsbedürfnis zu tun = Stufe 2.
Auch können Ego-Needs als Auslöser für die häufigen Mitarbeiterbesprechungen angesehen werden = Stufe 4.

---

11. Drang, eine besonders vielschichtige und interessante Aufgabe ohne Rücksicht auf den großen, in erheblichem Maße die Freizeit berührenden Zeitaufwand zu erledigen ....
Vermutlich müssen wir hier mit einem Bedürfnis nach Selbstentfaltung rechnen = Stufe 5.
Möglicherweise geben aber auch die psychologischen Bedürfnisse für dieses Tun den Ausschlag, wenn sich der Mitarbeiter hierdurch mehr Anerkennung verspricht (zum Beispiel höhere Wertschätzung, gute Leistungsbeurteilung, schnelleres berufliches Aufsteigen) = Stufe 4.

---

12. Bedürfnis, sich bei Besprechungen mindestens einmal zu Wort zu melden, selbst wenn dies aus sachlichen Erwägungen nicht erforderlich ist ....
Das Sich-in-den-Vordergrund-Schieben ohne zwingenden sachlichen Grund ist dem Geltungsbedürfnis zuzurechnen = Stufe 4.

Die Auswertung der Übung hat gezeigt, dass die Handlungen der Menschen häufig von mehreren Motiven bestimmt werden, die zueinander Verstärkerfunktion wahrnehmen und ein Motivbündel bilden. Je mehr Bedürfnisse des Mitarbeiters durch seine berufliche Inanspruchnahme erfüllt werden können, umso motivierter wird er arbeiten.

Der Motivationsforscher Maslow behauptet, das jeweils in seiner Bedürfnispyramide tiefer liegende Bedürfnis übe einen dominanten Einfluss auf das Verhalten aus, solange es nicht ausreichend gesättigt ist. Werden die Bedürfnisse einer Ebene annähernd befriedigt, verlieren sie für den Mitarbeiter an Bedeutung, und die Motive der nächsthöheren Ebene nehmen einen motivierenden und damit verhaltensbestimmenden Charakter an. So können beispielsweise soziale Bedürfnisse erst dann eine entscheidende Bedeutung für das menschliche Verhalten erlangen, wenn die physiologischen Bedürfnisse sowie das Sicherheitsbedürfnis ausreichend befriedigt wurden und werden.

Der stufenweise Aufbau der Bedürfnisse darf allerdings nicht so streng gesehen werden, dass sich erst nach vollständiger Befriedigung eines Bedürfnisses das der nächsthöheren Hierarchiestufe einstellt. Die Übergänge zwischen den Bedürfniskategorien sind fließend. Umgekehrt werden die in der Vergangenheit bereits befriedigten Bedürfnisse einer niedrigeren Ebene wieder bedeutsam, wenn sie plötzlich nicht mehr angemessen befriedigt werden.

Motive lösen sich in ihrer Rangfolge also ständig ab, sodass Mitarbeiter immer einem ihrer speziellen Situation angepassten Nummer-1-Bedürfnis nachjagen. Mit der Befriedigung eines Bedürfnisses tritt ein anderes Bedürfnis in den Vordergrund, welches seinerseits wiederum nach Befriedigung verlangt.

Der Mensch befindet sich meistens nur ausnahmsweise und für sehr kurze Zeit in einem Zustand vollkommener Zufriedenheit. Er wird also von ständig wechselnden eine Befriedigung fordernden Bedürfnissen getrieben und bleibt damit im Grunde seines Wesens unzufrieden. Mit dieser Feststellung ist keine negative Bewertung verbunden. Ohne die sich immer wieder einstellende Unzufriedenheit des Einzelnen wäre unser Gemeinwesen nicht vorstellbar.

Um den Mitarbeiter zu motivieren, sein verstärktes Engagement zu gewinnen, seinen inneren Motor anspringen zu lassen, geht es in erster Linie darum,

»Wonach du sehnlich ausgeschaut,
Es wurde dir beschieden.
Du triumphierst und jubelst laut:
›Jetzt hab' ich endlich Frieden!‹
Ach, Freundchen, rede nicht so wild.
Bezähme deine Zunge.
Ein jeder Wunsch, wenn er erfüllt,
Kriegt augenblicklich Junge.«
(Wilhelm Busch)

- die jeweils nicht erfüllten Bedürfnisse – möglichst das Nummer-1-Bedürfnis – zu erkennen (Schiller formulierte in »Wallenstein« poetisch: »Hab ich des Menschen Kern erst untersucht, so weiß ich auch sein Wollen und sein Handeln«),
- um Aufgaben übertragen zu können, mit deren Lösung gleichzeitig die Befriedigung eines oder mehrerer persönlicher Bedürfnisse verbunden ist.

Die Antriebe, Wünsche, Sehnsüchte – kurz: Bedürfnisse – sind bei den Menschen unterschiedlich ausgeprägt. Was bei einem Mitarbeiter eine schmackhafte Karotte darstellt, löst bei einem anderen kaum eine Reaktion aus. Je klarer die nicht erfüllten Bedürfnisse des Mitarbeiters erkannt werden, desto größer sind die Erfolgsaussichten. Vor konkreten Motivierungsschritten ist ein sorgfältiges Recherchieren dringend geboten.

Erkennen der Bedürfnisstruktur bei Mitarbeitern

Der Mitarbeiter wird seine Wünsche, Hoffnungen, Interessen und Gedanken in aller Regel nicht in der Öffentlichkeit zum Ausdruck bringen. Hier sind drei Vorgehensweisen zu empfehlen, um die jeweilige Bedürfnissituation eines Mitarbeiters transparent zu machen:

Erstens: Bedürfnisstruktur ermitteln Zunächst gilt es, die Bedürfnisstruktur des Mitarbeiters durch Beobachtung des Arbeits- und Pausenverhaltens zu analysieren:

- Erfüllt er seine gegenwärtigen Aufgaben gut, bereitwillig, möglicherweise mit großem Engagement, oder tut er nur das Minimum?
- Häufen sich Klagen oder Beschwerden?
- Wie oft fehlt er?
- Ist er in die Arbeitsgruppe integriert?
- Macht er Verbesserungsvorschläge?
- Wie steht es um seine Belastbarkeit?
- Hält er sich an die Pausenregelungen, oder nutzt er jede Gelegenheit, sich von seinen Aufgaben »abzuseilen«?

Zweitens: Freizeitverhalten Das bekannte Freizeitverhalten des Mitarbeiters sollte berücksichtigt werden. Es stellen sich Fragen wie:

- Übernimmt er in Gruppen, Vereinen oder Ähnlichem Verantwortung?
- Übt er eine Nebentätigkeit aus?
- Hat er spezielle Interessen auf kulturellem Sektor?
- Wie pflegt er Urlaub zu machen?
- Zeigt er im sportlichen Bereich Einsatz- und Anstrengungsbereitschaft?

Hierbei gewonnene Erkenntnisse können darauf hinweisen, welche Bedürfnisse für den Mitarbeiter bedeutungsvoll sind.

Drittens: Ziele herausfinden Hat der Mitarbeiter nicht schon gelegentlich verlauten lassen, was er möchte und welche Ziele ihn ansprechen, so lässt sich dies durch offene und vorbehaltlose Gespräche herausfinden. Hierzu dienen Fragen nach seinen Erwartungen und Vorstellungen in Bezug auf seinen weiteren beruflichen Werdegang. Dass Jahres- oder Beurteilungsgespräche vielfältige Möglichkeiten zur Erkundung der Bedürfnisstruktur der Mitarbeiter bieten, bedarf keiner besonderen Erwähnung.

Auf der Basis der erkannten unbefriedigten Bedürfnisse ist zu überlegen, mit welchen Möglichkeiten und Mitteln, mit welchen Anreizen dem Mitarbeiter die Befriedigung dieser Bedürfnisse ermöglicht werden kann. Dem Mitarbeiter wird das Befriedigen seines defizitären Bedürfnisses in Aussicht gestellt, wenn er ein bestimmtes gewünschtes Verhalten zeigt. Hat der Mitarbeiter dieses Soll erfüllt, ist das Versprechen einzulösen und damit der Motivationsprozess mit Erfolg für alle Beteiligten abzuschließen:

Motivationsprozess

Erkanntes nicht erfülltes Bedürfnis des Mitarbeiters

↓

Vom Vorgesetzten in Aussicht gestellter adäquater Anreiz

↓

Gewünschtes Verhalten des Mitarbeiters

↓

Gewünschter Anreiz wird eingelöst

↓

Bedürfnis des Mitarbeiters ist befriedigt

Wichtig: Der Vorgesetzte wird darauf achten, dass in Aussicht gestellte Anreize auch eingelöst werden, wenn der Mitarbeiter seinen Teil erfüllt hat. Ansonsten resignieren Mitarbeiter, entziehen dem Vorgesetzten ihr Vertrauen und versagen ihm die Gefolgschaft! Hat sich nämlich der Mitarbeiter vergeblich angestrengt und sich bereits auf den mit Recht erwarteten Erfolg gefreut, reagiert er mit Frustration (s. S. 230).

Motivatoren und Hygienefaktoren

Veranlassen sämtliche Bedürfnisarten den Mitarbeiter, sein im Regelfall selten ausgeschöpftes Entwicklungs- und Leistungspotenzial zu steigern? Dies kann in der folgenden Übung mit hypothetischen Fragen geklärt werden, die die Teilnehmer im Seminar – ohne zu flunkern – beantworten sollten.

Arbeitsbogen: Wann erhöhen sich bei Ihnen vermutlich Leistung und Arbeitszufriedenheit?

	ja	nein
1. Bei einer Erhöhung Ihres Einkommens durch tarifliche Anpassungen?	☐	☐
2. Bei besonders guten Ergebnissen in Ihrer Arbeit?	☐	☐

Arbeitsbogen: Wann erhöhen sich bei Ihnen vermutlich Leistung und Arbeitszufriedenheit?	ja	nein
3. Nach Erhöhung des Anteils selbstständiger Arbeit?	☐	☐
4. Nach einem Neuanstrich Ihres Arbeitszimmers einschließlich einer Verbesserung der Lichtverhältnisse am Arbeitsplatz?	☐	☐
5. Nach einer Beförderung?	☐	☐
6. Bei Übertragung von mehr Verantwortung?	☐	☐
7. Bei anerkennenden Äußerungen Ihres Vorgesetzten über Ihre Leistungen?	☐	☐
8. Nach einer Verbesserung von Sozialleistungen?	☐	☐
9. Nach Zuweisung neuer Aufgaben, die Ihr besonderes Interesse wecken?	☐	☐

Vermutlich werden die Fragen 2, 3, 5, 6, 7 und 9 mit Ja angekreuzt. Nun wäre zu untersuchen, welchen Bedürfnisarten nach der Bedürfnispyramide die geschilderten Situationen zuzurechnen sind. Das voraussichtliche Ergebnis: Wenn die Bedürfnisse der Stufen 4 und 5 (mit Ausnahme des Status und der Statussymbole) positiv berührt werden, kommt es zu einer Verbesserung der Leistungsergebnisse und der Arbeitszufriedenheit! Von diesen Bedürfnisarten gehen eine dynamische, immer wiederkehrende (eine vollständige Bedürfnissättigung tritt bei diesen Bedürfnissen nicht ein) positive Spannung und Herausforderung aus, weil sie das Erlebnis von Anerkennung, Erfolg, Selbstbestätigung und Selbstverwirklichung hervorrufen. Die damit einhergehende Faszination führt dazu, dass wir in einer Sache aufgehen und auch Schwierigkeiten überwinden, ganz nach dem Motto »Wo ein Wille ist, ist auch ein Weg«.

Demzufolge gelten diese in der Regel zu einer positiven Veränderung des Leistungsverhaltens führenden primären, intrinsischen (eine Leistung wird erbracht, weil man Befriedigung durch den Leistungsvollzug selbst erfährt; Aktivität = Selbstzweck) Faktoren als Anspornfaktoren, Zufriedenheitssteigerer, als Motivatoren.

Zu den Motivatoren gehören vor allem:

- Selbstwertbestätigung durch Erfolgserlebnisse (das Selbstwertgefühl wird mit der erfolgreichen Lösung einer Aufgabe verstärkt, ein Bedeutungsgewinn erzielt)
- Anerkennung durch andere für eine gezeigte Leistung
- Möglichkeiten persönlicher Entwicklung (Freude daran, mit einer beständig schwieriger werdenden Aufgabe mitzuwachsen, Zuwachs an Wissen und Erfahrung)
- Herausforderung durch eine ansprechende und den Mitarbeiter fordernde (aber weder über- noch unterfordernde) Tätigkeit, also die Arbeit selbst
- Verantwortungserweiterung mit der Chance, die eigene Persönlichkeit zur Geltung zu bringen

Die Bedürfnisse der Stufen 1, 2 und 3 der Bedürfnispyramide von Maslow stellen also keine Aspekte zu einer längerfristigen Verbesserung der Arbeitsmoral und -leistung dar, wie die Übung gezeigt hat. Können sie deshalb vernachlässigt werden? – Keinesfalls! Führen diese Bedürfniskategorien auch zu keiner andauernden Leistungssteigerung, so würde ihr Fehlen doch Missstimmung hervorrufen, also eine negative Motivation bewirken. Diese Bedürfnisse werden als Stabilitätsfaktoren, Unzufriedenheitsvermeider oder Hygienefaktoren bezeichnet und betreffen die Begleitumstände der Arbeit. Sie sind eine sekundäre, extrinsische Motivation. Das bedeutet: Eine Leistung wird als Mittel zum Zweck erbracht, um durch diese Aktivität etwas anderes zu erreichen, wie zum Beispiel

- gute Arbeitsbedingungen
- Arbeitsplatzsicherheit
- leistungsgerechte Bezahlung
- soziale Leistungen
- Führungsstil
- Organisationsfragen
- Arbeitsrichtlinien
- zwischenmenschliche Beziehungen

Der Begriff Hygienefaktoren wurde in der analogen Bedeutung von »Pflege durch vorbeugende Maßnahmen« gewählt. So verhindert entkeimtes Wasser zwar Krankheiten, trägt aber im Falle einer Erkrankung nicht zur Gesundung bei. Hygienefaktoren verhindern Unzufriedenheit – beugen vor –, bewirken aber weder Befriedigung noch Engagement – stellen also keine Therapie dar. Führt der Arbeitgeber Hygienefaktoren ein (zum Beispiel bessere Ausstattung des Arbeitsplatzes, zusätzliche Sozialleistungen), werden diese als angenehm und wichtig empfunden, jedoch nach recht kurzer Zeit als selbstverständlich hingenommen, sodass von ihnen keine motivierende Dauerwirkung ausgeht.

	Motivatoren	**Hygienefaktoren**
	▪ Anspornfaktoren ▪ Zufriedenheitssteigerer ▪ satisfiers ▪ Herausforderung durch die Arbeit selbst	▪ Stabilitätsfaktoren ▪ Unzufriedenheitsvermeider ▪ dissatisfiers ▪ Begleitumstände aus der Arbeit
fehlen	keine Befriedigung aus der Arbeit	Unzufriedenheit mit der Arbeit
vorhanden	Zufriedenheit mit der Arbeit	keine Unzufriedenheit mit der Arbeit (Zustand der Neutralität)

Motivatoren und Hygienefaktoren müssen sich stets ergänzen und in einem ausgewogenen Verhältnis zueinander stehen. Was hilft ein Zuwachs an qualifizierten Aufgaben, wenn wegen der bevorstehenden Auflösung des Betriebs der Arbeitsplatz nicht mehr sicher ist? Und wie würde öffentliche Anerkennung von Leistungen durch den Vorgesetzten wirken, wenn der Gelobte dadurch bei seinen Kollegen in eine ungewollte Isolierung geriete?

Zusammenfassend ist festzustellen: Hygienefaktoren sind notwendige, aber keine ausreichenden Voraussetzungen für die Arbeitszufriedenheit. Erst Motivatoren führen in der Regel zu einer Verbesserung des Leistungsverhaltens. Findet der Mitarbeiter in seiner Tätigkeit keine Motivatoren vor, so neigt er dazu, seine Aufmerksamkeit auf die Hygienefaktoren zu lenken, mit der Bereitschaft, hier Mängel aufzudecken und entsprechend unzufrieden zu reagieren.

Vorgesetzte, die sich motivierte Mitarbeiter wünschen, werden demnach ihr Augenmerk darauf richten, dass

- Mitarbeiter durch das Angebot von Motivatoren in ihrer Tätigkeit Befriedigung finden und
- Hygienefaktoren so gestaltet werden, dass sie Mitarbeitern keinen Anlass zur Unzufriedenheit geben.

Der Vertiefung der bisherigen Ausführungen über die Wirkung von Motivatoren und Hygienefaktoren soll die folgende Übung dienen, die wieder ohne die kursiven Antworten als Download zu erhalten ist.

Arbeitsbogen: Motivatoren – Hygienefaktoren

	ja	nein
1. Bei engagierten Mitarbeitern führt eine Verbesserung der Arbeitsbedingungen zu einer wesentlich verbesserten Motivation. *Nein, denn verbesserte Arbeitsbedingungen stellen Hygienefaktoren dar. Sie unterdrücken bei wenig attraktiven Aufgaben lediglich etwas den Wunsch, dem Arbeitsplatz möglichst schnell und oft zu entfliehen.*	☐	☐

Arbeitsbogen: Motivatoren – Hygienefaktoren

		ja	nein
2.	Die Möglichkeit der Selbstbestätigung durch die Arbeit ist eine wichtige Quelle der Motivation *Ja, die Möglichkeit, Selbstbestätigung zu erlangen, ist ein Anspornfaktor, ein Motivator.*	☐	☐
3.	Die meisten Mitarbeiter ziehen es vor, von ihren Vorgesetzten bei schwierigen Arbeiten unterstützt zu werden. *Nein, Mitarbeiter wollen sich im Regelfall frei entfalten und Erfolge selbst erarbeiten, ohne dass ihnen hierbei der Vorgesetzte die Hand führt.*	☐	☐
4.	Eine Aufgabe, die ein Mitarbeiter für interessant und sehr sinnvoll hält, trägt zumeist zu einer größeren Arbeitszufriedenheit bei. *Ja, denn dieser Motivator »beflügelt« den Mitarbeiter.*	☐	☐
5.	Eine Vergrößerung des Entscheidungsspielraums des Mitarbeiters führt in den meisten Fällen zum Misserfolg. *Nein, der Mitarbeiter sieht sich herausgefordert und ist aus der Arbeit selbst motiviert. Wir erkennen einen Motivator, der schlummernde Kräfte wecken kann.*	☐	☐
6.	Werden Ursachen von Arbeitsunzufriedenheit beseitigt, kommt es zu größerer Arbeitszufriedenheit. *Nein, auch wenn Ursachen von Arbeitsunzufriedenheit beseitigt sind, tritt noch keine Zufriedenheit ein. Ein Mitarbeiter, der nicht unzufrieden ist, muss deshalb noch lange nicht zufrieden sein.*	☐	☐
7.	Die wichtigste Aufgabe des Vorgesetzten ist darin zu sehen, Mitarbeiter zu mehr Leistung zu bewegen. *Nein, denn hat sich ein Vorgesetzter diesen aufgabenorientierten Vorsatz allein auf seine Fahne geschrieben, wird er Schiffbruch erleiden. Gleichgewichtig zu dem aufgabenorientierten Aspekt wird ein kooperativ führender Vorgesetzter auch das Ziel der größtmöglichen Zufriedenheit der Mitarbeiter im Auge haben.*	☐	☐

Arbeitsbogen: Motivatoren – Hygienefaktoren

	ja	nein
8. Ausgedehnte Fehlzeiten können Reaktionen auf einen schlechten Führungsstil, mangelnde soziale Kontakte oder eine unterfordernde Tätigkeit sein. *Ja, denn fehlen Hygienefaktoren, werden Mitarbeiter unzufrieden.*	☐	☐
9. Ein kooperativ führender Vorgesetzter wird seinen Mitarbeitern Gelegenheiten zur Selbstbestätigung verschaffen. Werden Leistungsergebnisse anerkannt, wird die Motivation verstärkt. *Ja, Motivatoren verstärken die Anstrengungsbereitschaft des Mitarbeiters.*	☐	☐
10. Oft wird Unzufriedenheit der Mitarbeiter durch zwischenmenschliche Konflikte herbeigeführt. Durch Konfliktbewältigung lässt sich Unzufriedenheit abbauen. *Ja, Unzufriedenheit wird abgebaut, Nicht-Unzufriedenheit tritt ein.*	☐	☐
11. Der Vorsatz, Entscheidungen auf eine niedrigere Ebene zu delegieren, stößt auf den Widerstand der meisten Mitarbeiter. *Nein, ein Mitarbeiter wird Eigenverantwortung übernehmen, wenn er sich mit den vereinbarten Zielen identifiziert.*	☐	☐
12. Bei Mitarbeitern, die Routinearbeiten wahrnehmen, kann die Arbeitszufriedenheit gesteigert werden, wenn ihnen dargestellt wird, weshalb ihre Arbeit von Bedeutung ist. *Ja, Mitarbeiter fühlen sich dann nicht mehr als unbedeutende Rädchen, sondern als wichtige Teile eines Unternehmens (das ist keine manipulative Aussage, denn für unwichtige Mitarbeiter gibt der Arbeitgeber nicht Jahr für Jahr zigtausend Euro aus!).*	☐	☐
13. Gute zwischenmenschliche Beziehungen erhöhen langfristig die Arbeitszufriedenheit und tragen wesentlich zur Leistungsverbesserung bei. *Nein, positive Beziehungen werden als normale Voraussetzungen für die tägliche Arbeit angesehen. Mit diesen Hygienefaktoren wird Unzufriedenheit vermieden, aber noch keine langfristige Zufriedenheit bewirkt.*	☐	☐

■ Arbeitsbogen: Motivatoren – Hygienefaktoren	ja	nein
14. Zusätzliche nicht personenbezogene Zulagen fördern die Leistungsbereitschaft der Mitarbeiter. *Nein, da sie bei allgemeiner Gewährung als Hygienefaktoren einzuordnen sind. Anders wäre die Beurteilung, wenn dem jeweiligen Mitarbeiter eine Leistungsprämie oder -zulage aufgrund herausragender besonderer Leistungen gewährt wird. Diese wäre als Motivator einzustufen.*	☐	☐
15. Zusätzliche herausfordernde Aufgaben haben einen wesentlichen Einfluss auf Arbeitszufriedenheit und –motivation. *Ja, keine Frage: Dieser Motivator bewirkt einen Motivationsschub!*	☐	☐

Mit den Erörterungen zur Motivation besitzen die Teilnehmerinnen und Teilnehmer ein praktikables Konzept. Allerdings sollte der Hinweis nicht fehlen, dass eine vollständige Kongruenz der Mitarbeiterziele mit den Betriebszielen nicht die Regel sein wird. Jede Führungskraft sollte aber realistischerweise eine möglichst große Annäherung der Interessenlagen anstreben, wobei dieses Management by Motivation Geduld und Augenmaß erfordert.

Rollenspiel 7: Zusätzliche Arbeit übernehmen

Besondere Situationen erfordern besondere Maßnahmen, die das übliche Tagesgeschäft vorübergehend außer Kraft setzen. Nicht jeder Mitarbeiter ist stets bereit, sich der veränderten Situation anzupassen. Dies tritt sehr deutlich zutage, wenn auf Mitarbeiter – aus welchen Gründen auch immer – Mehrarbeit zukommt.

Von Führungskräften wird erwartet, dass sie für eine gute und termingerechte Aufgabenerledigung in ihrem Bereich einstehen und auftretende Probleme in eigener Zuständigkeit souverän lösen. In diesem Rollenspiel soll trainiert werden, welche Vorgehensweise gegenüber opponierenden Mitarbeitern Erfolg verspricht.

Rollenspiel: Zusätzliche Arbeit übernehmen

Rolle des Vorgesetzten

Vor zehn Wochen wurden Sie als Teamleiter eingestellt. Kaum, dass Sie in der neuen Umgebung etwas heimisch geworden sind, kommt es schon zu einem Problem: Zwei Ihrer qualifizierten Mitarbeiter, die eine Fahrgemeinschaft bilden, erlitten bei der Heimfahrt einen schweren Verkehrsunfall. Die gesundheitlichen Beeinträchtigungen sind so gravierend, dass die Mitarbeiter für einen längeren Zeitraum ausfallen werden. Eine personelle Verstärkung durch Mitarbeiter eines Zeitarbeitsunternehmens kommt nicht in Betracht, weil die Geschäftsführung die damit zusammenhängenden Kosten scheut. Nun müssen sowohl Sie als auch die übrigen Mitarbeiter sich zusätzlich um die Betreuung der »verwaisten« Kunden kümmern.

Sie hatten Ihre Mitarbeiter anlässlich einer Mitarbeiterbesprechung um tatkräftiges Zupacken gebeten und dabei erklärt, sich selbst um die Kunden Schneider, Protec und Rotspon kümmern zu wollen. Für Führungsaufgaben bleibt Ihnen da im Augenblick wenig Zeit.

Nach einer Woche bemerken Sie, dass der Mitarbeiter .... mit ansonsten guten bis durchschnittlichen Leistungen sich an dieser Aktion nicht beteiligt und sich nach wie vor nur um seine Aufgaben kümmert.

Andere Mitarbeiter halten Ihnen bereits vor, nichts dagegen zu unternehmen. Sie sind im Zugzwang und müssen ein Gespräch mit dem Betreffenden führen.

Rolle des Mitarbeiters

Da durch längere Erkrankungen zwei Mitarbeiter in Ihrer Arbeitsgruppe fehlen (die Kollegen erlitten auf der Heimfahrt einen Verkehrsunfall mit gravierenden gesundheitlichen Beeinträchtigungen), hatte Ihr seit zehn Wochen in der Firma tätiger Vorgesetzter .... bei einer Mitarbeiterbesprechung gesagt: »Ich appelliere an Sie, sich der verwaisten Kunden der beiden Kollegen anzunehmen, deren Arbeitsplätze vorübergehend nicht besetzt sind. Bitte teilen Sie diese unter sich auf, damit nichts anbrennen kann. Die Kunden Schneider, Protec und Rotspon übernehme ich. Ich bin zuversichtlich, dass wir diese Durststrecke durch Ihr Engagement gut überstehen werden. Ich rechne mit Ihnen, meine Damen und Herren.«

Sie fühlen sich seit längerer Zeit bei der Arbeitsaufteilung benachteiligt. Daher stehen Sie einer zusätzlichen Arbeitsbelastung reserviert gegenüber. Ihr Vorgesetzter hat Sie bisher nicht angesprochen, sodass Sie auch keine Notwendigkeit sehen, sich mit zusätzlicher Arbeit zu belasten. Sie haben sich bereits Argumente zurechtgelegt, um zusätzliche Arbeitsaufträge abwehren zu können.

- Einige Kollegen arbeiten eher flüchtig und haben viel Luft, während Sie sehr gewissenhaft und verantwortungsbewusst Ihrer Arbeit nachgehen.
- Um Ihr umfangreiches Arbeitspensum termingerecht und in guter Qualität bewältigen zu können, bleiben Sie ab und zu abends länger in der Firma, was niemand bemerkt, da alle anderen pünktlich Feierabend machen.
- Gelegentlich kommen Sie auch an arbeitsfreien Samstagen in die Firma. Dann herrscht Ruhe, sodass Sie sich ungestört wichtigen Aufgaben widmen können.
- Mehrere Kollegen sind Raucher, die sich immer wieder eine bezahlte »Auszeit« nehmen, indem sie das Raucherzimmer aufsuchen oder vor dem Gebäude ihrem Laster frönen. Sie selbst sind Nichtraucher.
- Im Kaffeeshop sieht man auch immer die gleichen Gesichter. Die Kaffeetrinker müssen wohl viel Zeit haben. Sie trifft man dort nicht an, für diese Plauscheinlagen fehlt Ihnen die Zeit.
- Sie erledigen schon seit Langem ohne Murren einige Aufgaben, die in Ihrer Stellenbeschreibung nicht aufgeführt sind.
- So kann es nicht weitergehen. Irgendwann liegen Sie auf der Nase. Davon hat die Firma auch nichts.
- Übernehmen Sie zusätzliche Aufgaben, schleichen sich ganz gewiss Fehler ein, für die Sie nicht die Verantwortung übernehmen wollen. Dafür müsste dann der Vorgesetzte geradestehen.

Sie leisten daher Widerstand, um keine zusätzliche Arbeit übernehmen zu müssen. Wenn Widerstand zwecklos werden sollte, fügen Sie sich nur unter Protest.

Seitens des ablehnenden, zurückhaltenden Mitarbeiters liegen gemäß Drehbuch keine besonderen Gründe (zum Beispiel Schwerbehinderung, eine von allen erkennbare Überlastung, soeben begonnene Einarbeitungsphase oder Ähnliches) vor, die eine Nichtbeteiligung rechtfertigen würden. Daher darf sich der Mitarbeiter mit seiner destruktiven Haltung keinesfalls ungeschoren durchsetzen.

Würde er weiterhin zusätzliche Aufgaben ablehnen, wäre es nachvollziehbar, wenn die gutwilligen Mitarbeiter ihren verstärkten Einsatz reduzieren würden (»Wenn der Kollege vornehme Zurückhaltung üben darf, warum soll ich dann Mehrarbeit leisten? Der Kollege ist doch nichts Besseres!«). Auch würde die Autorität des Vorgesetzten Schaden nehmen, wenn es diesem Mitarbeiter gelänge, sich gegen den Vorgesetzten durchzusetzen.

Das Ziel ist eindeutig: Auch dieser Mitarbeiter muss sich angemessen an der Vertretung der verunglückten Kollegen beteiligen.

Interessant wird es, wie sich im Rollenspiel der Vorgesetzte mit den Argumenten des Mitarbeiters auseinandersetzt. Insbesondere Führungsnachwuchskräfte gehen auf die einzelnen Punkte ein und bemühen sich mit Eifer, alle Argumente ihres Gegenübers zu entkräften. Die Situation gleicht schnell einer Zirkusnummer, in welcher der Dompteur einen kleinen Hund immer wieder über hingestreckte Stöckchen springen lässt. Der Vorgesetzte wird zum reagierenden Hündchen, der Mitarbeiter wird zum steuernden Dompteur.

Je mehr sich der Vorgesetzte auf die Argumente des Mitarbeiters einlässt, desto stressiger wird für ihn die Situation. Irgendwann lässt er von seinen Überzeugungsbemühungen ab und reagiert entnervt entweder mit einem autoritären Machtwort oder er gibt klein bei. Beide Ergebnisse können nicht befriedigen.

Günstiger erscheint es, wenn der Vorgesetzte nach dem ersten Einwand des Mitarbeiters, auf den er inhaltlich nicht reagieren sollte, eine klare Position bezieht.

Beispiel für eine klare Position

»Ich merke, dass es Ihnen nicht gefällt, sich an dieser Vertretungssituation zu beteiligen. Aber es hilft nichts, Sie müssen mitmachen. Sie gehören zum Team, was auch so bleiben muss. Ich will und kann es nicht zulassen, wenn Sie sich in dieser besonderen Situation, bei der es auf das Engagement eines jeden Mitarbeiters ankommt, verweigern. Sonst werden Sie ganz schnell von den Kollegen abgelehnt und zum Aggressionsobjekt werden. Und meine Einschätzung Ihres Leistungsverhaltens – das können Sie sich vermutlich denken – wäre auch nicht die beste. Alle beteiligen sich, da gibt es keine Ausnahme. Bitte, übernehmen Sie jetzt für die Dauer der Abwesenheit der beiden Kollegen zusätzlich die Kunden ...«

Will der Mitarbeiter immer noch nicht mitziehen, bringt der Vorgesetzte die Situation auf den Punkt und sagt: »Herr ..., so kommen wir nicht weiter. Beantworten Sie mir bitte eine Frage und überlegen Sie sich Ihre Antwort gut: Kann ich mit Ihnen rechnen? (Kann ich auf Sie zählen?)«

Jetzt wird hoffentlich jedem Mitarbeiter bewusst, dass allein er es mit seiner Antwort in der Hand hat, wie sich die künftige Zusammenarbeit gestalten wird. Schließlich verlangt der Vorgesetzte als Arbeitgebervertreter im Rahmen seines Weisungsrechts nichts Unzulässiges von dem Mitarbeiter, sodass nach dessen Arbeitsverweigerung grundsätzlich eine Abmahnung ausgesprochen werden kann.

Mit der schwammigen Auftragserteilung begannen die Probleme. Sie hätten von Beginn an vermieden werden können, wenn in der Mitarbeiterbesprechung die Aufteilung klipp und klar besprochen worden wäre. Nach Darstellung der aufgetretenen Schwierigkeiten hätte der Vorgesetzte eine Aufteilung unter Berücksichtigung der Vorstellungen und Wünsche der Mitarbeiter vornehmen müssen.

Beispiel für klare Aufgabenverteilung

»In dieser schwierigen Situation gehe ich mit gutem Beispiel voran. Ab sofort betreue ich die Kunden Schneider, Protec und Rotspon in Köln. Herr X wie sieht es bei Ihnen mit ... aus, Sie übernehmen? Bestens. Und nun die Kunden ..., die würden vermutlich am besten bei Ihnen, Frau ..., aufgehoben sein. Einverstanden? Fein. Und jetzt ...«

In kürzester Zeit wären die Kunden der verunglückten Mitarbeiter auf die Kollegen aufgeteilt worden. Vermutlich hätte sich der abwehrende Mitarbeiter aus dem Rollenspiel ohne Widerworte an der Vertretungsaktion beteiligt. Der Gruppendruck wäre so groß gewesen, dass er sich kaum verweigert hätte.

Protokollführung bei Mitarbeiterbesprechungen

An die Wichtigkeit der Protokollierung von Besprechungsergebnissen muss an dieser Stelle erinnert werden. Untersuchungen zeigten, dass Besprechungsteilnehmer von 20 Punkten, die in einem zweistündigen Treffen erörtert wurden, am nächsten Tag nur noch sieben bis zehn im Gedächtnis hatten.

Protokolle von Mitarbeiterbesprechungen dienen verschiedenen Zweckbestimmungen:

- *Informationsmittel:* Abwesende Mitarbeiter werden von den Ergebnissen in Kenntnis gesetzt. Teilnehmer können später ihrem Gedächtnis auf die Sprünge helfen.
- *Auftragssammlung:* Es wird festgelegt, wer was ab wann und bis wann erledigen soll.
- *Kontrollhilfe:* Dem Vorgesetzten wird seine Kontrollfunktion erleichtert. Der Mitarbeiter kann besser seine Selbstkontrolle wahrnehmen.
- *Beleg:* In späteren strittigen Situationen dient das Protokoll als Beleg.

Im Regelfall genügt ein Ergebnisprotokoll, das wahr, knapp und klar sein soll. Es soll nach dem Akronym ZOTTE Aussagen enthalten zu den Punkten

Z Zeit – Tagesangabe, von … bis …
O Ort – entbehrlich, wenn der Ort nicht wechselt
T Teilnehmer – organisatorische Kürzel genügen
T Themen – in Kurzform
E Ergebnisse

Gerade auf »Ergebnisse« ist ein besonderes Augenmerk zu richten. Insbesondere darf der Aktionsplan nicht fehlen, in dem festgelegt wird, wer welche Aufgaben unter welchen zeitlichen Faktoren auszuführen hat.

Gibt der Mitarbeiter schließlich seinen Widerstand auf und beteiligt er sich an der Vertretung der verunglückten Mitarbeiter, wird der Vorgesetzte im Rahmen seiner Führungsaufgabe Kontrolle ein wachsames Auge auf ihn haben. Möglicherweise sammelt er hierbei Erkenntnisse, die das ursprünglich ablehnende Verhalten des Mitarbeiters erklären:

- Der Mitarbeiter ist ein Perfektionist. Auf Seite 271 können Sie nachlesen, wie auf einen Perfektionisten einzuwirken ist.
- Der Mitarbeiter arbeitet zwar viel, er arbeitet aber nicht effizient.

Das geht vielen Menschen so. Sie kommen in ihrem Leben zu interessanten Erkenntnissen und häufen ein umfangreiches Wissen an, aber den ökonomischen und effektiven Umgang mit ihrem wichtigsten Gut – ihrer Zeit – erlernen viele nicht. Sie nutzen diese unersetzliche und unwiederbringlich verlorene Kostbarkeit verantwortungslos, falsch oder gar nicht, ohne sich dabei einer Schuld bewusst zu sein. Diese Berufstätigen kommen während des gesamten Arbeitstages kaum zum Hochschauen. Sie sind bemerkenswert fleißig und setzen viel Kraft und Energie für die Aufgabenerledigung ein – und dennoch wächst ihnen stets aufs Neue die Arbeit über den Kopf. Sie stürzen sich zwar Hals über Kopf in jede Arbeit und erledigen viele Dinge, doch sie bringen bei Weitem nicht so viel zustande, wie sie es bei einem effektiven Zeiteinsatz könnten.

Mit einem guten Zeitmanagement könnten beispielsweise

- hinderliche Gewohnheiten durchbrochen,
- Prioritäten festgelegt,
- Zeitdiebe abgewiesen,
- ein schriftliches Planen des Arbeitstages vorgesehen,
- die Ordnung am Arbeitsplatz gehalten oder
- ein verstärktes Delegieren praktiziert werden.

Wenn also Vorgesetzte feststellen, dass es einem Mitarbeiter an der effizienten Arbeitsweise mangelt, dann sollte er diesem Mitarbeiter im Rahmen der Personalentwicklung den Besuch eines Zeitmanagementseminars empfehlen.

Pseudo-Burnout-Strategie

Es kann passieren, dass ein Mitarbeiter die Pseudo-Burnout-Strategie praktiziert. Mit der beklagt ein Mitarbeiter ständig und überall wider besseres Wissen sein trotz großen Einsatzes kaum zu schaffendes Arbeitspensum. So lässt sich bei gebetsmühlenartiger Wiederholung dieser Klage bei Dritten der Eindruck der Überlastung erzeugen, da der bis an seine Grenzen engagiert scheinende Mitarbeiter es trotz aller Bemühungen noch nicht einmal schafft, die eigene Arbeit termingerecht zu erledigen. Bei penetranter Anwendung dieser Strategie kann es sogar gelingen, eine Entlastung von einem Teil der eigenen Arbeit zu erreichen. Eine zusätzliche Aufgabe zu übernehmen kommt bei diesem ständigen Stress natürlich nicht in Betracht.

Bemerkt ein Vorgesetzter ein ungerechtfertigtes Stöhnen und Klagen, lässt er sich nicht beeindrucken, sondern fordert vom Mitarbeiter Leistung ein. Weil es in Deutschland kein Recht auf Leistungszurückhaltung gibt, darf sich der »geringfügig Arbeitende« nicht beklagen, wenn gegen ihn nach entsprechenden Hinweisen seines Vorgesetzten arbeitsrechtliche Schritte eingeleitet werden.

Speziell frischgebackene Vorgesetzte werden darauf achten, dass ihnen von Mitarbeitern nicht der Schneid abgekauft wird. Gelingt es, sich bei erheblichen Widerständen von Mitarbeitern in ruhiger und sachlicher Atmosphäre durchzusetzen, wird ein vom Umfeld wahrgenommener Achtungserfolg erzielt. Und der Vorgesetzte kann insgeheim darüber stolz sein, dass er trotz des zunächst unangenehmen Gegenwindes einen klaren Kurs gesteuert und das anvisierte Ziel erreicht hat. Zusätzliche Informationen enthalten die Hinweise zum Rollenspiel 12 (s. S. 49).

Rollenspiel 8: Logisch und psychologisch treffendes Kritikgespräch führen

Zwar ist jedem Vorgesetzten bekannt, dass die Kritik als konstruktives Führungsmittel zu betrachten ist, welches Leistung und Verhalten des Kritisierten positiv beeinflussen soll. Manche Vorgesetzte begehen beim Kritisieren allerdings Fehler, die das Selbstwertgefühl der Mitarbeiter negativ berühren und im Wiederholungsfall eine verminderte Arbeitsleistung bewirken.

Es werden immer wieder bestimmte Fehler im Kritikgespräch angeprangert, die psychische Schmerzen verursachen. Generell ist festzustellen, dass Mitarbeiter diesen Schmerz verspüren, darauf aber unterschiedlich reagieren. Auch der als dickfelliger Zeitgenosse eingeordnete Mitarbeiter, der – so glauben etliche Vorgesetzte erkannt zu haben – kritische Äußerungen durchaus leicht verkraftet und immer wieder auf die Füße fällt, leidet. Er lässt es sich aber nicht in gleicher Weise anmerken wie der sensibel reagierende, eher dünnhäutige Mitarbeiter.

Fehler im Kritikgespräch vermeiden

Die folgenden Fehler beim Kritisieren lassen sich leicht vermeiden.

Wiederholte Kritik zum gleichen Anlass Ist ein Sachverhalt Gegenstand eines Kritikgesprächs geworden und ist anschließend die gewünschte Veränderung eingetreten, muss der Vorgesetzte einen Schlussstrich ziehen. Ein Herumstochern in alten Wunden (»Wissen Sie noch, was Sie damals verzapft haben ...?«), weist auf das Fehlen jeglichen Feingefühls hin. Das kränkt die Mitarbeiter und wirkt demotivierend.

Kritik wird an Dritte übertragen Der Vorgesetzte wird in den Augen des Mitarbeiters wegen des offensichtlich fehlenden Muts zu einem Kritikgespräch oder der Missachtung seiner Person Autorität einbüßen.

Kritik per Telefon oder E-Mail Kritik sollte nie per Telefon oder E-Mail geäußert werden. Denn: Der Vorgesetzte kann nicht erkennen, wie seine Kritik ankommt, wie sie unmittelbar aufgenommen wird, ob er nicht gar ins Leere spricht. Es kann auch dazu kommen, dass Gegendarstellungen des Mitarbeiters durch Monologe des Vorgesetzten oder durch das Auflegen des Hörers unterbrochen werden.

Eine per E-Mail zugeleitete Kritik, insbesondere wenn sie unter »Cc« flächendeckend versandt wird, löst auch keine Beifallsstürme aus.

Kritik in Gegenwart Dritter Der häufig vorhandene Widerstand gegen Kritik wird noch verstärkt, wenn Mitarbeiter vor Dritten herabgesetzt werden. Zu den wichtigsten Bedürfnissen der menschlichen Natur gehört die Anerkennung durch die Umwelt. Diesem Bedürfnis wirkt der Vorgesetzte mit dieser Art des Kritisierens geradezu entgegen. Die Mitarbeiter fühlen sich bloßgestellt und werden kaum noch bereit sein, den berechtigten Kern der Kritik aufzunehmen.

Kritik bei Abwesenheit Lässt sich ein Vorgesetzter dazu hinreißen, Kritik an einem abwesenden Mitarbeiter zu üben, werden sich Unbeteiligte die Frage stellen, wie der Vorgesetzte wohl über sie selbst bei eigener Abwesenheit spricht. Der Abwesende kann sich bei dieser Kritik nicht zur Wehr setzen. Zwar werden manche Kollegen den betroffenen Mitarbeiter bei seiner Rückkehr informieren, wobei allerdings Verfälschungen an der Tagesordnung sind: Wohlwollende Kollegen werden mitfühlend berichten, während andere schadenfroh die besonders schmerzenden Aussagen hervorheben.

Kritik durch Übergehen Gelegentlich wählen Vorgesetzte den Weg der indirekten Kritik. Dem Mitarbeiter gegenüber äußern sie ihre Missbilligung durch schweigende Missachtung. Sie lassen ihn für Tage oder Wochen links liegen. Hat sich der Gefühlszustand des Vorgesetzten normalisiert, wird der Mitarbeiter wieder in Gnaden aufgenommen. Allerdings hat dieses Vorgehen zu keiner Veränderung beim Mitarbeiter geführt, da sein falsches oder unerwünschtes Verhalten nicht angesprochen wurde. Vermutlich hat sich der Mitarbeiter sein Gehirn zermartert, was Auslöser der Nichtbeachtung war. Da er aber bewusst keine Fehler macht, tappt er weiter im Dunkeln.

»Glücklich sind, die erfahren,
was man an ihnen aussetzt, und
die sich danach bessern können.«
(William Shakespeare)

Verallgemeinernde Kritik Gnadenlose Verallgemeinerungen wie beispielsweise die Attribute: immer, nie, ständig, alles, schießen zumeist über das Ziel hinaus. Da sie in den seltensten Fällen in dieser Ausschließlichkeit zutreffen, fördern sie den Widerspruch.

Ironische oder sarkastische Kritik Diese Form des Kritisierens schmerzt ungemein und schlägt seelische Wunden.

Beispiel für eine ironische Kritik

»Interessant, sehr interessant, Frau Krause. Für eine Sekretärin wirklich schon sehr ansprechend. Und was für Ideen Sie bei der Zeichensetzung haben. Demnächst könnten wir ja mal einen Ihrer Briefe verschicken. Vielleicht am 1. April?!!!«

Persönliche Kritik Solange nur die Leistung oder das Verhalten kritisiert wird, unterstellt der Vorgesetzte seinem Mitarbeiter stillschweigend, er traue ihm auch bessere Ergebnisse zu. Und da jedem Menschen hin und wieder etwas misslingen kann, ist er wegen der gerade geübten Kritik kein schlechter Mitarbeiter. Wird aber die Person des Mitarbeiters kritisiert, so wird er disqualifiziert und aus dem Kreis der guten Mitarbeiter ausgegrenzt.

Beispiel für eine autoritäre, persönliche und verallgemeinernde Kritik

»Von Ihnen will ich nichts mehr hören, Sie machen doch ständig alles verkehrt!!! Weshalb muss gerade ich mit solch einem Versager bestraft werden?!!«

Autoritäre Kritik Mancher Vorgesetzte zeigt bei Kritik Verhaltensweisen, die eines Neandertalers auf Kriegspfad würdig wären. Der »herumschnauzende« Vorgesetzte will den Mitarbeiter durch die als Mittel der Disziplinierung eingesetzte harsche Kritik zum Kuschen bringen. Es geht dem Vorgesetzten nicht um partnerschaftliches Zusammenwirken, sondern darum, dem Mitarbeiter seinen Willen aufzuzwingen. Indem er drauflos donnert, den Mitarbeiter einschüchtert, entmutigt oder gar bockig macht, zeigt er nur sein Unverständnis, seine Missachtung der Persönlichkeit des Mitarbeiters.

Welche Wertschätzung diese Form der Kritik genießt, lässt sich an einigen Umschreibungen für Kritik erkennen, die der Volksmund geprägt hat.

- jemanden zur Sau machen
- ihm den Kopf waschen
- sie unangespitzt in den Boden rammen
- sie zur Minna machen
- ihn kleinmachen
- ihm eine Zigarre/einen Denkzettel verpassen
- ihr die Leviten lesen
- sie zur Schnecke machen
- ihn zur Brust nehmen
- ihm den Marsch blasen
- sie so richtig rundmachen
- ihm die Flötentöne beibringen
- mit ihm Schlitten fahren
- ihr vors Schienbein treten
- ihn durch den Wolf drehen
- Hackfleisch aus ihm machen

Diese Auflistung können Sie auch als Folie gestalten und Ihren Teilnehmern präsentieren. Das Interesse der Leser ist immens, weil jeder sogleich überprüft, welche Umschreibungen ihm bekannt sind. Auch lösen manche Formulierungen Heiterkeit aus, was für das Seminarklima nur förderlich sein kann.

Gesammelte Kritik Nicht jeder Kritikpunkt wird zeitnah mit dem Mitarbeiter besprochen, sondern es werden Sündenregister geführt. Zumeist werden während des Jahresgesprächs alle »Verfehlungen« in massierter Form dem Mitarbeiter zur Kenntnis gegeben. Dabei gilt es aber zu beachten: Wird die Kritik aufgeschoben, empfindet sie der Mitarbeiter zu einem späteren Zeitpunkt als überflüssig oder unangebracht. Entweder ist er sich dann keiner Schuld mehr bewusst oder er vermag die genauen Umstände für sein Verhalten nicht mehr zu rekonstruieren.

Mit diesem Rollenspiel soll vermittelt werden, wie ein logisch und psychologisch treffendes Kritikgespräch zu führen ist.

Rollenspiel: Logisch und psychologisch treffendes Kritikgespräch führen

Rolle der Vorgesetzten

Sie sind Inhaberin eines kleineren mittelständischen Unternehmens.
Das Reklamationsschreiben des sehr guten Kunden Klein sollte schnellstens bearbeitet werden. Mit den Worten »Das muss erledigt werden!« hatten Sie den Vorgang Herrn .... gegeben. Anschließend traten Sie Ihren drei Wochen dauernden Urlaub an. Vor geraumer Zeit hatten Sie allerdings geäußert, Schwierigkeiten mit Herrn Klein selbst ausräumen zu wollen.
Bei einem Empfang bei der Industrie- und Handelskammer treffen Sie am Morgen Ihres ersten Arbeitstages nach dem Urlaub Herrn Klein, der sich Ihnen gegenüber ungewohnt frostig und abweisend verhält. Auf vorsichtiges Befragen bringt Herr Klein sein Erstaunen zum Ausdruck, dass Sie berechtigten Beschwerden Ihrer Kunden nicht nachgehen. Sie entschuldigen sich mehrfach und sichern sofortige Nachprüfung zu. Sie waren der festen Auffassung, Herr .... habe während Ihres Urlaubs diese Angelegenheit zur Zufriedenheit aller erledigt. Sie sind über die »Schludrigkeit« von Herrn .... sehr enttäuscht und bestellen ihn sogleich nach Ankunft in der Firma zu sich.

Rolle des Mitarbeiters

Herr Klein hat sich schriftlich wegen eines angeblichen Lieferfehlers beschwert. Da Herr Klein ein besonders guter Kunde ist, hat sich die Firmeninhaberin .... in einer früheren Anweisung vorbehalten, mögliche Schwierigkeiten mit diesem Kunden selbst auszuräumen. Ihnen wurde das Reklamationsschreiben mit den Worten »Das muss erledigt werden!« von Frau .... übergeben. Sie waren deshalb der Meinung, die Sache müsse sofort nach Rückkehr Ihrer Vorgesetzten aus dem Urlaub von dieser bearbeitet werden. Das Schreiben liegt seither auf Ihrem Schreibtisch ganz oben, damit Sie es nicht vergessen, Ihre Chefin nach deren Urlaubsende sofort darauf aufmerksam zu machen.

Allerdings blieben Sie nicht untätig, sondern stellten Recherchen zur Reklamation an. Hierbei kamen Sie zu dem Ergebnis, dass der Fehler eindeutig bei der Firma Klein liegt. Offensichtlich muss es bei der Bestellung durch die Firma Klein zu einem Übertragungsfehler gekommen sein (das vorliegende Fax ist eindeutig), den der Auftraggeber nicht bemerkte. Ihre Firma hat die Bestellung ordnungsgemäß ausgeführt, wenngleich die gelieferte Menge das normalübliche Maß erheblich überschritt.
Sie werden von der Chefsekretärin aufgefordert, sich sofort bei Ihrer aus dem Urlaub zurückgekehrten Vorgesetzten zu melden und machen sich mit dem Reklamationsschreiben und den Ergebnissen Ihrer Recherche unter dem Arm auf den Weg.
Sie sind ein selbstbewusster Mitarbeiter, der sich auch in schwierigen Situationen nicht gleich die Butter vom Brot nehmen lässt und seine Interessen zu vertreten weiß.

Durch Kritik

- lassen sich Leistungen oder Verhalten von Mitarbeitern korrigieren,
- können Fehler künftig vermieden werden, womit das Selbstvertrauen der Mitarbeiter gestärkt wird,
- wird Mitarbeitern eine sachlich begründete Selbstbeurteilung ermöglicht,
- werden Mitarbeiter gecoacht (entwickelt und gefördert).

Sollen diese Ziele erreicht werden, ist vom Vorgesetzten ein logisch und psychologisch treffendes Kritikgespräch zu führen.

Kritikgespräch führen

In dem Rollenspiel liegt die Vermutung nahe, dass die nach dem IHK-Empfang frustrierte Vorgesetzte das Gespräch beginnt, indem sie den Mitarbeiter mit Vorwürfen überhäuft. Die vorgenannten Ziele eines Kritikgesprächs wird sie dann kaum mehr erreichen.

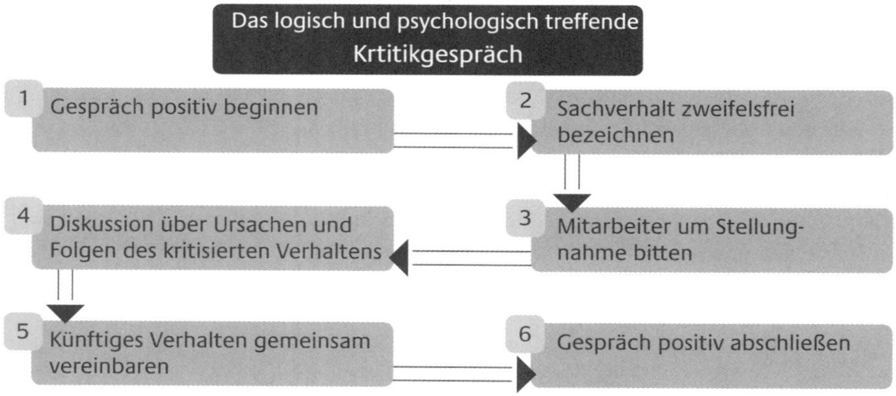

Richten wir unser Augenmerk besser darauf, das Gespräch positiv zu beginnen! Erhält nämlich der Mitarbeiter den Eindruck, er sei Mittelpunkt eines Tribunals, wird er von Beginn an auf Verteidigung sinnen und für ein entkrampftes und sachliches Gespräch nicht zur Verfügung stehen.

Nach dem Gesprächseinstieg wird die Vorgesetzte den Sachverhalt zweifelsfrei bezeichnen und damit eine Ausgangsbasis schaffen. Der Mitarbeiter weiß nun genau, auf welchen Punkt das Gespräch begrenzt ist. Fehlerhaft würde die Vorgesetzte handeln, würde sie mit

- Pauschalformulierungen,
- Vermutungen,
- allgemeinen Floskeln,
- Anklagen ohne Beweise,
- Anschuldigungen und Zuträgereien von Dritten

aufwarten.

Vergleichen wir das Kritikgespräch einen Moment mit einer Gerichtsverhandlung. Die Rollen des Richters und Anklägers übernimmt die Vorgesetzte, Angeklagter ist der Mitarbeiter. Würde ihm kein rechtliches Gehör gewährt und könnte er den Vorgang nicht aus eigener Sicht darstellen, wäre die Verhandlung eine Farce. Dem Mitarbeiter muss demzufolge nach der Bezeichnung des Sachverhalts die Möglichkeit einer Stellungnahme gegeben werden.

Mit der folgenden Folie können Sie diesen Vergleich illustrieren. Sie können diese Folie auch gut bei Konfliktlösungen einsetzen.

Eenes Mannes Rede ist
keenes Mannes Rede,
man muss sie willig
hören alle beede.

(Empfehlung an jeden Richter aus dem um 1220 erschienenen Sachsenspiegel)

Die Vorgesetzte sollte bereit sein, neue Informationen vorurteilsfrei zu werten. Erkennt sie hierbei, dass sie einen Sachverhalt fehlerhaft eingeschätzt hat, sollte sie zu einer Entschuldigung bereit sein.

Es folgt die Diskussion über Ursachen und Folgen des kritisierten Verhaltens. Die Vorgesetzte hat in dieser Phase ihr Ziel erreicht, wenn der Mitarbeiter einsieht, dass und weshalb sein Handeln fehlerhaft war.

Aus dem Fehlverhalten werden die Konsequenzen gezogen und das künftige Verhalten möglichst gemeinsam vereinbart. Das erzielte Ergebnis wird ohne die Möglichkeit einer Fehlinterpretation eindeutig bezeichnet. Auch sind Kontrollen vorzusehen und dem Mitarbeiter anzuzeigen, damit das vereinbarte Soll erreicht wird.

Schließlich bringt die Vorgesetzte in einem positiven Gesprächsabschluss zum Ausdruck, dass sie ihren Mitarbeiter weiterhin schätzt und die Basis für eine gedeihliche Zusammenarbeit nach wie vor besteht.

»Aufmunterung nach dem Tadel ist Sonne nach dem Regen, fruchtbares Gedeihen.« *(Johann Wolfgang von Goethe)*

Im Rollenspiel wird die Vorgesetzte in der zweiten Phase den Sachverhalt aus ihrem Blickwinkel darstellen. In der folgenden Phase weist der Mitarbeiter darauf hin, dass er sich völlig im Einklang mit der Weisung der Vorgesetzten verhalten habe, wonach die Firma Klein nur von der Chefin zu betreuen sei. Im Prinzip wäre jetzt eine Kritik nicht mehr opportun.

Hätte die frustrierte Firmeninhaberin nach ihrer Rückkehr vom IHK-Empfang sogleich losgedonnert, befände sie sich nun in einer höchst peinlichen Situation. Sie müsste jetzt zurückstecken, weil sie selbst Teil des Problems ist: Mit zwei inhaltlich unterschiedlichen Weisungen hat sie die Irritationen ausgelöst. Daraus lernend müsste das Gespräch jetzt damit fortgesetzt werden, klare und nicht interpretierbare Regelungen zu treffen, die eine Wiederholung der misslichen Situation unmöglich machen. Es können dann beispielsweise folgende Vereinbarungen gelten:

- Der Mitarbeiter ist ab sofort in eigener Verantwortung für sämtliche Reklamationen zuständig.
- Die Vorgesetzte behält sich weiterhin vor, die Firma Klein zu betreuen. Bei einer länger als drei Arbeitstage dauernden Abwesenheit der Vorgesetzten wird der Mitarbeiter als Vertreter mit allen Kompetenzen tätig.
- Der Mitarbeiter wird verpflichtet, bei Schwierigkeiten mit der Firma Klein die Vorgesetzte unverzüglich zu informieren.

Bevor das Gespräch beendet wird, sollte die Vorgesetzte noch einen Aspekt thematisieren: Von einem guten Mitarbeiter muss erwartet werden, dass er mitdenkt und mithandelt, um den Erfolg des Unternehmens zu sichern und Schäden abzuwenden. Das gezeigte Mitarbeiterverhalten lässt allerdings Zweifel aufkommen, ob sich der Mitarbeiter dieser Selbstverständlichkeit bewusst war. Ein freundlicher, aber nachdrücklicher Hinweis darf nicht fehlen.

Kritik annehmen

Kritik ist keine Einbahnstraße. Auch Vorgesetzte arbeiten nicht fehlerfrei, sodass bei ihnen ebenfalls Kritik zu üben ist.

Vorgesetzte sollten ein gesundes Selbstvertrauen beweisen, indem sie schwierigen Situationen mit Gelassenheit begegnen und bereit sind, eigene Fehler einzugestehen. Aber was lässt sich immer wieder beobachten? So manche Führungskraft beißt sich lieber die Zunge ab, als einen Fehler zuzugeben. Dabei wird übersehen, dass Mitarbeiter ihrem Vorgesetzten mit jedem Entschuldigungsversuch die besonders bedeutungsvolle persönliche Autorität weiter entziehen. Denn Ausreden und Erklärungsversuche wirken generell wenig vertrauensbildend. Besonders mit der Formulierung »Ja, aber« (im Klartext: »Mich trifft keine oder kaum eine Schuld, ich kann nichts dafür«) werden Fehler besonderen Umständen zugeschrieben oder bei anderen Personen gesucht – nicht aber bei sich selbst. Damit verstreicht eine Chance, aus dem Vorgefallenen zu lernen und sich zu verbessern, mit der Folge, dass sich der gleiche Fehler wiederholen kann. Geradezu »tödlich« für eine gute Zusammenarbeit ist es, eigene Fehler Mitarbeitern in die Schuhe zu schieben.

»Wer einen Fehler gemacht hat und ihn nicht korrigiert, begeht einen zweiten.« *(Konfuzius)*

»Bist du im Unrecht, gib es schnell zu.« *(Dale Carnegie)*

Es zeugt von Größe und Stärke, einen Fehler ohne Wenn und Aber zuzugeben.

Wie sollten Sie Kritik annehmen?

- Werden Sie kritisiert, versuchen Sie nicht gleich, sich zu verteidigen oder die Sache klarzustellen. Erkennt der Mitarbeiter Ihren Widerstand, wird er Kritikwürdiges künftig für sich behalten.
- Bei einer berechtigten Kritik sollte Ihr Dank nicht fehlen: »Prima, dass Sie mich darauf aufmerksam machen. Es ist mir lieber, Sie weisen mich auf Fehler hin, anstatt dass etwas anbrennt.«
- Seien Sie froh, dass Ihnen Ihr Mitarbeiter sein Problem erzählt, das er mit Ihnen hat – selbst wenn Ihnen die Botschaft im ersten Moment nicht gefällt. Möglicherweise ändern Sie nun Ihr Verhalten, womit manchen Konflikten die Basis entzogen wird.
  Formulierungen wie
  - »Danke für diese Information, die mir jetzt Ihre Reaktion in einem ganz anderen Licht erscheinen lässt.«
  - »Diese Information hat es in sich. Danke für Ihre Offenheit. Darüber muss ich erst einmal eine Nacht schlafen.«
  - »Das höre ich zum wiederholten Mal, das kommt für mich nicht überraschend. Offensichtlich fällt mir die Trennung von lieb gewonnenen Fehlern schwer.«

  ermutigen den Mitarbeiter, auch künftig Kritik zu üben.
- Versuchen Sie zunächst, ruhig zuzuhören, den Mitarbeiter nicht zu unterbrechen und zu prüfen, ob Sie auch richtig verstehen, was er meint. Wenn Ihnen nicht klar wird, was Ihr Mitarbeiter meint, fragen Sie nach.
- Gehen Sie davon aus, dass Ihr Mitarbeiter keine objektive Sicht der Dinge hat und manche Aspekte nur unscharf sieht. Deshalb sind seine Eindrücke nicht falsch, aber subjektiv und persönlich.
- Nicht jeder Mitarbeiter wartet mit einer treffend formulierten Kritik auf. Manchmal wird Kritik im Eifer des Gefechts als Angriff gestartet mit der Absicht, Sie an die Wand zu drängen. Lassen Sie sich durch Vorwürfe oder harsche Kritik nicht aus dem Gleichgewicht bringen. Spätestens nach Abklingen der »Kampfhandlungen« sollten Sie den Vorfall analysieren, denn auch unter der rauen Schale einer Attacke steckt hin und wieder ein wahrer Kern, der für Sie bedeutsam sein kann.
- Betrachten Sie die Kritik eines Mitarbeiters zunächst als Geschenk. Sie bestimmen, was mit dem Geschenk geschieht: wegwerfen (= nicht akzeptieren), es erst einmal wegstellen (= in Ruhe darüber nachdenken, überprüfen) oder sich darüber freuen (= Verhaltensänderung praktizieren).

Aufgaben, Kompetenzen und Verantwortungen von Mitarbeitern und Vorgesetzten greifen im Berufsalltag ineinander. Zwangsläufig hieraus resultierende soziale Beziehungen sind sensibel und kompliziert. Hier kann fehlerhaft geübte Kritik wie ein Faustschlag wirken. Wird aber psychologisch einfühlsamer und weniger kritisiert, lassen sich Arbeitsziele durch eine größere Zufriedenheit der Mitarbeiter besser erreichen.

Das Rollenspiel kann als besonders gelungen betrachtet werden, wenn die Zuhörer den Eindruck erhalten, einem ruhigen Sachgespräch beigewohnt zu haben, dem nicht der Makel eines Stressgesprächs anhaftet.

Mit einer Kurzfassung der wesentlichen Merkpunkte zum Kritikgespräch erleichtern Sie den Teilnehmerinnen und Teilnehmern, sich künftig den Idealvorstellungen anzunähern.

Kritik- oder Korrekturgespräch

Weshalb?

- Führungs- und Erziehungsmittel
- Leistungen oder Verhalten sollen korrigiert werden
- Fehler sollen künftig ausgeschaltet werden

Häufige Fehler

- wiederholte Kritik
- Kritik wird an Dritte übertragen
- Kritik per Telefon oder E-Mail
- Kritik in Gegenwart Dritter
- Kritik bei Abwesenheit
- Kritik durch Übergehen
- verallgemeinernde Kritik
- ironische oder sarkastische Kritik
- persönliche Kritik
- autoritäre Kritik
- gesammelte Kritik

Zu empfehlender Gesprächsverlauf

1. Kontakt herstellen
2. Sachverhalt zweifelsfrei klären
3. Stellungnahme des Mitarbeiters erbitten
4. Diskussion über Ursachen und Folgen des kritisierten Verhaltens
5. künftiges Verhalten gemeinsam vereinbaren
6. Gespräch positiv abschließen

Rollenspiel 9: Aufschiebeverhalten bekämpfen

In Deutschland schätzt man den Anteil der Menschen, die Aufgaben oder Arbeiten nicht sofort erledigen, sondern aufschieben, auf 15 bis 20 Prozent. Dies ist Grund genug, dass sich Führungskräfte mit der Problematik des Aufschiebeverhaltens, des Handlungsaufschubs, der Erledigungsblockade auseinandersetzen.

Rollenspiel: Aufschiebeverhalten bekämpfen

Rolle der Vorgesetzten

Sie sind stolz darauf, als sehr verlässlicher Mensch zu gelten, der seine Aufgaben »mit Herzblut« erledigt und diese mit guten Ergebnissen stets rechtzeitig abschließt. Auch fällt es Ihnen nicht schwer, erforderliche Entscheidungen zügig zu treffen, die sich später meist als zutreffend erweisen. Ihr Mitarbeiter .... ist ein anderer Arbeitstyp. Er versteht es meisterhaft, Arbeiten so lange vor sich herzuschieben, bis es nicht mehr anders geht. Dies trifft vor allem auf von ihm zu fällende Entscheidungen zu. Sein Team ist häufig »ready to act« und wartet auf Entscheidungen, die dann im letzten Moment Hals über Kopf getroffen werden müssen. Bisher konnte der Mitarbeiter alle Termine gerade noch einhalten. Allerdings erledigte er diese Arbeiten auf den letzten Drücker im Hauruckverfahren mit verminderter Arbeitsqualität und gerade noch akzeptablen Ergebnissen.

Sie ermahnten Ihren Mitarbeiter schon mehrfach, sich intensiver in seine Berufstätigkeit einzubringen und statt der zumeist flüchtigen und relativ schwachen Arbeitsergebnisse mehr Qualität abzuliefern. Er versprach stets Besserung, allerdings ließ er diesen Zusicherungen keine Taten folgen. So versichert er bei Zwischenkontrollen: »Ich schaffe das schon«, »Machen Sie sich keine Sorgen, das geht schon klar« – aber es geht weiter im bisherigen Schlendrian.

Heute präsentierte Ihr Mitarbeiter firmenintern das Konzept einer Werbekampagne für einen schwierigen Kunden. Nach kurzer Zeit machte sich bei Ihnen Enttäuschung breit, denn Sie erkannten sogleich, wie wenig durchdacht der Vorschlag war, dass er kaum Neues enthielt, dass dieses Konzept keinesfalls den Ansprüchen des Kunden genügen dürfte.

Sie sind sich sicher, dass der Mitarbeiter wesentlich bessere Arbeitsergebnisse erzielen könnte, wenn er sich gut motiviert sogleich an die Aufgabenerledigung machen würde. Mit seinem in Ihren Augen »unmöglichen« Arbeitsverhalten steht sich der Mitarbeiter selbst im Wege und sabotiert eine gute Aufgabenerledigung.

Rolle des Mitarbeiters

Sie vertreten folgende Auffassung: »Indem ich auf den letzten Drücker mit der Aufgabenerledigung beginne, setze ich mich bewusst unter Druck. Und diesen Druck benötige ich, um alle meine Ressourcen abzurufen, zur Hochform aufzulaufen und beste Ergebnisse zu erzielen. Würde ich 14 Tage früher mit der Aufgabe beginnen, könnte ich keinen sinnvollen Gedanken fassen.«

Ihre Vorgesetzte, Frau ...., wies Sie schon mehrfach darauf hin, früher mit der Aufgabenerledigung zu beginnen. Das mag zwar für ihre Person die richtige Vorgehensweise sein, Sie wollen sich aber nicht vorschreiben lassen, wann Sie mit einer Aufgabe starten. Hauptsache, Sie werden rechtzeitig fertig. Einem qualifizierten und mündigen Mitarbeiter – wie Sie es sind – sollte man den Freiraum lassen, über seine Arbeitsweise selbst zu entscheiden.

Sie haben auch die Erfahrung gemacht, dass sich Arbeiten manchmal durch längeres Liegenlassen (»Abwarten und Tee trinken«) von selbst erledigen. Für den Papierkorb wollen Sie nicht arbeiten. Das trifft auch auf Entscheidungen zu. Weshalb sollten Sie vorpreschen? Gut Ding will Weile haben. Jede Entscheidung muss gut durchdacht, und sämtliche Konsequenzen müssen ins Auge gefasst werden. Mit Ihnen gibt es keine Schnellschüsse.

Bisher erledigten Sie alle Aufträge termingerecht, auch wenn Sie manchmal eine Nachtschicht einlegen mussten. Es hat doch immer alles geklappt, weshalb also diese Aufregung bei der Chefin?

Sie können Ihre Teilnehmer auf das Thema einstimmen, indem Sie dazu die folgende Folie zeigen:

Mach es fertig, bevor es dich fertigmacht!

Also: Wenn nicht jetzt, wann dann?

Aber nicht: Morgen werde ich es ändern, gestern wollte ich es heute schon.

Schutzbehauptungen sind kontraproduktiv

Mit der im Rollenspiel vom Mitarbeiter praktizierten Last-Minute-Aufgabenerledigung darf sich eine Führungskraft nicht abspeisen lassen. Schließlich trägt sie die Verantwortung, dass in ihrem Zuständigkeitsbereich die Arbeiten mit guten Ergebnissen erledigt werden. Mit seinem Verhalten stellt der Mitarbeiter dies jedoch infrage. Der Führungskraft bleibt daher keine andere Wahl, als ständig eine termintreue und zeitnahe Arbeitserledigung konsequent einzufordern, bis schließlich der Mitarbeiter seine Arbeitsweise umgestellt hat.

Startet der Mitarbeiter mit einer Aufgabe im letzten Moment, geht er das Risiko ein, bei Eintritt unvorhergesehener Ereignisse das Ziel nicht mehr rechtzeitig zu erreichen. Manche Situationen lassen sich eben nicht einkalkulieren:

- Durch eine Computerpanne ist der Zugriff auf wichtige Daten nicht möglich.
- Die Druckerpatrone ist leer, und Ersatz steht erst einige Zeit später zur Verfügung.
- Ein als Zuarbeiter vorgesehener Mitarbeiter fällt aus.
- Ohne Vorwarnung stellt sich eine Magen-Darm-Grippe ein und macht den Mitarbeiter arbeitsunfähig.
- Der Mitarbeiter muss sich intensiv um einen ins Krankenhaus eingelieferten nahen Angehörigen kümmern.

Durch das Aufschieben fehlt ein Zeitpuffer, um Unvorhergesehenes ausgleichen zu können. Der Aufschieber begibt sich auf dünnes Eis, denn Murphys Gesetz besagt: Alles was schiefgehen kann, wird schiefgehen.

In eher seltenen Fällen kann das Aufschieben positive Auswirkungen haben: Manchmal schützt es vor übereilten Handlungen oder voreiligen Entscheidungen. Auch erledigen sich – allerdings eher selten – Arbeiten durch Liegenlassen von selbst. Diese Erkenntnis wird aber häufig von Aufschiebern in den Vordergrund gestellt und löst eine Aufschieberitis nach dem Motto aus: »Bevor ich überhaupt einen Finger krümme, warte ich erst einmal ab, ob ich mir nicht die ganze Arbeit sparen kann. Und wer weiß, ob ich nicht morgen sterbe? Dann ist das Zeug halt liegen geblieben, und ich habe mir die Arbeit gespart. Im Jenseits fragt mich niemand, ob ich alles pünktlich erledigt habe.« Mit dieser Haltung ist das Risiko groß, dass sich die Hoffnung des Aufschiebers nicht erfüllt und er schließlich in große terminliche Bedrängnis gerät.

Plötzlich ist morgen jetzt! Ein Kraftakt muss her, um im letzten Moment doch noch Ergebnisse liefern zu können. Bei diesem Feuerwehreinsatz kommt es zu einem unnötigen Nervenverschleiß, Hektik tritt ein, und man ist sogar bereit, Überstunden zu leisten oder am Wochenende zu arbeiten. Oft genug werden dann gerade noch ausreichende Leistungen abgeliefert, mit denen niemand so richtig zufrieden sein kann. Ausreichende Leistungen reichen uns üblicherweise nicht aus – wir wollen zumindest gute Arbeit leisten, um uns an unseren Leistungen zu erfreuen.

Eine weitere Erkenntnis sollte zu denken geben: Wer flüchtig arbeitet, arbeitet in der Regel immer zweimal! Denn mit den lästigen Nachbesserungen (falls dafür überhaupt noch Zeit zur Verfügung steht) geht ein verschwenderischer Umgang mit wichtigen Ressourcen (Zeit, Nerven, Geld, Materialien) einher!

Der Mitarbeiter, der den durch Eilbedürftigkeit entstehenden Kick zum Starten zu benötigen glaubt, sollte sich von der Vorstellung verabschieden, erst bei einem späten Start sein vorhandenes Potenzial ausschöpfen zu können. Denn wer früher mit einer Arbeit beginnt, erzielt bessere Ergebnisse, als wenn er in der letzten Minute alles geben muss.

Für diese Erkenntnis sind zwei Gründe bedeutungsvoll: Derjenige, der zu Erledigendes aufschiebt, steht letztendlich unter Zeitdruck und benötigt höchste Konzentration. Diese lässt sich bedauerlicherweise aber nicht für eine wichtige und eine längere Zeitspanne umfassende Arbeit konservieren. Wie aus der folgenden Grafik erkennbar wird, ist höchste Konzentration nur für eine kurze Zeit möglich.

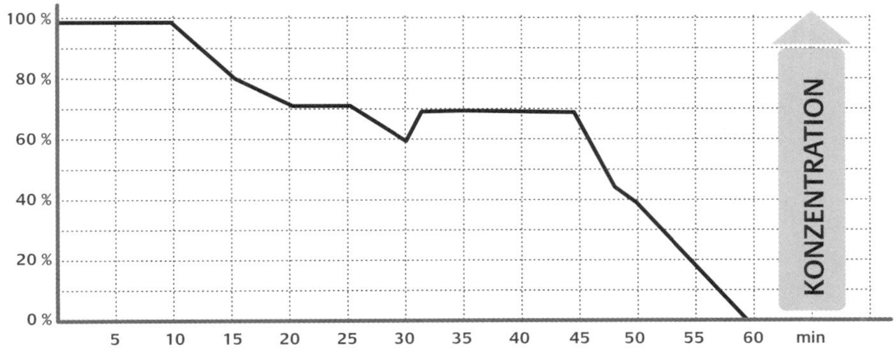

Soll über mehrere Stunden konzentriert und zügig gearbeitet werden, schaltet der menschliche Organismus nach einiger Zeit auf Sparflamme um und verschafft sich inoffizielle Pausen – etwa durch eine Raucherpause, umständliches Suchen, längere Blicke aus dem Fenster, Tagträumereien. Hierdurch gerät der Zeitplan in Verzug, und die Zeit läuft gnadenlos und unaufhaltbar davon.

Die Zonen der Arbeitsbelastung

Durch die nachlassende Konzentration werden Arbeitsergebnisse stärker fehlerbehaftet und ineffizient.

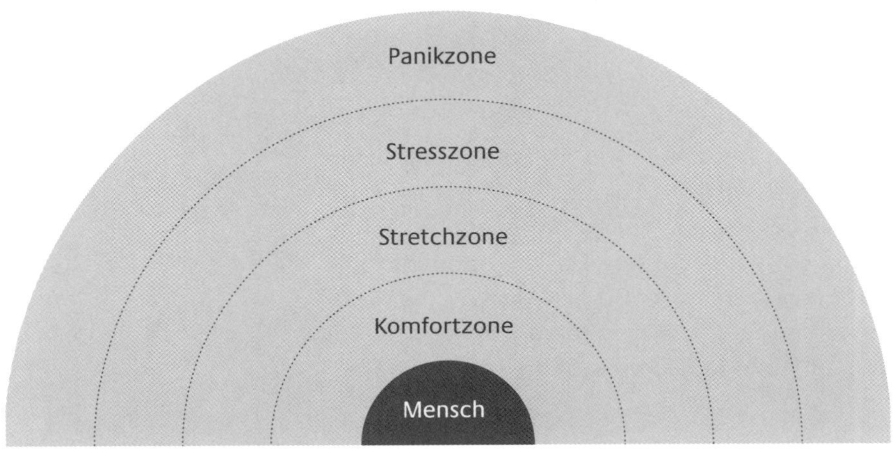

Die Arbeitsbelastung lässt sich vier Zonen zuordnen:

- **Komfortzone** Hier ist das normale Business as usual angesagt. Unser Organismus kann sich ohne besondere Belastungsfaktoren der Aufgabenerledigung widmen.
- **Stretchzone** Gelegentliche Arbeitsspitzen oder besondere Situationen zwingen dazu, vorübergehend die Routine zu verlassen. Das ist zwar unbequem, lässt sich aber ertragen.
- **Stresszone** Werden Stressfaktoren (zum Beispiel Zeitmangel, beruflicher Druck) zu ständigen Arbeitsbegleitern und finden wir durch ausbleibende Phasen der Entspannung nicht mehr zu unserem Gleichgewicht zurück, leiden wir unter negativem Stress (Disstress). Wir fühlen uns ständig gefordert, kommen kaum mehr zum Durchatmen, können nicht mehr abschalten und schaffen trotz verstärkter Bemühungen weniger Arbeit.
- **Panikzone** Der Schritt von der Stress- in die Panikzone ist fließend. Die Grenzen der Belastbarkeit werden permanent überschritten. Unser Körper reagiert panisch auf die Überforderung: Kreislaufprobleme, Erhöhung des Infarktrisikos, Anfälligkeit gegenüber Infektionskrankheiten, Magen- und Darmprobleme und vieles andere mehr.

Mit dem Aufschieben von Aufgaben wird eine hausgemachte Stresssituation erzeugt. Somit nimmt der Aufschieber in Kauf, sich auf den Weg in die Panikzone zu begeben, die niemandem physisch und psychisch gut bekommt.

Das Yerkes-Dodson-Gesetz

Vor über 100 Jahren wurde das Yerkes-Dodson-Gesetz formuliert, das heute als allgemeingültige Regel akzeptiert wird. Es besagt, dass die menschliche Leistung bei einer mittleren Erregung die besten Werte erzielt, bei zu geringer und zu hoher Erregung die schlechtesten. Um die optimale Leistungsfähigkeit ausnutzen zu können, wäre eine mittlere Aktivierung (= ein bisschen Druck, um wach zu werden und in Schwung zu kommen) zu begrüßen. Je stärker der Druck steigt, desto rapider nimmt die Leistungsfähigkeit ab.

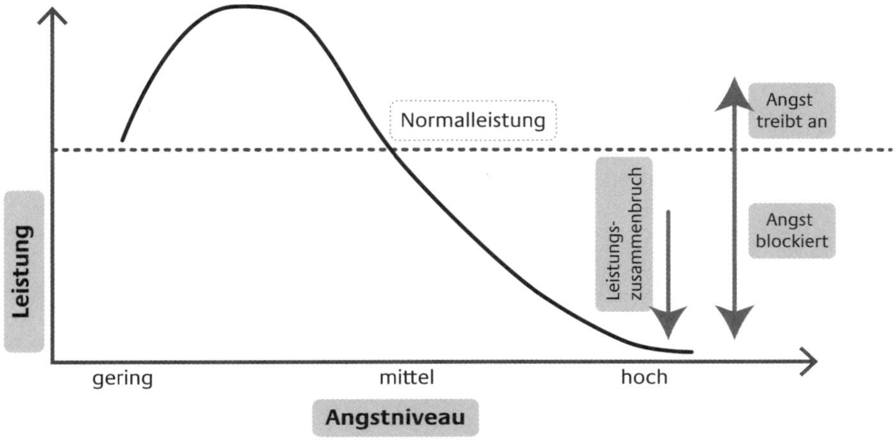

Nach diesen Informationen erweist es sich als Irrglaube, dass durch Aufschieben bestmögliche Arbeitsergebnisse bei größtmöglicher Leistungsfähigkeit erreicht werden. Tatsächlich häufen sich bei diesem »Gasgeben« die Fehler, und die Stresskurve erreicht unnatürliche Höhen.

Eindeutig und konstruktiv Feedback geben

Zurück zum Rollenspiel: Die Vorgesetzte übte bereits in der Vergangenheit mehrfach Kritik, die erwartete Veränderung trat nicht ein. Jetzt bleibt der Vorgesetzten keine andere Wahl, als dem Mitarbeiter ein eindeutiges Feedback über sein Leistungsverhalten zu geben. Dieses Feedback besteht aus den folgenden drei Teilen:

- **Teil 1** Sachverhalt = Was ist geschehen?
- **Teil 2** Beschreibung eigener Gefühle = Die Vorgesetzte bringt sich ein.
- **Teil 3** Blick in die Zukunft = Wie geht es weiter?

Teil 1: Sachverhalt = Was ist geschehen? Die Vorgesetzte beginnt mit einer konkreten Situationsbeschreibung, die sachlich nachprüfbar ist. Mit der Darstellung des Sachverhalts kommt sie sogleich auf den Punkt.

Teil 2: Beschreibung eigener Gefühle = Die Vorgesetzte bringt sich ein. Mit der Beschreibung ihrer Gefühle offenbart die Führungskraft, wie sie innerlich auf den dargestellten Sachverhalt reagiert. Mit dieser subjektiven Stellungnahme exponiert sie sich als Person. Daher verzichten in der Praxis viele Vorgesetzte gern darauf, weil sie sich lieber bedeckt halten möchten. Dennoch sollte keinesfalls die Mitteilung eigener Gefühle vernachlässigt werden.

In dem folgenden Beispiel sowie in der vorgesehenen Übung wird zu erkennen sein, dass erst durch den zweiten Teil die gesamte Aussage authentisch, lebendig und beeindruckend wird.

Teil 3: Blick in die Zukunft = Wie geht es weiter? Hier stellt die Vorgesetzte dar, wie es zukünftig weitergehen soll. Wenn es die Situation zulässt, sollte erörtert werden, wie für die Zukunft eine Verbesserung herbeigeführt werden kann.

Die Kurzformel für ein dreiteiliges eindeutiges Feedback lautet: Was bewirkt bei mir was und wie kann es weitergehen?

Beispiel für ein eindeutiges Feedback:

- Teil 1: »Sie haben bereits dreimal zugesagt, Ihre Aufträge früher und sorgfältiger abzuarbeiten. Aber bei Ihrer heutigen Präsentation war unzweifelhaft erkennbar, dass Sie alles wieder mit heißer Nadel gestrickt haben.«
- Teil 2: »Ich empfinde es als respektlos, dass Sie meine ernst gemeinten Empfehlungen in den Wind schlagen. Es ärgert mich sehr. Wie oft soll ich noch mit Ihnen über dieses Fehlverhalten sprechen? Da rede ich mir den Mund fusselig und nichts passiert. Ich bin richtig sauer!«
- Teil 3: »Künftig werde ich dieses Arbeitsverhalten nicht mehr tolerieren. Ich tue es ungern, aber Sie lassen mir keine andere Wahl. Wenn noch einmal auf den letzten Drücker eine schwache Leistung von Ihnen abgeliefert wird, müssen Sie mit einer Abmahnung rechnen.«

Apropos Hinweis auf eine Abmahnung: Wer Konsequenzen für den Fall androht, dass der andere sein Verhalten nicht ändert, muss auch willens und in der Lage sein, die Konsequenzen wahr zu machen. Bleiben die Konsequenzen aus, untergräbt die Führungskraft ihre eigene Position und wird nicht mehr ernst genommen.

Vielen Seminarteilnehmern ist dieses dreiteilige Feedback nicht bekannt. Sie sollten daher den Auftrag erhalten, ihre Formulierungen auf dem Arbeitsbogen in direkter Rede einzutragen. Bei der Auswertung werden die Ergebnisse einiger Teilnehmer vorgelesen, und es wird analysiert, ob die drei Teile zu erkennen sind.

Arbeitsbogen: Eindeutiges Feedback

Situation	Beschreibung des Verhaltens	Eigene Gefühle	Wie soll es weitergehen?
Ein Mitarbeiter soll bis Freitag eine statistische Auswertung erarbeiten, die Sie für einen Vortrag vor der Geschäftsleitung am folgenden Montag benötigen. Nach einer kurzfristig durchgeführten Dienstreise kommen Sie Freitagabend ins Büro – was fehlt, ist die Statistik …			
Nachdem Sie einen Mitarbeiter schon mehrfach ermahnt hatten, Sicherheitsschuhe zu tragen, stellen Sie fest, dass er sie auch heute nicht trägt.			
Obwohl mehrere Kollegen die Ausbilderberechtigung besitzen, werden nur Ihnen die Auszubildenden zugeteilt. Die Ausbildung nimmt viel Zeit in Anspruch, sodass Sie mit Ihrer eigentlichen Arbeit ins Hintertreffen geraten. Das belastet Sie, Sie fühlen sich ein wenig ausgebrannt. Sie wollen, dass sich etwas ändert, und sprechen Ihren Chef an …			

Führungsaufgabe »Entscheiden«

Bei der Auswertung dieses Rollenspiels kann die Führungsaufgabe »Entscheiden« thematisiert werden. Nach seiner Rolle übt der Mitarbeiter beim Entscheiden vornehme Zurückhaltung.

Wer kennt nicht die in Glossen, Comics und Witzen charakterisierten entscheidungsschwachen Menschen, die sich einen bekannten Ausspruch von Karl Valentin auf die Fahne geheftet haben?

Der entscheidungsschwache »langsame Brüter«

»Mögen hätt ich schon wollen, aber dürfen hab ich mich nicht getraut!«
(Karl Valentin)

Mit dem Hinausschieben von Entscheidungen rauben sich diese »langsamen Brüter« nicht nur selbst Energie, sondern bereiten sich zusätzlich noch schlaflose Nächte. Es mag im Einzelfall richtig sein, eine Entscheidung überschlafen zu wollen. Wer dies jedoch übertreibt, hat möglicherweise mit Albträumen zu kämpfen und verschläft gar die Entscheidung. Hinzu kommt, dass diese ewigen Zauderer durch ihre Entscheidungsschwäche die Arbeit behindern, denn das gesamte Team verharrt in Agonie und wartet und wartet. Wird dann endlich – nach einer längeren Phase des Stillstands, nach vielem Grübeln und unter großen Bauchschmerzen – eine Entscheidung getroffen, kann es geschehen, dass der Zug schon längst abgefahren ist.

Was ist der vorrangige Grund für Entscheidungsschwäche? – Da jede Entscheidung in die Zukunft wirkt und von daher immer mit einem Risikofaktor behaftet ist, werden bisweilen Entscheidungen nicht oder nur sehr zögerlich getroffen. Eine Garantie, das Richtige zu entscheiden, gibt es nicht. Genauso wenig wie die Gewissheit, dass nur eine einzige perfekte Lösung existiert. Entscheidungen zu treffen bedeutet auch, häufig zu experimentieren, was durchaus Fehlentscheidungen zur Folge haben kann.

»Es ist besser, unvollständige Entscheidungen durchzuführen, als ständig nach vollkommenen Entscheidungen zu suchen, die es niemals geben wird.« *(Charles de Gaulle)*

Wer jede Entscheidung zu schwernimmt, kommt zu keiner Entscheidung! Gehen Menschen Entscheidungen aus dem Weg, laden sie sich zusätzliche Schwierigkeiten auf. Vielfach gilt: Große Probleme waren einmal kleine Probleme, die nicht rechtzeitig angepackt, nicht ernst genommen und beiseitegeschoben oder verdrängt wurden. Spätestens dieser Gesichtspunkt sollte Zauderer animieren, schneller (aber nicht voreiliger) und häufiger zu entscheiden.

Sicherlich wäre es sträflich, Entscheidungen Hals über Kopf zu treffen und als entscheidungswütiger Psychopath für ständige Aufregung und Ärgernisse zu sorgen. Der Entscheider steht in der Pflicht, auf der Grundlage vorliegender Sachinformationen verschiedene Alternativen zu erarbeiten sowie mögliche Risiken und Konsequenzen zu bedenken. Dabei wird eine Entscheidung umso leichter fallen, je geringer das Ausmaß an Unsicherheit ist. Oder anders herum: Eine Entscheidung fällt umso schwerer, je weniger relevante Informationen vorliegen und ausgewertet werden können. Deshalb kann es sehr sinnvoll sein, das Potenzial anderer Personen einzubeziehen und für die Entscheidung nach dem Laserstrahlprinzip zu nutzen: Bündelung der Energien! Im Volksmund heißt es mit gutem Recht »Vier Augen sehen mehr als zwei« und »Keiner weiß so viel wie wir alle zusammen«. Auch auf die »Abtregel« aus dem Rollenspiel 3 (s. S. 70) kann hingewiesen werden.

Welche Ergebnisse lassen sich nach getroffener Entscheidung feststellen?

Die Entscheidung erweist sich in der rückblickenden Bewertung als richtig Dass der Entscheider anschließend nicht nur mit stolzgeschwellter Brust herumläuft, sondern den im Vorfeld der Entscheidung beteiligten von ihm einbezogenen Personen eine positive Rückmeldung gibt, sollte selbstverständlich sein.

Die Entscheidung erweist sich in der rückblickenden Bewertung als falsch oder fehlerhaft Dies mag zwar im ersten Moment ärgerlich sein. Dennoch geht davon die Welt nicht unter, sodass der Fauxpas gelassen hingenommen werden sollte. Diese auf den ersten Blick negative Situation enthält einen positiven Aspekt: Immerhin kann der Entscheider aus diesem Dilemma lernen und den erkannten Fehler künftig vermeiden. Auch sollte bedacht werden, dass sich die eine oder andere Fehlentscheidung nachträglich noch revidieren lässt.

Beide Varianten sind besser, als zu versuchen, sich vor Entscheidungen zu drücken. Denn drückt sich jemand vor einer Entscheidung, entscheiden andere Menschen! In diesem Fall sind dem Entscheidungsvermeider oder -verweigerer Einflussmöglichkeiten entzogen, er kann nur noch reagieren.

»Wenn du eine Entscheidung treffen musst und du triffst sie nicht, ist das auch eine Entscheidung.«
(William James)

Wir müssen damit leben, dass unsere Entscheidungen zu einem späteren Zeitpunkt kritisch gewürdigt werden. Kritiker haben schließlich ein leichtes Spiel: Sie können die früher getroffene Entscheidung mit der Realität abgleichen und dann lauthals über zweifel- oder fehlerhafte Entscheidungen lamentieren. Nach Dwight D. Eisenhower ist die spätere Jagd nach Sündenböcken von allen Jagdarten die einfachste.

Demgegenüber bedarf es – auch nach Einbeziehung des Know-hows anderer Personen – des Muts, ein Risiko auf sich zu nehmen und eine in die Zukunft weisende Entscheidung mit dem Wissen der Gegenwart zügig zu treffen.

Beim Entscheiden ist zu beachten:

Keine einsamen Entscheidungen! Selbst bei großer Entscheidungsfreudigkeit sind einsame Entscheidungen im »stillen Kämmerlein« nicht zu empfehlen. Wenn nötig, sollte stets das vorhandene fachliche Know-how Dritter genutzt werden.

Keine Entscheidungen nur aus dem Bauch heraus! Tatsache ist, dass Entscheidungen eher selten aufgrund von Fakten, dafür aber häufiger aufgrund von Emotionen getroffen werden. Selbst Menschen mit ausgeprägter analytischer Vorgehensweise lassen bei ihren Entscheidungen oft genug ihren Gefühlen den Vorrang.

Nach dem »Eisbergmodell« wird etwa ein Siebtel der Entscheidungen vom Verstand gesteuert, während sechs Siebtel von Emotionen gelenkt werden (s. S. 301 f.). Der bewusste Verstand spielt also bei uns nur eine untergeordnete Rolle.

Nur auf der emotionalen Schiene getroffene Entscheidungen erweisen sich in vielen Fällen als fehlerhaft oder falsch. Gefühlsorientierte Ad-hoc-Entscheidungen sind vielfach nachträglich nur unter Schwierigkeiten sachlich zu rechtfertigen oder werden später gar unter Missachtung einer regelmäßig anzustrebenden Kontinuität nach dem Motto »Was schert mich mein Geschwätz von gestern?« über den Haufen geworfen.

»Das Herz hat seine Gründe, welche die Vernunft nicht kennt.« *(Blaise Pascal)*

Entscheidungsprozesse strukturieren! Niemand ist vor unbemerkt in den Entscheidungsprozess einfließenden Gefühlen immun. Um Entscheidungsprozesse von überwiegend emotionalen Erwägungen freizuhalten, sollten sie auf einen rationalen Prozess zurückgeführt werden, der durch das Abwägen der Vor- und Nachteile sämtlicher zu erwartender Folgen der verschiedenen Handlungsalternativen gekennzeichnet ist. Der Entscheider kann sich verschiedener Vorbereitungs- und Entscheidungstechniken (zum Beispiel

Prognosetechniken, Brainstorming, Synektik, Entscheidungsbaumtechnik, Balken-, Block- oder Flussdiagramme, Entscheidungstabellen oder -matrix, Nutzwertanalyse, Netzplantechnik, mathematische Lösungswege) bedienen.

Beschränken wir uns hier auf die einzelnen Schritte des Entscheidungsprozesses.

Schritte des Entscheidungsprozesses

Problemanalyse

- Was ist das Problemfeld?
- Wer ist daran beteiligt?
- Welche Interessen verfolgen die Beteiligten?
- Gibt es Interessenkonflikte?
- Wie kam es zu dem Problem?
- Was ist vorgefallen?
- Wo passierte es?
- Wann ereignete es sich?
- Welches Ausmaß liegt vor?

Zielformulierung

- Welche Ziele sollen angesteuert werden?
- Welcher Zielerreichungsgrad soll angestrebt werden?
- Welche Zielhorizonte lassen sich formulieren?

Handlungsalternativen

- Was kann sonst noch getan werden?
- Welche Lösungsmöglichkeiten gibt es?

Bewertungsphase

- Welche ist die relativ beste Lösung?
- Welche Auswirkungen hat sie?
- Stellen sich negative Folgen ein?
- Wie ist der Ressourcenverbrauch?
- Wie sieht die Zielerreichung aus?

Entscheidung und Umsetzung

- Wie sieht die eigentliche Entscheidung aus?
- Wie soll nach konkreter Entscheidung vorgegangen werden?
- Welche Handlungsprogramme oder Aktionspläne sollen realisiert werden?
- Welcher Zeithorizont ist einzuplanen?

Ergebnis
- Wurde das Ziel erreicht?
- Ist eine Prozessanalyse erforderlich (spätere Untersuchung über die Funktionsfähigkeit der Entscheidung und die Einhaltung getroffener Absprachen)?
- Sind Korrekturen erforderlich, wenn bestimmte Situationen falsch eingeschätzt wurden?

Der Entscheider wird regelmäßig hinter seiner Entscheidung stehen (s. S. 256)!

Weger der besonderen Bedeutung der Führungsaufgabe »Entscheiden«, sollten die Seminarteilnehmer die wesentlichen Merkpunkte nachlesen können.

Keine Angst vor Entscheidungen!

1. **Keine einsamen Entscheidungen treffen!**

2. **Keine Entscheidungen nur aus dem Bauch heraus!**

3. **Entscheidungsprozesse strukturieren!**
   - **Problemanalyse**
     Problemfeld? Beteiligte? Interessen der Beteiligten? Interessenkonflikte? Wie kam es zu dem Problem? Was ist vorgefallen? Wo passierte es? Wann ereignete es sich? Welches Ausmaß liegt vor?
   - **Zielformulierung**
     Welche Ziele? Welcher Zielerreichungsgrad? Welche Zielhorizonte?
   - **Handlungsalternativen**
     Was kann getan werden? Welche Lösungsmöglichkeiten gibt es?
   - **Bewertungsphase**
     Welche ist die relativ richtige Lösung? Welche Auswirkungen? Negative Folgen? Ressourcenverbrauch? Zielerreichung?
   - **Entscheidung und Umsetzung**
     Wie sieht die eigentliche Entscheidung aus? Wie nach konkreter Entscheidung vorgehen? Welche Handlungsprogramme oder Aktionspläne? Welcher Zeithorizont?
   - **Ergebnis**
     Wurde das Ziel erreicht? Prozessanalyse oder Korrektur erforderlich?

4. **Hinter Ihren Entscheidungen stehen!**

Einem kooperativ führenden Vorgesetzten wird es vermutlich nicht zusagen, einen Mitarbeiter an einem sehr kurzen Zügel zu führen. Aber der Aufschieber lässt ihm keine andere Wahl. Statt sich auf Beteuerungen auf baldiges Handeln und Besserung (»Ich werde das gleich erledigen ...«, »Ich bemühe mich doch ...«, »Sie können sich auf mich verlassen, ich kriege das schon hin ...«) zu verlassen, werden stets eindeutige Erledigungstermine vereinbart, die der Vorgesetzte intensiv überwacht. Sind Zwischenschritte vorgesehen, werden zeitnahe konkrete Fristen festgelegt, deren Einhaltung der Vorgesetzte ausnahmslos – fast schon penetrant – kontrolliert. Bei der Festlegung von Deadlines werden vorsorglich Zeitpolster eingeplant, damit die trotz allem nicht immer vermeidbare Phase des Aufschiebens aufgefangen werden kann.

Indem der Vorgesetzte Erledigungstermine bestimmt und überwacht, zwingt er den Mitarbeiter, seine Aufgaben pünktlich zu erledigen. Werden terminierte Arbeiten vom Mitarbeiter dennoch nicht rechtzeitig beendet und zeigt dieser sich gegen wohlmeinende Hinweise resistent, muss der Vorgesetzte bereit sein, mit härteren Bandagen eine Verhaltensänderung zu bewirken.

Rollenspiel 10: Rückkehrgespräch führen

Vor etwa 35 Jahren wurden Rückkehrgespräche (Krankenrückkehrgespräche, Fehlzeitengespräche) eingeführt, um die erheblichen Personalkosten für erkranktes Personal abzubauen und mit dieser Kostenreduzierung die Wettbewerbsfähigkeit der Unternehmen zu stärken. Auch sollten nach dem Gespräch einsetzende Bemühungen der Arbeitgeberseite zur Verringerung der krankheitsbedingten Abwesenheit mit dem Mitarbeiter erörtert werden und seine Interessenlage berücksichtigen. Vor allem sollte eine heilsame Wirkung auf solche Mitarbeiter erzielt werden, die sich als Simulanten mittels des »gelben Scheins« lediglich wegen motivationsbedingter Unlust (Blaumachen) hin und wieder bezahlte »Auszeiten« verschafften.

Tatsächlich gingen die Zahlen von ihrem ursprünglich sehr hohen Niveau zurück. Aus dem aktuellen Bericht des Instituts für Arbeitsmarkt- und Berufsforschung geht hervor, dass im Jahr 2012 im Schnitt 1,33 Millionen Beschäftigte wegen einer Erkrankung nicht zur Arbeit kamen, während es ein Jahr zuvor noch 1,38 Millionen waren.

Vielfältige Auslöser können zu einer Arbeitsunfähigkeit führen.

Fehlzeiten

Arbeitsplatzunabhängige Erkrankungen
Infektionserkrankungen, chronische Leiden, Suchterkrankungen, Allergien und Ähnliches

Arbeitsplatzabhängige Erkrankungen
Arbeitsunfall, Berufskrankheiten, physische Arbeitsplatzbedingungen (Luft, Lärm, Arbeitsstoffe), psychische Arbeitsbedingungen (zum Beispiel Mobbing), ergonomisch unzureichend ausgestatteter Arbeitsplatz und anderes mehr

Abwesenheit vom Arbeitsplatz aufgrund besonderer Einstellungen, Motivation
Arbeitsinhalt, Führungsstil, Konjunktur, Persönlichkeitsstruktur, familiäre Verhältnisse, Schwangerschaft, Arbeitsweg, Nebentätigkeit

Um erkennbar zu machen, warum welche Fehlzeiten entstehen und was zu deren Verringerung veranlasst werden kann, bieten sich vom direkten Vorgesetzten durchzuführende Rückkehrgespräche an. Dabei ist heute die wirtschaftliche Belastung durch Fehlzeiten in den Hintergrund getreten, dafür stehen drei andere Gesichtspunkte im Brennpunkt:

- Erkennen von betrieblichen Gründen, die Fehlzeiten begünstigen, wobei nicht nur arbeitsorganisatorische Aspekte, sondern auch belastendes Verhalten von Vorgesetzten und Kollegen bedeutungsvoll sind.
- Rückkehrgespräche als Mittel einer beratenden, fürsorglichen und gesundheitsgerechten Personalführung, die sich positiv auf Arbeitsklima und Arbeitszufriedenheit auswirken soll und aus diesem Blickwinkel als Dienstleistung für den Mitarbeiter zu betrachten ist. Bereits das Gesprächsangebot des Vorgesetzten kann motivierend wirken, weil der Mitarbeiter erkennt, dass seine Person und sein Wohlergehen im Vordergrund stehen.
- Mit der demografischen Entwicklung in Deutschland geht eine Verlängerung der Lebensarbeitszeit einher. Die Betriebe müssen prophylaktisch die Gesunderhaltung des Personals im Auge behalten. So wird sich die betriebliche Gesundheitsförderung (von Fitnessprogrammen über Sportmöglichkeiten bis zur Raucherentwöhnung und Ernährungsberatung) verstärken.

Manche Kritiker befürchten, dass Arbeitgeber Rückkehrgespräche zum Ausspionieren ihrer Mitarbeiter nutzen, um sich eine Kündigungsgrundlage zu verschaffen. Stehen indes die vorstehenden Gesichtspunkte auf der Arbeitgeberseite im Vordergrund, nützen diese Gespräche auch den Mitarbeitern. Indem auf der Grundlage des Rückkehrgesprächs versucht wird, Krankheitsauslöser zu erkennen und durch geeignete Maßnahmen zu beseitigen, kommt der Arbeitgeber seiner gesetzlichen Fürsorgepflicht aus § 618 BGB nach.

Das folgende Rollenspiel thematisiert eine nicht ungewöhnliche Situation, mit der viele Vorgesetzte häufiger konfrontiert werden.

Rollenspiel: Rückkehrgespräch führen

Rolle des Vorgesetzten

Einer Ihrer Mitarbeiter war zwei Wochen krank, wobei Ihnen der Grund seiner Erkrankung nicht bekannt ist. Es bereitete Ihnen zunächst Probleme, die Arbeit dieses Mitarbeiters auf die Kollegen aufzuteilen. Mittlerweile läuft es aber zufriedenstellend.
Sie haben zu Ihren Mitarbeitern einen guten Kontakt, zumal alle gemeinsam in einem Großraumbüro untergebracht sind. Auch mit dem Rückkehrer pflegen Sie eine vertrauensvolle Zusammenarbeit.
Der Mitarbeiter meldet sich bei Ihnen zurück. Sie nutzen die Gelegenheit, um mit ihm ein Rückkehrgespräch zu führen.

Rolle des Mitarbeiters

Nach zweiwöchiger Erkrankung nehmen Sie Ihre Arbeit wieder auf. Bei Ihrer Rückmeldung spricht Sie Ihr Vorgesetzter an.
Direkte Fragen Ihres Vorgesetzten nach dem Grund der Erkrankung beantworten Sie sehr ausweichend oder lehnen eine Antwort ab. Sollte jedoch eine vertrauensvolle Atmosphäre aufgebaut werden, sprechen Sie über Ihre Erkrankung und über die Vorgeschichte.
Vor mehreren Monaten wurde Ihr Arbeitsplatz in ein Großraumbüro verlegt. In den vorhergehenden 30 Berufsjahren waren Sie zumeist in Einzelbüros untergebracht, gelegentlich auch einmal mit einem Kollegen zusammen in einem Raum. Sie fühlen sich in der neuen Arbeitsumgebung völlig unwohl:

- Trotz erkennbarer Schallisolierungsmaßnahmen herrscht ein ständiger, Sie störender Geräuschpegel.
- Sie fühlen sich rund um die Uhr beobachtet.
- Immer wieder sind verschiedenartige teilweise für Sie sehr unangenehme Klingeltöne von den Handys der Kollegen zu hören.
- Sie sind sehr zugempfindlich. Die Klimaanlage löst bei Ihnen häufige Erkältungen aus.
- Sie können von Ihrem Arbeitsplatz aus nicht mehr aus dem Fenster blicken und dabei frische Kräfte tanken. Das Gefühl des Eingesperrtseins hat sich von Tag zu Tag vergrößert.
- Als Lebensältester im Raum haben Sie manchmal den Eindruck, in einem Kindergarten zu sein. Um Sie herum herrschen Jubel, Trubel, Heiterkeit, was Sie von Ihrer Arbeit ablenkt und immer wieder zu ärgerlichen Fehlern führt.
- Insgesamt fühlen Sie eine ständige Stressbelastung.

Diese Situation hat Sie stark verunsichert, sodass Sie Schlaf- und Konzentrationsprobleme bekamen. Über diese Situation übten Sie bislang Stillschweigen im Büro. Offensichtlich haben sich die Kollegen schnell an die Atmosphäre in einem Großraumbüro gewöhnt – nur Sie scheinen früheren Zeiten nachzutrauern.
Zur psychischen Stabilisierung schrieb Ihr Hausarzt Sie zwei Wochen krank. Nun müssen Sie wieder an den ungeliebten Arbeitsplatz ins Großraumbüro zurück. Sie fürchten, dass die während der Arbeitsunfähigkeit aufgetankten Kräfte schnell wieder aufgebraucht werden.
Sie haben sich bereits Gedanken gemacht, wie das Problem zu lösen wäre: Gleich neben dem Großraumbüro gibt es einen kleinen Raum mit Aktenschränken. Diese könnten an einer Wand des Flurs aufgestellt werden, denn dieser ist so breit, dass die Aktenschränke keinerlei Behinderung darstellen würden. Der Raum ist zwar recht klein, würde aber Ihren Ansprüchen genügen. Da er sich in unmittelbarer Nähe des Großraumbüros befindet, wären Sie weiterhin in der Nähe der Kollegen. Endlich könnten Sie wieder motiviert mit neuem Elan Ihre Arbeit verrichten.

Die mit dem Rückkehrgespräch verbundenen Zielsetzungen können erst dann verfolgt werden, wenn der Grund der Erkrankung bekannt ist. Besteht zwischen dem Vorgesetzten und dem Mitarbeiter ein Vertrauensverhältnis, erfährt der Vorgesetzte regelmäßig die Krankheitsursache. Äußert sich der Mitarbeiter zum Krankheitsgrund aber nicht, tappt der Vorgesetzte zunächst im Dunkeln. Auch die vom Arzt ausgestellte Arbeitsunfähigkeitsbescheinigung sagt nichts über die Art der Erkrankung aus. Mancher Mitarbeiter verweigert entsprechende Informationen. Das ist durchaus korrekt, denn ein Zwang, sich zu outen, besteht nicht. Die Zurückhaltung des Mitarbeiters sollte den Vorgesetzten nicht entmutigen. Vielmehr wird er am Ball bleiben und versuchen, den Dingen im Gespräch auf den Grund zu gehen.

Der Vorgesetzte wird dem Mitarbeiter beispielsweise darlegen, dass der Betrieb erst dann Maßnahmen zur Situationsverbesserung ins Auge fassen kann, wenn bekannt ist, um was es sich handelt. Nur so kann ein erneutes Auftreten der Krankheit vermieden werden. Appelle an die Vertraulichkeit des Gesprächs sowie die bisherige vertrauensvolle Zusammenarbeit können zudem folgen. Dem Mitarbeiter soll bewusst werden, dass der Vorgesetzte ihm helfen und ihn unterstützen will.

Möglicherweise könnte der Mitarbeiter durch eine längere vom Vorgesetzten beabsichtigte Pause im Gespräch doch noch zu einer Reaktion veranlasst werden. Manche Menschen ertragen Gesprächspausen nur sehr schwer.

Tut sich plötzlich Stille auf, füllen sie diese Phase mit eigenen Aussagen, die eine Gesprächsfortsetzung ermöglichen.

Gibt der Mitarbeiter dennoch keinerlei Auskünfte, kann er nicht mit der Unterstützung und verständnisvollen Betreuung des Vorgesetzten rechnen, dem keine Anhaltspunkte zur Verfügung stehen.

Die folgende Vorlage sollte den Teilnehmern als Handreichung zur Verfügung gestellt werden. Vor allem unerfahrenen Vorgesetzten können die Hinweise zum Gesprächsverlauf gute Dienste leisten.

Rückkehrgespräch

Ziele

- Erkennen betrieblicher Gründe, die Fehlzeiten begünstigen, wobei nicht nur arbeitsorganisatorische Aspekte, sondern auch belastendes Verhalten von Vorgesetzten und Kollegen bedeutungsvoll sind.
- Rückkehrgespräche als Mittel einer beratenden, fürsorglichen und gesundheitsgerechten Personalführung. Es soll sich positiv auf Arbeitsklima und Arbeitszufriedenheit auswirken und aus diesem Blickwinkel als Dienstleistung für den Mitarbeiter verstanden werden.
- Senkung von Fehlzeiten infolge Krankheit und damit Reduzierung der Personalkosten.
- Heilsame Wirkung auf solche Mitarbeiter, die möglicherweise eine krankheitsbedingte Abwesenheit lediglich wegen motivationsbedingter Unlust vorschieben.

Gesprächsverlauf

- Positiver Gesprächseinstieg: Dem Mitarbeiter wird gesagt, dass man sich über seine Rückkehr freut, dass man ihn wirklich vermisst hat, dass es jetzt hoffentlich wieder gut vorangeht.
- Informationen geben:
  - Wie wurde seine Arbeit während seiner Abwesenheit erledigt?
  - Welche betrieblichen Probleme ergaben sich während der Erkrankung (zum Beispiel Terminprobleme bei der Aufgabenerledigung, zusätzliche Kosten durch Aushilfen oder Überstunden)?
  - Welche negativen Auswirkungen hatte die Abwesenheit auf andere Betriebsangehörige (zum Beispiel Vertretung, Mehrbelastung)?
  - Welche Veränderungen/Neuigkeiten im Betrieb müssen dem Mitarbeiter mitgeteilt werden?
- Erörterung der Fehlzeitursachen, insbesondere im Arbeitsumfeld liegende Gründe:
  - Falls hier kritische Aussagen erforderlich werden, sind diese sachbezogen, keinesfalls personenbezogen zu formulieren.

- Welcher Grund lag für die Fehlzeit vor?
- Ist der Mitarbeiter wieder voll einsatzfähig?
- Ist eine ärztliche Einschränkung zu beachten?
- Haben betriebliche Gründe zur Erkrankung beigetragen, Mitarbeiter ermutigen, eigene Problemlösungsvorschläge zu entwickeln und Verbesserungsvorschläge vorzutragen.

■ Aus den möglichen Problemlösungsansätzen diejenigen gemeinsam auswählen, welche in die Tat umgesetzt werden sollen.
  - Achtung: Sonderregelungen für einen Mitarbeiter können sich als sehr problematisch erweisen!
  - Vorgesehenes zweifelsfrei vereinbaren und schriftlich dokumentieren.
  - Hinweis, dass der Mitarbeiter vom Vorgesetzten weiterhin aufmerksam beraten und betreut wird.

■ Positiver Gesprächsabschluss.

Sollen Rückkehrgespräche im Unternehmen systematisch durchgeführt werden, unterliegen entsprechende Regelungen nach § 87 Abs. 1 Nr. 1 des Betriebsverfassungsgesetzes der Mitbestimmung des Betriebsrats (im öffentlichen Dienst dem Personalrat nach den Personalvertretungsgesetzen). In vielen Firmen wurden hierzu Betriebsvereinbarungen geschlossen, die auch die Dokumentation von Rückkehrgesprächen regeln. Ein Muster der Dokumentation kann als Hintergrundinformation dienen.

Dokumentation von Rückkehrgesprächen

Mitarbeiter	Vorgesetzter bzw. Gesprächspartner
....	....
Abteilung/Bereich	Fehlzeiten
....	....

Wie sind das allgemeine Befinden und der Gesundheitszustand des Mitarbeiters?

....

....

Sind dem Betrieb die Ursachen für die Krankheit bekannt? ja ☐ nein ☐

Stehen die Krankheitsursachen mit dem Arbeitsplatz beziehungsweise seiner Umgebung in Zusammenhang? ja ☐ nein ☐

Wenn ja, wegen:

....

....

Ist der Mitarbeiter wieder *voll* einsatzfähig? ja ☐ nein ☐

Einschränkungen:

....

....

Dem Mitarbeiter wurde eine Schonarbeit angeboten: ja ☐ nein ☐

Was wurde im Gespräch gemeinsam erarbeitet, um den Mitarbeiter zu unterstützen und einen Wiederholungsfall zu vermeiden?

....

....

....	....	....
Datum	Mitarbeiter	Vorgesetzter

Anmerkung: Das Gespräch ist vom Vorgesetzten vertraulich, vertrauensvoll und ehrlich zu führen. Auf Wunsch erhält der Mitarbeiter eine Kopie dieses Reports.

Mitbestimmungsfrei sind Rückkehrgespräche im Einzelfall. Ein kooperativ führender Vorgesetzter wird es sich nicht nehmen lassen, einen Mitarbeiter bei Arbeitsantritt willkommen zu heißen und sich nach seinem Wohlergehen zu erkundigen. Dies kann als Akt der gelebten Fürsorge gewertet werden. In diesem »Willkommensgespräch« wird er die gleichen Intentionen verfolgen, wie sie für offizielle Rückkehrgespräche gelten. Eine formelle Dokumentation ist aber entbehrlich.

In diesem Rollenspiel ist die Problematik der Gleichbehandlung aller Mitarbeiter angesprochen. Es ist leichter gesagt als getan, Mitarbeiter gleich zu behandeln. Ordnet ein Vorgesetzter einen Mitarbeiter als sympathisch ein und kommen dann noch gravierende gesundheitliche Probleme hinzu, bedarf es eines erheblichen Stehvermögens, dem Mitarbeiter eine Ausnahmeregelung abzuschlagen. Erfüllen wir sogleich den Mitarbeiterwunsch, kommen wir in Teufels Küche: Erfahrungsgemäß dient ein Präzedenzfall anderen Mitarbeitern gern als Begründung, für sich selbst ebenfalls eine Sonderregelung einzufordern (»Wenn der ein Einzelbüro erhält, möchte ich auch eines haben«).

In dem Rollenspiel wird der Vorgesetzte gut beraten sein, den Vorschlag des Mitarbeiters höflich, aber entschieden abzulehnen und den Blick auf andere Verbesserungsmöglichkeiten zu lenken (zum Beispiel müssen in Zukunft private Handys auf Vibrationsalarm gestellt werden, die akustische E-Mail-Benachrichtigung an den Computern wird ausgeschaltet, Besprechungen und Kundengespräche werden in den dafür vorgesehenen Besprechungsräumen durchgeführt, mobile halbhohe Trennwände schaffen individuellen Freiraum und Abgrenzung zu anderen Arbeitsplätzen, der Mitarbeiter zieht mit seinem Arbeitsplatz in eine Ecke des Großraumbüros mit Fenster um, es werden zusätzliche Schallisolierungsmaßnahmen vorgesehen). Mit Einverständnis des Mitarbeiters sollte auch der Betriebsrat beziehungsweise Personalrat angesprochen werden, damit dieser unterstützend tätig werden kann. In einer Mitarbeiterbesprechung wäre der Arbeitsgruppe die neue Situation zu erklären (ebenfalls nur bei Zustimmung des Rekonvaleszenten) mit dem Hinweis, dass mit der vorgesehenen Veränderung krankheitsbedingte Abwesenheiten des Mitarbeiters und damit Mehrarbeit der Kollegen durch die Krankheitsvertretung vermieden werden.

Es bestand in diesem Rollenspiel keine Veranlassung, an der Erkrankung des Mitarbeiters zu zweifeln. Häufen sich indes die Fehlzeiten und weisen sie eine auffällige Lage auf (zum Beispiel vor oder nach Feiertagen oder an Tagen mit angekündigten schwierigen oder unangenehmen Arbeiten), müsste dem Mitarbeiter eröffnet werden, dass er in Bezug auf seine Fehlzeiten intensiv beobachtet und gegebenenfalls abgemahnt wird. Vorsorglich sollte eine Gesprächsnotiz zur Personalakte gegeben werden.

Rollenspiel 11: Mitarbeiter beurteilen

»Es gibt eine Sehnsucht nach Objektivität, aber es gibt eine Realität, die heißt Subjektivität.«
(Reinhold K. Sprenger)

Bei der Beurteilung von Mitarbeitern (Nicht verurteilen, sondern beurteilen!) ist ein gewisses Maß an Subjektivität nicht zu vermeiden. Trotz größter Mühen kann keine Beurteilung dem Anspruch eines absolut gültigen Urteils genügen. Die Forderung nach Objektivität ist und bleibt daher eine Wunschvorstellung.

Da die Beurteilung eines Mitarbeiters wesentliche Auswirkungen auf seinen Berufsweg haben kann, müssen klare Aussagen getroffen werden, die sachlich begründet und verantwortet werden können. Dies bedeutet für den Beurteiler Verantwortung, verlangt Selbstkritik und beinhaltet das ständige Bemühen, gerecht und möglichst objektiv zu sein. Unbeabsichtigte Beurteilungsfehler gilt es zu vermeiden, die rosarote Brille bei sympathischen Mitarbeitern abzusetzen und die Schwarzseherei bei missliebigen Mitarbeitern aufzugeben. Der allen Dingen eine gute Seite abgewinnende Optimist wird beim Beurteilen auf kritische Distanz bedacht sein, während sich der Pessimist zwingen muss, auch Mitarbeitern, die ihm nicht behagen, menschliches Verständnis entgegenzubringen.

»Wie wolltest du dich
überwinden,
kurzum die Menschen
zu ergründen?
Du kennst sie nur von
außenwärts,
du siehst die Weste,
nicht das Herz.«
(Wilhelm Busch)

Nachstehende Handlungsempfehlungen sollen Hilfestellung geben, das Beurteilungsverhalten von Vorgesetzten fundierter, kompetenter, ausgewogener und transparenter zu gestalten. Eine wesentliche Senkung der Fehlerträchtigkeit ist anzustreben. Ein völliges Eliminieren von Beurteilungsfehlern wird eine utopische Wunschvorstellung bleiben, weil es immer wieder »menschelt«.

Für manchen Vorgesetzten stellt sich das Beurteilen als eine außerordentlich schwierige Aufgabe dar, zu der er sich aufgrund fehlender Ausbildung und mangelnder Vertrautheit zwingen muss. Die Verpflichtung zu einer gerechten und unvoreingenommenen Beurteilung seiner Mitarbeiter überfordert viele, sie fürchten um das eigene Ansehen bei den Mitarbeitern und sehen bereits unliebsame, das Arbeitsklima belastende Auseinandersetzungen auf sich zukommen. Auch ist nicht auszuschließen, dass Vorgesetzte – um des lieben Friedens willen – unbequeme Mitarbeiter mit entgegenkommenden Wertungen ruhig stellen wollen.

Tatsächlich muss die Mitarbeiterbeurteilung nicht zu den besonders stressbesetzten Funktionen eines Vorgesetzten zählen. Denn: Kommt der Vorgesetzte permanent seiner Führungsaufgabe »Kontrolle« (s. S. 245 ff.) im erforderlichen Umfang nach und setzt die Führungsmittel »Kritik« (s. S. 144 ff.) und »Anerkennung« (s. S. 64) ein, läuft in der täglichen Zusammenarbeit ohnehin eine regelmäßige Beurteilung ab. Für eine solche Führungskraft verliert die turnusmäßige Beurteilung der Mitarbeiter den Charakter eines Schreckgespenstes. Zum Beurteilungstermin wird lediglich das Resümee aus Feststellungen gezogen, die dem Mitarbeiter bereits bekannt sind. Die Bewertung des Vorgesetzten wird jetzt durch das Beurteilungsverfahren lediglich offiziell und transparent gemacht.

Die Beurteilung von Mitarbeitern darf der Vorgesetzte nicht delegieren (es bleibt ihm aber unbenommen, von anderen Stellen Beurteilungsbeiträge einzuholen). Es gilt die Regel, dass das Urteil über Mitarbeiter, für die ein Vorgesetzter Verantwortung trägt, ausschließlich von diesem selbst abzugeben ist.

Beurteilungsfehler und Verfälschungstendenzen

Mit einem systematischen Vorgehen beim Beurteilen werden Zufälligkeiten vermindert und ein Großteil von Beurteilungsfehlern oder Verfälschungstendenzen ausgeschlossen. Das Erkennen eines Beurteilungsfehlers oder einer Verfälschungstendenz stellt bereits den ersten Schritt zur Abschaffung dar.

Bevor der Trainer auf die einzelnen eine zutreffende Beurteilung erschwerenden Punkte zu sprechen kommt, sollte die folgende Vorlage ausgehändigt werden. Auf ihr können die Teilnehmer persönliche Notizen machen. Sie finden die Vorlage bei den Downloadmaterialien.

Beurteilungsfehler und Verfälschungstendenzen
■ Tendenz zur Mitte
■ Tendenz zur Milde
■ Tendenz zur Strenge
■ Vorurteile und soziale Stereotype

Beurteilungsfehler und Verfälschungstendenzen
■ sich selbst erfüllende Prophezeiungen, Pygmalioneffekt
■ Projektionen
■ Halo-Effekt, Überstrahlung
■ pseudologische Fehler
■ Hierarchieeffekt
■ Beurteilungen als Mittel zum Zweck

Jeder Vorgesetzte weiß, dass er nicht nur schlechte oder mittelmäßige oder herausragende Mitarbeiter zu führen hat. Eine Häufigkeitsverteilung ergibt sich aus der Normalverteilungskurve (Glockenkurve) von Gauß. Sie besagt, dass bei einer genügend großen Anzahl gewisse Merkmale stets in bestimmten Prozentzahlen vorkommen:

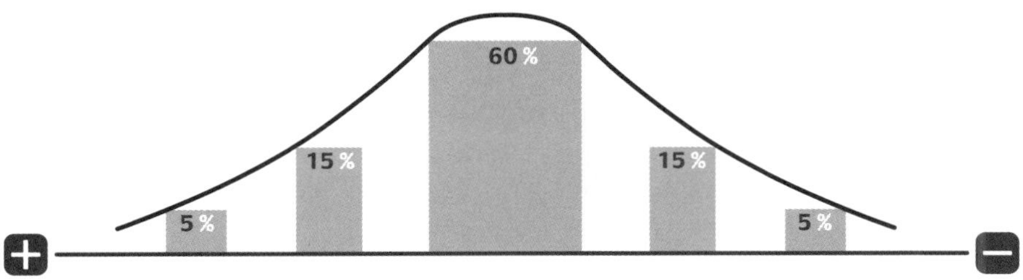

Haben sich Beurteilungsfehler genereller Art eingeschlichen, verschiebt sich die Kurve:

- **Tendenz zur Mitte:** Der Beurteiler gibt ein mittleres Urteil ab und legt sich damit nicht deutlich im positiven oder negativen Bereich fest. Alle Mitarbeiter werden grau in grau gemalt, mit seiner Beurteilung liegt der Vorgesetzte nicht völlig daneben.

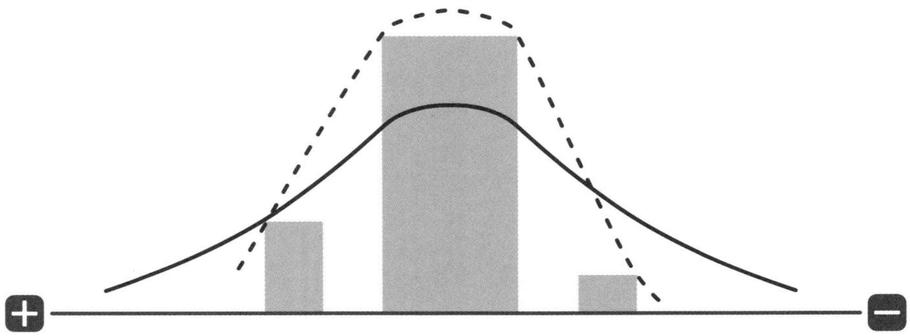

- **Tendenz zur Milde:** Günstige und wünschenswerte Merkmale werden als stärker vorhanden wahrgenommen, während ungünstige und weniger wünschenswerte Merkmale als weniger ausgeprägt erkannt werden. Gelegentlich ist diese Tendenz von der Tagesform abhängig: Man ist milde gestimmt.

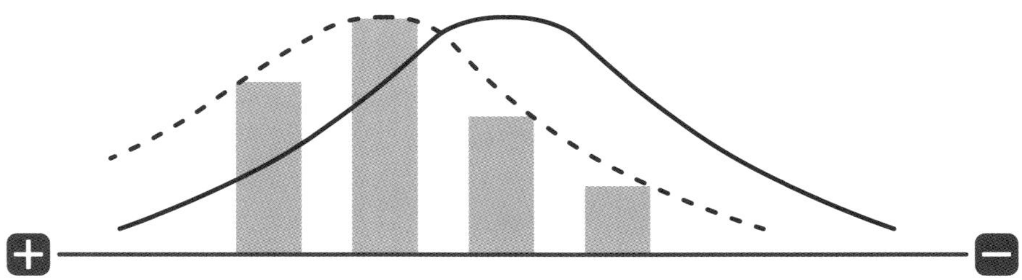

- **Tendenz zur Strenge:** Die Beurteilung verschiebt sich deutlich in den negativen Bereich. Diese Tendenz ist häufig bei Vorgesetzten anzutreffen, die sich selbst für ein Vorbild halten. Auch hier kann die Tagesform entscheidend sein.

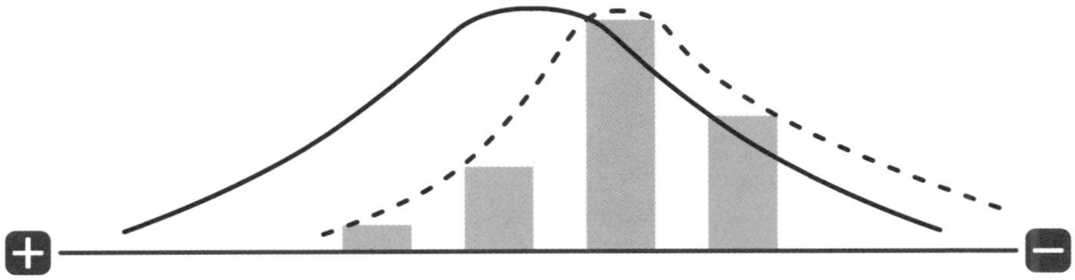

Weitere gravierende Beurteilungsfehler/Verfälschungstendenzen gilt es in den Hintergrund zu drängen.

- **Vorurteile und soziale Stereotype:** Vorurteile stellen Denkschablonen in Form fest verankerter Vorstellungen dar (zum Beispiel »Er hat etwas zu verbergen, denn er kann mir nicht in die Augen schauen«). Mit einem sozialen Stereotyp werden ganze Menschengruppen belegt, »die Juristen«, »die Akademiker«, »die Migranten«.
- **Sich selbst erfüllende Prophezeiungen:** Hier wirkt ein Urteil gleichzeitig als Erwartung, an die sich der Beurteilte anpasst. Lassen sich die Bedingungen für das Eintreffen der Vorhersage auch noch beeinflussen, werden sie durch das Verhalten des Mitarbeiters bestätigt (s. auch Pygmalioneffekt, S. 280).
- **Projektionen:** Unbewusst werden eigene Persönlichkeitsmerkmale auf den Mitarbeiter übertragen. Ist der Vorgesetzte beispielsweise nachtragend, misst er diese Eigenschaft auch verstärkt dem Mitarbeiter zu.
- **Halo-Effekt (Halo = griech. Hof des Mondes), Überstrahlung:** Dieser Effekt bewirkt, dass ein einziges Persönlichkeitsmerkmal, eine bestimmte Verhaltensweise, ein besonderes Ereignis, bekannte Tatsachen oder ein vorgefasstes Gesamturteil alles andere überstrahlt und damit eine zutreffende Einschätzung beeinflusst. So wird beispielsweise ein als intelligent eingestufter Mitarbeiter gleichzeitig in anderen Merkmalen positiv eingeschätzt.
- **Pseudologische Fehler:** Der Beurteiler unterliegt der irrigen Annahme dass bestimmte Merkmale logisch zusammenhängen (zum Beispiel hohe Stirn = Intelligenz, fehlender Blickkontakt = Unaufrichtigkeit, körperliche Fülle = Gemütlichkeit, Nachgiebigkeit, fester Händedruck = Entschlossenheit, nachlässige Kleidung = phlegmatisches Temperament).

- **Hierarchieeffekt:** Je höher ein Berufstätiger hierarchisch angesiedelt ist, umso fähiger, leistungsstärker und kompetenter wird er eingeschätzt.
- **Beurteilungen als Mittel zum Zweck:** Mit der Beurteilung soll ein gewünschtes Ergebnis erzielt werden. Ein missliebiger Mitarbeiter wird weggelobt, ein sehr guter Mitarbeiter wird schwächer beurteilt (»Rohdiamant, der noch geschliffen werden muss«), um ihn zu halten, einem anderen Mitarbeiter soll etwas Gutes getan werden. Eigene Zukunftsstrategien nach dem Motto »Eine Hand wäscht die andere« können ebenfalls im Hintergrund stehen.

Nachdem den Teilnehmern die wichtigsten Beurteilungsfehler und Verfälschungstendenzen bekannt sind, können sie mit ihren Statements auf nachstehendem Arbeitsbogen beweisen, ob sie den jeweiligen Situationen den passenden Beurteilungsfehler zugeordnet haben. Die kursiv gedruckten Einträge sind nur für den Trainer bestimmt, die Teilnehmer finden auf ihrem Arbeitsbogen leere Stellen vor.

Arbeitsbogen: Beurteilungsfehler/Verfälschungstendenzen erkennen

Situation	Beurteilungsfehler/ Verfälschungstendenz
Abteilungsleiter X sieht seine Mitarbeiter eher selten, weil diese in verschiedenen Niederlassungen tätig sind. Er beurteilt sie durchschnittlich.	*Tendenz zur Mitte*
Ein in Deutschland geborener Türke erhält trotz guter Leistungen schwache Beurteilungsnoten. Sein Vorgesetzter ist der Auffassung, Türken dürfen Deutschen keine Beförderungsstellen wegschnappen.	*Vorurteil*
Dipl.-Ing. A geht demnächst in Rente und will sich mit besonders guten Beurteilungen bei seinen Mitarbeitern für die gute Zusammenarbeit bedanken.	*Tendenz zur Milde*
Ein Vorgesetzter hat einen Mitarbeiter wegen seines schludrigen Outfits schon mehrfach ermahnt. Statt sich anzupassen, neigt der Mitarbeiter verstärkt zu Widerworten. Mittlerweile ist auch seine Arbeitsqualität gesunken, sodass er eine vernichtende Beurteilung erhält.	*sich selbst erfüllende Prophezeiung*

Arbeitsbogen: Beurteilungsfehler/Verfälschungstendenzen erkennen	
Situation	**Beurteilungsfehler/ Verfälschungstendenz**
Produktionsleiter B übt intensiv Kontrollen aus. Er ist stolz, dass ihm kaum Fehler entgehen. Die Mitarbeiter dürfen sich daher nicht wundern, wenn sie von B – im Gegensatz zu dem früheren Produktionsleiter – für ihren »Schlendrian« durchweg schlecht beurteilt werden.	*Tendenz zur Strenge*
Mitarbeiter D erhält eine nicht leistungsgerechte ausgezeichnete Beurteilung. Da er der Schwiegersohn des Firmeninhabers ist, kann man ihn möglicherweise noch einmal brauchen.	*Beurteilung als Mittel zum Zweck*
Mitarbeiter F erhielt wegen seines beherzten Eingreifens bei einem Großfeuer das Bundesverdienstkreuz. Dieser Umstand veranlasst seinen Vorgesetzten, ihn auch als besonders belastbar, verantwortungsbewusst, zuverlässig und fachlich kompetent zu beurteilen.	*Halo-Effekt*
Mitarbeiterin G befindet sich seit 15 Monaten auf ihrer ersten Stelle nach Abschluss ihres Studiums. Da kann sie beim besten Willen noch nicht »gut« beurteilt werden. In zwei Jahren kann das anders aussehen …	*Vorurteil*

Beurteilen = Beobachten + Beschreiben + Bewerten

Kann die berufliche Leistung exakt gemessen werden (zum Beispiel eine bestimmte Anzahl von Werkstücken mit einer vorgeschriebenen Toleranz in einer vorgegebenen Zeit), vereinfacht dies den Beurteilungsvorgang. Ist hingegen das Leistungsergebnis nicht eindeutig messbar oder aber vom Mitarbeiter nur bedingt zu beeinflussen, ist eine dreistufige Vorgehensweise zu empfehlen. Eine nach diesem Stufenplan vorgenommene Beurteilung kann der Vorgesetzte jederzeit guten Gewissens vertreten: vor sich selbst, vor seinem Mitarbeiter, vor der Personalabteilung, möglicherweise auch vor dem eigenen Vorgesetzten.

Stufe 1: Beobachten Beobachten heißt, Augen und Ohren offen halten, selbst genau sehen und genau hören, was der Mitarbeiter sagt und tut.

Stufe 2: Beschreiben Der Vorgesetzte erschwert sich das Beurteilen, wenn er seine Beobachtungen lediglich seinem »löchrigen« Gedächtnis anvertraut, anstatt sie bald zu Papier zu bringen. Wurden Fakten gesammelt, können auch hartnäckige Fragen von Mitarbeitern beantwortet werden, auf welchen Gründen eine Einschätzung basiert.

Beschreiben bedeutet, festgestellte Arbeitsergebnisse und beobachtete Verhaltensweisen sachlich und unvoreingenommen schriftlich niederlegen, ohne sogleich zu bewerten.

> Die folgende Übung ermöglicht den Teilnehmern, objektive Beschreibungen von subjektiven Eindrücken zu unterscheiden. Auch hier sind die Eintragungen auf der rechten Seite dem Trainer vorbehalten.

Arbeitsbogen: Objektive Beschreibung von Beobachtungen

Welche der nachstehenden Aussagen entsprechen der Forderung nach objektiver Beschreibung von Beobachtungen?	Objektive Beschreibung?	
Ist unpünktlich	ja ☐	nein ☑
Übernahm von sich aus bei der Erkrankung seines Abteilungsleiters dringende Aufgaben	ja ☑	nein ☐
Verspätete sich im letzten Quartal an sieben Tagen	ja ☑	nein ☐
Hat seinen Aufgabenbereich nicht im Griff	ja ☐	nein ☑
Ist eine ehrliche Haut	ja ☐	nein ☑
Ertappte ihn noch nie bei einer faulen Ausrede	ja ☑	nein ☐
Bei der Betriebsratswahl wurde er von allen Betriebsangehörigen gewählt	ja ☑	nein ☐
Er ist irgendwie hinterhältig, man kann ihm nicht über den Weg trauen	ja ☐	nein ☑

■ Arbeitsbogen: Objektive Beschreibung von Beobachtungen		
Über ihn liegen keine Beschwerden vor	ja ☑	nein ☐
Ist mir gegenüber unloyal, weil er sich auf einen Beförderungsposten in einer anderen Abteilung beworben hat, ohne mir ein Wort zu sagen	ja ☐	nein ☑

Stufe 3: Bewerten Manche Führungskräfte verlassen sich bei der Beurteilung von Mitarbeitern auf ihr Gespür und weisen sogar darauf hin mit Bemerkungen wie »Mein gesunder Menschenverstand sagt mir …«, »Auf mein Gefühl konnte ich mich schon immer verlassen« oder »Das habe ich einfach im Gefühl, das ist nun einmal so«.

Das Gefühl ist kein verlässlicher Maßstab, weil die Fehlerquelle zu hoch und die Objektivität viel zu niedrig ist. Ein angemessenes Urteil kann nur mittels eines zuverlässigen Maßstabs abgegeben werden. Weder die Leistung des Vorgesetzten, die Resultat langer Erfahrung oder mehrfacher Schulung sein mag, noch das Leistungsverhalten des besten Mitarbeiters sind als Maßstab anzulegen. Der Maßstab muss die begründete Vorstellung über die zu verlangende Normalleistung sein.

Die Bewertung bezieht sich auf die firmenintern vorgesehenen Beurteilungsmerkmale, so beispielsweise:

- Arbeitsqualität
- Arbeitstempo
- Arbeitsbereitschaft
- Auffassungsgabe
- Belastbarkeit
- Fachkenntnisse
- Führungsverhalten
- Initiativverhalten
- Kooperation
- Lösungsorientierung
- Wirtschaftlichkeitsverhalten
- Zuverlässigkeit

Da nicht jedes Merkmal für jeden Arbeitsplatz gleich wichtig ist, werden solche Merkmale kenntlich gemacht, die den Arbeitsplatzanforderungen entsprechend besonders bedeutsam sind. Sie können mit einem Gewichtungsfaktor versehen werden. Aufgrund der Tätigkeit nicht beobachtbare Merkmale (zum Beispiel Führungsverhalten bei Mitarbeitern ohne Führungsverantwortung) bleiben unberücksichtigt.

Für den Mitarbeiter sind besonders die Ausprägungsgrade zu den Beurteilungsmerkmalen ausschlaggebend. Hier werden in der Praxis verschiedene Skalen verwendet, so beispielsweise:

Beurteilungsskalen

- überragend
- überdurchschnittlich
- uneingeschränkt
- mit Einschränkungen
- nur zum Teil

- überdurchschnittlich
- durchschnittlich
- unterdurchschnittlich

- Noten aus dem Schulbereich (1 bis 6)

- erbringt Spitzenleistungen
- liegt weit über den Anforderungen
- liegt über den Anforderungen
- erfüllt Anforderungen gut und in vollem Umfang
- erfüllt Anforderungen
- erfüllt Anforderungen mit Einschränkungen
- erfüllt Anforderungen nur zum Teil
- erfüllt Anforderungen kaum
- wird Anforderungen nicht gerecht

Praxisorientierte Beschreibungen zum Ankreuzen, so zum Beispiel beim Beurteilungsmerkmal Kooperation:

- ☐ trägt viel zu einer guten Zusammenarbeit bei, ist stets ausgeglichen und ausgleichend
- ☐ besitzt gutes Einordnungsvermögen und fördert die Zusammenarbeit
- ☐ fügt sich ein und arbeitet gut mit anderen zusammen
- ☐ bemüht sich wenig um Zusammenarbeit, kontaktarm
- ☐ stört die Zusammenarbeit, ist unkollegial

Zusätzliche kompakte Informationen stellen Sie Ihren Teilnehmern mit dieser Vorlage zur Verfügung.

Systematisches Beurteilen

1. Stufe: Beobachten

- Sie werden weder Gerüchten, Vermutungen noch ungeprüften Aussagen Dritter folgen. Dafür stützen Sie Ihre Beobachtungen auf nachprüfbare Fakten.
- Sie legen keinesfalls einmalige Schwächen und einmaliges Versagen zugrunde, sondern ermitteln typische und ausgeprägte Merkmale des Mitarbeiters.
- Sie begnügen sich nicht mit wenigen Beispielen, sondern sammeln während des gesamten Beurteilungszeitraums Fakten.
- Sie nehmen nicht nur unzureichende Arbeitsergebnisse sowie unangenehme und negative Verhaltensweisen zur Kenntnis, sondern auch die beobachteten positiven Gesichtspunkte.

2. Stufe: Beschreiben

- Sie legen festgestellte Arbeitsergebnisse und beobachtete Verhaltensweisen sachlich und unvoreingenommen schriftlich nieder, ohne sogleich zu bewerten.
- Sie beschreiben keine Charaktereigenschaften, weil diese nicht direkt beobachtbar sind, sondern immer nur aus Anzeichen erschlossen werden können.
- Sie entwickeln weder Pedanterie noch den Ehrgeiz, für Ihre Mitarbeiter umfassende Sündenregister oder Schwarzbücher anlegen zu wollen, da diese Ihnen nur den Vorwurf einbringen, Ihre Mitarbeiter ausschnüffeln oder ausspähen zu wollen.

3. Stufe: Bewerten

- Sie nehmen die zu verlangende Normalleistung als Maßstab, ziehen also weder einen besonders leistungsstarken noch leistungsschwachen Mitarbeiter heran, sondern den in einer vergleichbaren Personengruppe durchschnittlichen Mitarbeiter.
- Sie erleichtern sich die Bewertung, wenn Sie für jedes Beurteilungsmerkmal eine Rangfolge unter den vergleichbaren Mitarbeitern bilden (an erster Stelle Müller, an zweiter Meyer …).
- Sie können auch eine Prozentrangskala mit schrittweiser Entscheidung kombinieren: Hierbei entscheiden Sie zunächst bei jedem Beurteilungsmerkmal, ob der betreffende Mitarbeiter zur oberen oder zur unteren Hälfte der vergleichbaren Mitarbeitergruppe zählt. Danach legen Sie bei der ermittelten Hälfte fest, ob er zur oberen oder unteren Hälfte zählt.

Unterstellen wir, dass sich der Vorgesetzte in diesem Rollenspiel redlich um eine zutreffende Beurteilung seines Mitarbeiters bemühte und hierbei die genannten Empfehlungen beachtet hat. Dann wird er den Beurteilungsbogen sorgfältig ausfüllen, wobei er weiß, dass das folgende Beurteilungsgespräch Priorität besitzt. Denn in ihm wird der Mitarbeiter über die Eignung für seinen gegenwärtigen Arbeitsplatz informiert, und es werden ihm künftige Entwicklungsmöglichkeiten aufgezeigt. Hierdurch gelangt der Mitarbeiter zu einer besseren Selbsteinschätzung und kann in bestimmten Richtungen weiter an sich arbeiten. Auch werden falsche Hoffnungen und damit spätere Enttäuschungen vermieden.

Mit dem Beurteilungsgespräch kommt der Vorgesetzte keinem ungeliebten, bürokratischen oder oberflächlichen Ritual nach, sondern einer bedeutungs-, verantwortungs- und anspruchsvollen Aufgabe. Allein die Verpflichtung zum Führen des Gesprächs stellt eine Barriere gegen Missbrauch dar und vermeidet Beurteilungen nach Gutsherrenart. Daher darf dieses Gespräch vom Vorgesetzten keinesfalls auf die lapidare Aufforderung »Hier, unterschreiben Sie mal« reduziert werden.

Rollenspiel: Mitarbeiter beurteilen

Rolle des Vorgesetzten

Nach erheblichen Bemühungen gelang es Ihrem Unternehmen (IT-Sektor), zum 1. Juli einen fachlich äußerst qualifizierten Mitarbeiter für den Bereich »Datenbanken« einzustellen. Vertraglich wurde ein an der oberen Grenze der in Betracht kommenden Gehaltsbandbreite angesiedeltes Festeinkommen bei wöchentlich 40 Arbeitsstunden festgeschrieben. Die Leistung von Überstunden bei betrieblicher Erfordernis wurde ebenfalls vereinbart.
Noch während der sechsmonatigen Probezeit ergab sich, dass der neue Mitarbeiter

- nur nach intensiven Missfallensbekundungen ausnahmsweise Überstunden leistet,
- die Kernarbeitszeit (9:30 Uhr bis 15:00 Uhr) ständig missachtet,
- keinerlei Anstrengungen unternimmt, sich in das Team zu integrieren,
- anderen Mitarbeitern wegen ihres »eingeschränkten« fachlichen Horizonts stets nur spöttisch oder ironisch gegenübertritt,
- exzellente Arbeit leistet, wenn er sich fachlich herausgefordert fühlt.

Da sich der Betrieb von diesem fachlich versierten Mitarbeiter – einen ähnlichen Expertenstatus genießt kein anderer Mitarbeiter – abhängig glaubt, überstand er die Probezeit.
Sie beabsichtigen nun, dem Mitarbeiter bei den Beurteilungsmerkmalen »Arbeitsbereitschaft« und »Kooperation« eine ungenügende Beurteilung zu geben. Bei den Merkmalen »Fachkenntnisse« und »Lösungsorientierung« tendieren Sie zu einer überdurchschnittlichen Bewertung, alle übrigen Merkmale wollen Sie eher durchschnittlich bewerten.
Sollte der Mitarbeiter nicht einverstanden sein, billigen Sie ihm eine dreitägige Bedenkzeit zu. Allerdings wollen Sie an Ihrer Beurteilung nicht rütteln lassen.

Rolle des Mitarbeiters

Sie sind ein äußerst qualifizierter Mitarbeiter im IT-Sektor (Bereich Datenbanken). Demzufolge erhalten Sie auch ein angemessenes Gehalt. Sie haben bei Einstellung den üblichen Arbeitsvertrag unterschrieben, der für Sie lediglich eine Formsache darstellt.
Nach früheren Kritikgesprächen mit Ihrem Vorgesetzten vermuten Sie, dass Sie auf Ihr angeblich mangelhaftes Sozialverhalten angesprochen werden. In diesem Fall wollen Sie massiven Widerstand leisten und auf eine zumindest durchschnittliche Bewertung Ihres Sozialverhaltens dringen. Wenn das Gespräch jedoch nicht in Ihrem Sinne läuft, sind Sie durchaus zur künftigen Besserung Ihres Verhaltens bereit.

Sie wollen vor allem mit folgenden Argumenten Ihren Standpunkt unterstreichen:

- Wenn man die normale Arbeitszeit intensiv für die betrieblichen Aufgaben genutzt hat, ist man so ausgepowert, dass die Konzentration bei Überstunden besonders leidet und sich unnötige Fehler häufen.
- Feste Arbeitszeiten sind für Bürokraten gemacht, nicht für kreative Menschen, die im Betrieb besonders erfolgreich dann arbeiten sollten, wenn sie zu größtem Leistungsvermögen auflaufen.
- Sie gehören zu den Nachtmenschen, die erst ab 10:30 Uhr ansprechbar und einsatzfähig sind. Wären Sie bereits um 9:30 Uhr in der Firma, würden Sie in der ersten Stunde nur auf Sparflamme arbeiten.
- Die anderen Teammitglieder sind nicht teamfähig, denn »sie bringen es fachlich nicht«. Wären sie fachlich versiert, könnten Sie alle anderen als Teamplayer akzeptieren und respektieren.

Beurteilungsgespräche führen

Die folgende To-do-Liste bietet dem Vorgesetzten eine gute Basis, das Beurteilungsgespräch strukturiert und zielführend zu gestalten.

»Roter Faden« für Beurteilungsgespräche

1. Informieren Sie den Mitarbeiter frühzeitig über den Gesprächstermin, damit er sich auf dieses wichtige Gespräch einstellen kann. Sind Beurteilungsbögen vorgesehen, wäre ein Blankoexemplar auszuhändigen, um ihm die Vorbereitung zu erleichtern.
2. Bemühen Sie sich bei Gesprächseröffnung um einen guten zwischenmenschlichen Kontakt.
3. Gehen Sie zunächst auf das Positive ein, auf die Stärken des Mitarbeiters.
   - Welche Aufgaben wurden von dem Mitarbeiter gut erledigt?
   - Warum wurden gerade diese Aufgaben erfolgreich bewältigt?
   - Wie kann eine mögliche Überqualifikation genutzt werden?
   - Können die erfolgreich bewältigten Aufgaben ausgeweitet werden?
4. Schwächen sind anzusprechen mit dem Ziel, diese künftig abzubauen.
   - Bei welchen Aufgaben hat der Mitarbeiter noch Probleme?
   - Welche Gründe sind dafür bestimmend?
   - Was hat der Mitarbeiter getan, um die Aufgaben dennoch zufriedenstellend zu erledigen?
   - Weshalb blieben auch diese Bemühungen erfolglos?

5. Bei der Erörterung der Beurteilungsmerkmale sollten die Bewertungen mit sachlichen, stichhaltigen und abgesicherten Daten und Fakten aus eigener Beobachtung begründet werden. Auf diesem Fundament kann ohne Taktieren Klartext geredet werden, ohne dass es zu einem Streitgespräch kommt.
6. Selbstverständlich muss der Mitarbeiter seine Argumente vortragen können. Erweisen sich diese Informationen als zutreffend, führen sie zu einer Änderung der Beurteilung.
7. Der Beratungs- und Förderungsgedanke sollte immer im Vordergrund des Gesprächs stehen und zur Beantwortung der Frage führen: Wie soll es künftig weitergehen? Gemeinsam sollten Mittel und Wege gefunden werden, festgestellte Mängel oder Schwachpunkte zu beseitigen.
8. Gegebenenfalls wäre ein Programm zur Leistungssteigerung und/oder Verhaltensänderung zu erörtern:
   - Von einem schwach beurteilten Punkt ausgehen
   - Programm gemeinsam überlegen
   - Übereinstimmung über die einzelnen Schritte erzielen
   - Hilfen bei der Durchführung vorsehen:
     - Leistung und Fortschritt beobachten
     - Fortschritte anerkennen und weitere Bemühungen fördern
     - Fehlleistungen und/oder -verhalten konstruktiv korrigieren
     - Verbesserungsmöglichkeiten anhand von Beispielen aufzeigen
     - Fortschritte regelmäßig überprüfen
9. Gespräch in gutem Einvernehmen abschließen.

Der Beurteiler sollte sein Augenmerk besonders auf zwei Aspekte richten:

Zu Ziffer 5 des roten Fadens Wurde in den Phasen des Beobachtens und Beschreibens ein fehlerhaftes Verhalten des Mitarbeiters erkannt (und als Gedächtnisstütze vom Vorgesetzten schriftlich festgehalten, wobei diese Notizen lediglich für ihn zur besseren Gesprächsvorbereitung bestimmt sind), kann der Vorgesetzte seine Beurteilung mit konkreten Hinweisen untermauern. Diese Punkte wurden bereits zeitnah zu dem jeweiligen Vorfall kritisch angesprochen, sodass jetzt kaum mehr Anlässe für langatmige Diskussionen bestehen. Möglicherweise wird dem Mitarbeiter einiges in Erinnerung gerufen, was er schon vergessen hatte, sodass er eher zur Akzeptanz der Bewertungen bereit ist. Kommt es dennoch zu wenig zielführenden Diskussionen zu den einzelnen Bewertungen, sollte die Diskussion abgekürzt werden.

Beispiel für das Zurückweisen von Änderungswünschen

»Nach den genannten Erkenntnissen aus der Vergangenheit bleibt mir keine andere Wahl, und ich bin auch nicht zu ungerechtfertigten Zugeständnissen bereit. Allerdings haben Sie es selbst in der Hand, bei der nächsten Beurteilung durch Verhaltensänderungen zu verbesserten Bewertungen zu kommen. Ich bin da völlig offen und wäre dann gern zu einer positiveren Beurteilung bereit.«

Zu Ziffer 7 des roten Fadens An den Mitarbeiter könnte appelliert werden, den Kollegen zu helfen, das fachliche Potenzial zu erweitern, anstatt über ihre Schwächen herzuziehen. Ihm als ausgewiesenem Fachmann sollte es nicht schwerfallen, die Punkte zu definieren, bei denen ein Nachhol- oder Schulungsbedarf besteht. Mit seinen unbestritten hervorragenden Fachkenntnissen müsste es ihm doch möglich sein, in kleinen Lernschritten (Dauer: höchstens 15 Minuten) das fachliche Niveau der Kollegen anzuheben. Dafür sollte ein gleichbleibender Arbeitstag vorgesehen werden, auf den sich alle einstellen können (zum Beispiel jeden Dienstag von 9:30 bis 9:45 Uhr) und an dem anfangs auch der Vorgesetzte beteiligt sein sollte.

Mit dieser Vereinbarung wären für den Vorgesetzten mehrere Pluspunkte verbunden:

- Der Mitarbeiter müsste dienstags pünktlich erscheinen und könnte sich so an den für ihn frühen Arbeitsbeginn gewöhnen.
- Der Mitarbeiter könnte diese Minischulungen als neue Herausforderung betrachten.
- Die Kontakte zwischen den Beteiligten sowie die Integration des Mitarbeiters in das Team würden gefördert.
- Die Fachkenntnisse der Kollegen würden erweitert.
- Mit der zeitlichen Begrenzung auf wöchentlich 15 Minuten wäre ein zeitliches Volumen vorgesehen, dass jeder ohne größere Probleme in seine Terminplanung integrieren kann.
- Stellt sich bei den Minischulungen heraus, dass ein Kollege besonders interessiert ist, könnte erwogen werden, diesen zu einer externen Schulung zu schicken, um die Abhängigkeit von dem »Experten« zu beseitigen.
- Bei der nächsten Beurteilung würde das Beurteilungsmerkmal Kooperation in einem anderen Licht erscheinen und zu einer besseren Bewertung führen.

Noch zwei Anmerkungen zum Rollenspiel:

- Vorgesetzte müssen nicht alles wissen, sondern sollen als Generalist oder Universalist ein in die Breite gehendes Fach- und Methodenwissen aufweisen, während von den als Spezialisten eingesetzten Mitarbeitern ein in die Tiefe gehendes Fachwissen zu fordern ist. Um der Führungsrolle gerecht zu werden, muss der Vorgesetzte über ein fachliches Grundlagenwissen über die Tätigkeiten seiner Mitarbeiter verfügen, um diese richtig einsetzen, zutreffend beurteilen und im Bedarfsfall durch geeignete Maßnahmen unterstützen zu können.
  Vor dem in die Tiefe gehenden Fachwissen des Datenbankexperten darf der Vorgesetzte Respekt haben, jedoch kann dieser nicht dazu führen, dem Experten Narrenfreiheit zuzugestehen. Divaallüren wie Absonderungstendenzen, Egoismus und Einzelkämpfertum können im Interesse des Unternehmenserfolgs und des Betriebsklimas nicht zugelassen werden. Um nicht erpressbar zu sein, ist auf eine Aufgabenverteilung zu achten, durch die auch bei Ausfall des Spezialisten schnell ein Ersatz zur Verfügung steht.
- Es ist nicht akzeptabel, dass der Mitarbeiter ständig die Kernarbeitszeit missachtet. Mit dem Abschluss des Arbeitsvertrags verpflichtete er sich, weisungsgebundene Arbeit zu leisten. Auch ohne ausdrückliche Erwähnung im Arbeitsvertrag steht dem Arbeitgeber das Weisungs- oder Direktionsrecht zu, das ihn berechtigt, Ort, Zeit und Arbeitsinhalt entsprechend dem Arbeitsvertrag zu bestimmen. Die Pünktlichkeit wird zu den arbeitsvertraglichen Nebenpflichten gezählt. Kommt der Mitarbeiter dieser Verpflichtung nicht nach, lässt das Arbeitsrecht eine Abmahnung und darauf folgend eine verhaltensbedingte Kündigung zu. Mit einer förmlichen Abmahnung wird dem Mitarbeiter deutlich gemacht: Bis hierher und nicht weiter.

Behält der Mitarbeiter trotz der Abmahnung sein Verhalten bei, folgt die Kündigung. Achtung: Damit der Vorgesetzte sich nicht unglaubwürdig macht und an Autorität verliert, klärt er im Unternehmen vor dem Androhen einer Abmahnung, ob er zuständig ist beziehungsweise ob die zuständige Stelle im Falle eines Falles mitzieht bis zur letzten Konsequenz, das Arbeitsverhältnis zu kündigen.

Rollenspiel 12: Privates Telefonieren (Surfen, Mailen) während der Arbeitszeit

Probleme mit dem privaten Telefonieren und privaten Surfen im Internet während der Arbeitszeit stellen in manchen Betrieben ein dauerhaftes Problem dar und führen immer wieder zu unliebsamen Auseinandersetzungen.

Sieht sich ein neuer Vorgesetzter mit dieser Problematik konfrontiert, kann ein unüberlegtes Anpacken dieses heißen Eisens seine Akzeptanz ins Bodenlose sinken lassen. Auch ein Hinwegsehen über Fehlerhaftes kann nicht befriedigen. Das Ausweichen vor Schwierigkeiten würde von manchen Mitarbeitern als mangelndes Durchsetzungsvermögen interpretiert, während der Vorgesetzte selbst ständig Bauchschmerzen mit der unbefriedigenden Situation hätte. Das Rollenspiel soll auf unangenehme Führungssituationen vorbereiten und helfen, angemessene Vorgehensweisen zu entwickeln.

Rollenspiel: Privates Telefonieren (Surfen, Mailen) während der Arbeitszeit

Rolle der Vorgesetzten

Ihre Mitarbeiterin .... scheint sehr häufig Privattelefonate zu führen. Obwohl im Unternehmen eigentlich ständig alle Zimmertüren offen stehen, ist die Tür von Frau .... häufig geschlossen. Betreten Sie dennoch das Zimmer, telefoniert Frau .... Das Gespräch wird in der Regel nicht beendet, sondern mit dem Hinweis »Warte mal einen Moment, ich bin gleich wieder da« oder ähnlichen Formulierungen kurz unterbrochen. Dann wendet sich die Mitarbeiterin Ihnen zu und bittet unter Hinweis auf das laufende Telefonat um kurze Nennung Ihres Anliegens. Bisher wollten Sie nicht stören und forderten Ihre Mitarbeiterin auf, gleich nach Beendigung des Telefonats zu Ihnen zu kommen. Manchmal dauerte es ziemlich lange, bis Ihre Mitarbeiterin bei Ihnen erschien. Manchmal vergaß Ihre Mitarbeiterin sogar, Sie aufzusuchen.

Die Zusammenarbeit mit der Mitarbeiterin ist Ihnen mittlerweile ein Gräuel, obwohl diese gute Arbeit leistet. Wegen der häufig geschlossenen Tür warten immer wieder Besucher vor der Tür von Frau .... bis diese ihre meist recht langen Telefonate beendet hat.

Es gibt auch eine Vorgeschichte: Bevor Sie Vorgesetzte von Frau .... wurden, waren Sie ihre Kollegin. Damals hatten Sie das störende Vieltelefonieren mehrfach angesprochen, wurden aber regelrecht abgeschmettert mit Hinweisen wie:

- Du bist nicht meine Chefin. Das geht dich nichts an, das ist meine Sache.
- Was willst du, ich schaffe doch meine Arbeit.
- Ich kann doch nichts dafür, schließlich werde ich angerufen.
- Das kostet doch nichts, wir haben doch eine Flatrate.

Seit Ihrer Beförderung zur Vorgesetzten – das liegt etwa vier Wochen zurück – ist der Umgang mit Frau .... distanziert. Ihre Mitarbeiterin hat seither das »Du« aufgegeben, was Sie innerlich dankbar annahmen.
Das Vieltelefonieren mit privatem Hintergrund muss aber ein Ende haben, Sie werden aktiv und sprechen Ihre Mitarbeiterin an.

Rolle der Mitarbeiterin
Sie machen Ihre Arbeit ordentlich, sodass Sie sich nichts vorzuwerfen haben. Termine werden von Ihnen hundertprozentig beachtet, alle Aufträge werden zeitnah und gut von Ihnen erledigt.
Gelegentlich werden Sie von Verwandten und Bekannten während der Arbeitszeit angerufen. Da Sie ungestört telefonieren wollen, schließen Sie Ihre ansonsten offen stehende Zimmertür.
Offenbar hat Ihre Vorgesetzte, Frau .... etwas gegen das Telefonieren mit privatem Inhalt. Frau .... war früher Ihre Kollegin, mit der Sie sich duzten. Schon damals gab es wegen des Telefonierens Auseinandersetzungen.
Bei versuchten Einmischungen von Frau .... in Ihr Leben konterten Sie mit Hinweisen wie:

- Du bist nicht meine Chefin. Das geht dich nichts an, das ist meine Sache.
- Was willst du, ich schaffe doch meine Arbeit.
- Ich kann doch nichts dafür, schließlich werde ich angerufen.
- Das kostet doch nichts: Wir haben doch eine Flatrate.

Nachdem Frau .... vor vier Wochen Ihre Chefin geworden ist, haben Sie das Duzen von sich aus eingestellt. Ihre Vorgesetzte passte sich sogleich an und verwendet seither das förmlichere »Sie«.
Sie sehen nicht ein, dass Sie Ihre privaten Anrufer »abschmettern« sollen, nur weil Ihrer Chefin die Telefonate ein Dorn im Auge sind. Oft werden bei den privaten Tele-

fonaten wichtige Informationen ausgetauscht, die keinen Aufschub zulassen. Auch die anderen Kolleginnen und Kollegen telefonieren privat. Darüber hinaus surfen diese auch während der Arbeitszeit ohne ein betriebliches Erfordernis häufiger im Internet, was Sie noch nie gemacht haben.

Bisher Kollege – jetzt Vorgesetzter

Der Rollenwechsel vom Kollegen zum Vorgesetzten kann mit zahlreichen Fallstricken versehen sein. Deshalb sollte der neue Chef überlegen, wie er mit der neuen Situation umgehen will.

Vorgesetzter werden möchte fast jeder, es jedoch zu sein ist nicht immer einfach, besonders dann, wenn der neue Vorgesetzte vorher Kollege war. Beim Wechsel auf die andere Seite sollten Führungsneulinge sich bewusst sein, dass sich für die Beteiligten Wesentliches ändert.

Bei der Suche nach einem neuen Vorgesetzten folgen Betriebe häufig dem Grundsatz »Aufstieg geht vor Einstieg« – der neue Vorgesetzte sollte möglichst aus der eigenen Belegschaft kommen. Die Gründe liegen auf der Hand: Diesen Mitarbeiter kennt man seit Langem, kann sein fachliches Leistungspotenzial abschätzen, die Einarbeitungszeit ist kurz, da Firmen- und Branchenkenntnisse vorhanden sind und schließlich kann man sich die Kosten für eine aufwendige Personalrekrutierung sparen. Diese Vorteile springen dann besonders ins Auge, wenn ein Betriebsangehöriger die Stelle seines bisherigen Chefs besetzt.

Begreiflicherweise unterstellt die Personalführung einen nahtlosen Übergang, wenn ein »Eigengewächs« die Vorgesetztenposition übernommen hat. Schließlich wurde eine Idealbesetzung gefunden, nun soll die neue Führungskraft Schwung in ihren Bereich bringen. Probleme dürfte es dabei nicht geben – eigentlich.

Tatsächlich beginnen für viele Führungsneulinge jetzt die Schwierigkeiten. Zwar mangelt es im Regelfall nicht an dem erforderlichen fachlichen Know-how, nur helfen diese Fachkenntnisse dem neuen Vorgesetzten nicht über die anfangs kaum sichtbaren Stolpersteine und Fallstricke hinweg.

Wer als neuer Vorgesetzter seine Position sichern will, wird vor allem darauf Wert legen, allseits akzeptiert zu werden. Bislang arbeitete der neue Vorgesetzte mit seinen Mitarbeitern gleichberechtigt auf kollegialer Ebene zusammen. Doch nach seiner Beförderung ist der einstige Mitarbeiter plötzlich Primus inter Pares und Vorgesetzter seiner ehemaligen Kollegen.

Oft genug wird dieser Rollenwechsel nur zögerlich vollzogen. Hausgemachte Führungsprobleme sind die Folge. Wer gleich zu Beginn erklärt, es bleibe trotz des Aufstiegs alles beim Bisherigen zwischen den Beteiligten, beschwört mit diesem Beschwichtigungs- und Anbiederungsversuch unweigerlich Autoritätsprobleme herauf. Tatsächlich hat sich mit der Beförderung zum Vorgesetzten Grundlegendes geändert: Der neue Vorgesetzte muss gegenüber seinen Mitarbeitern Führungsaufgaben wahrnehmen und als Beauftragter des Unternehmens Leitungs- und Weisungsbefugnisse ausüben. Das bedeutet zunächst eines ganz sicher nicht: sich umgehend um die einem Vorgesetzten zukommenden Statussymbole zu bemühen oder sich den Kopf zu zermartern, ob das bisher übliche Duzen unter Kollegen fortgeführt werden kann (s. S. 207). Angesichts der heute gelockerten Umgangsformen sollte es grundsätzlich bei dem bisherigen Du bleiben.

Wer aufsteigt, hat es von Anbeginn in der Hand, die Weichen in die gewünschte Richtung zu stellen. Allerdings ist es wichtig, die Voraussetzung der neuen Rolle anzunehmen und gegenüber den Mitarbeitern auch darzustellen.

Beispiel für einen klaren Einstieg

»Akzeptieren Sie bitte, dass sich mit meiner Beförderung unsere Beziehungen verändert haben. Jetzt bin ich Ihr Vorgesetzter. Als Kollege habe ich sehr gern mit Ihnen zusammengearbeitet, als Vorgesetzter liegt mir natürlich weiter an einer sehr guten Zusammenarbeit. Gemeinsam wollen wir Leistung bringen, erfolgreich arbeiten und auch ein hohes Maß an Zufriedenheit bei unseren Tätigkeiten haben. Dabei bitte ich um Ihr Verständnis, dass ich in meiner neuen Funktion nicht Everybodys Darling sein kann. Von allen Mitarbeitern erwarte ich, dass jeder loyal seine Pflicht tut und zu einer bestmöglichen Aufgabenerledigung beiträgt.«

Nach einer derart eindeutigen Standortbestimmung werden sich die bisherigen Kollegen auf die neue Situation sicher leichter einstellen. Ohnehin stellen sich die Mitarbeiter leichter hinter einen Vorgesetzten, der sie ohne Vorurteile und Überheblichkeit als Partner betrachtet und behandelt und sie aktiv am Willensbildungsprozess beteiligt. Dafür bedarf es natürlich einer ausgeprägten Kommunikationsbereitschaft und einer Vorbildfunktion im persönlichen Verhalten, ferner eines gesunden Selbstvertrauens, auch in schwierigen Situationen Gelassenheit zu zeigen und den Mut zu unpopulären Entscheidungen zu besitzen und natürlich eigene Fehler einzugestehen. Fraglos erwarten die Mitarbeiter vom neuen Chef Führungswillen. Das bedeutet, dass er das als richtig Erkannte auch durchsetzt und Rückgrat beweist. Sieht jedoch der neue Vorgesetzte aus dem Bedürfnis nach Popularität und Beliebtheit großzügig über Kritikwürdiges hinweg, könnte Fehlerhaftes oder Ungewünschtes bald zur Normalität zählen. Hier gilt es, Nachgiebigkeit zu vermeiden und in einer ruhigen, sachlichen, bestimmten und höflichen Form konsequent zu bleiben – mit einem für die Mitarbeiter erfreulichen Ergebnis: Sie wissen bereits nach kurzer Zeit, woran sie mit dem neuen Vorgesetzten sind.

Für die Vorgesetzte im Rollenspiel ist es an der Zeit, das Verhalten der Mitarbeiterin anzusprechen, wobei die früheren Reibereien auf kollegialer Ebene unerwähnt bleiben sollten. Jetzt geht es um eine künftige Regelung, mit der weiterer Ärger vermieden wird. Nachdem sie bereits seit vier Wochen die Vorgesetztenposition bekleidet, heißt es nun, den Anfängen zu wehren und sich nicht den Schneid abkaufen zu lassen. Ein weiteres Abwarten wäre kontraproduktiv, denn was geduldet wird, wird in der Regel bald zur Norm.

Viele Arbeitnehmer telefonieren, surfen und mailen während der Arbeitszeit privat, wobei es unerheblich ist, ob hierfür Geräte des Betriebs oder eigenes Equipment genutzt wird. Als Beobachter kann man zum Schluss kommen, dass diese Aktivitäten bei immer mehr Menschen Suchtcharakter zu haben scheinen. Es stellt sich daher die Frage, ob und in welchem Umfang die private Nutzung während der vom Arbeitgeber bezahlten Arbeitszeit zulässig ist. Bevor die Vorgesetzte mit der Mitarbeiterin spricht, sollte sie über die in dem Unternehmen gültigen Regelungen informiert sein, um sich auf einem abgesicherten Terrain bewegen zu können.

Da die Sachlage vermutlich nicht allen Beteiligten bekannt sein dürfte, werden Zusatzinformationen benötigt. Die Person, die im Rollenspiel die Vorgesetztenrolle übernimmt, erhält neben ihrer Rollenbeschreibung die folgende Information. Den übrigen Teilnehmerinnen und Teilnehmern wird dieses Blatt erst nach dem Rollenspiel ausgehändigt.

Privates Telefonieren (Surfen, Mailen) während der Arbeitszeit

Zwar hat sich die Mitarbeiterin mit ihrer Unterschrift unter den Arbeitsvertrag verpflichtet, während der Arbeitszeit zu arbeiten und nicht private Dinge zu erledigen. Ob aber das private Telefonieren mit dem Privathandy oder dem Festnetzanschluss des Arbeitgebers oder das Surfen und Mailen am Arbeitsplatz zulässig ist, hängt von der formellen oder stillschweigenden Genehmigung des Arbeitgebers ab und kann daher von Firma zu Firma unterschiedlich gehandhabt werden. Selbst wenn eine Genehmigung vorliegt, stellen ausgedehnte Privatgespräche in jedem Fall eine Arbeitsvertragsverletzung dar. Die Richter des Landesarbeitsgerichts in Köln definierten zehn Minuten täglich für private Telefonate als duldbare Größe (Urteil vom 11.2.2005 Az: 4 SA 1018/04).
Der Arbeitgeber muss nicht dulden, dass während der von ihm bezahlten Arbeitszeit vom Arbeitnehmer private Verrichtungen erledigt werden. Schließlich verwendet der Mitarbeiter unter Umständen betriebliche Einrichtungen und in jedem Fall Arbeitszeit für private Angelegenheiten. So kann die Arbeitgeberseite verbieten, dass während der Arbeitszeit privat telefoniert oder gesurft wird, dass SMS oder E-Mails versandt oder empfangen oder private Telefonate entgegengenommen werden. Nach Zustimmung des Betriebsrats gemäß § 87(1)1 BetrVerfG, der die Fragen der Ordnung im Betrieb und das Verhalten der Arbeitsnehmer betrifft, kann generell verlangt werden, dass Arbeitnehmer während der Arbeitszeit ihre Handys abschalten und damit weder telefonieren noch angerufen werden. Ein totales Handyverbot ist im Falle von Sicherheitsinteressen (zum Beispiel werden Produktionsabläufe gestört oder Messinstrumente beeinträchtigt, in Entwicklungsabteilungen wird Industriespionage befürchtet, weil Handys häufig Kamerafunktion aufweisen) möglich. Auch Anrufe von Dritten während der Arbeitszeit stellen eine Störung der Arbeitsleistung dar. Das ausdrückliche Verbot kann im Rahmen eines Arbeitsvertrags oder auch zusätzlicher Vereinbarungen etwa über die elektronische Sicherheit erfolgen.
Hält sich der Mitarbeiter nicht an das Verbot, begeht er generell mit seinem sogenannten »Zeitbetrug« eine Vertragspflichtverletzung. Der Arbeitgeber kann abmahnen und danach bei weiteren Verstößen gegebenenfalls auch kündigen.
Eine Ausnahme hebt ein ausdrückliches Verbot auf: Tritt eine Notsituation (zum Beispiel Krankheits- oder Todesfall in der Familie, Einbruch in die Wohnung) ein, kann dem Arbeitnehmer ein privates Telefonieren nicht verwehrt werden.

Achtung: Stand: 30.01.2013 – Gewähr für die Aktualität dieser Informationen wird nicht übernommen.

Sollte sich die Mitarbeiterin nach dem Gespräch über die Weisungen ihrer Vorgesetzten weiterhin hinwegsetzen, verletzt sie ihre aus dem bestehenden Arbeitsverhältnis resultierenden Verpflichtungen. Die Mitarbeiterin ist in die Arbeitsorganisation des Arbeitgebers eingegliedert und unterliegt den Weisungen des Arbeitgebers über Inhalt, Durchführung, Zeit, Dauer und Ort ihrer Tätigkeit. Die Vorgesetzte nimmt das Weisungsrecht und die Direktionsbefugnisse im Auftrage des Arbeitgebers wahr. Und hier gilt eine alte Regel: Wer ein Weisungsrecht hat, dem erwächst auch die Pflicht, das Befolgen seiner Weisungen zu überwachen.

Was würde geschehen, wenn die Vorgesetzte die widerspenstig ihre Weisungen missachtende Mitarbeiterin gewähren ließe?

- Eine Erfolg versprechende Aufgabenerledigung würde in weite Ferne rücken, wenn Mitarbeiter nur noch den Weisungen nachkämen, die ihnen zusagen.
- Das disziplinlose Verhalten einer Mitarbeiterin hätte Aufforderungscharakter an die übrigen Mitarbeiter, den Weisungen der Vorgesetzten mit Skepsis zu begegnen und sie nicht mehr ernst zu nehmen.
- Die Autorität der Vorgesetzten würde abgebaut. Schlimmstenfalls würden die Mitarbeiter ihre Vorgesetzte hinter vorgehaltener Hand als Leisetreterin, Weichspülerin oder Dauerlächlerin bezeichnen.

Hier ist zu fragen, ob Vorgesetzte Autorität besitzen müssen.

Viele Menschen verbinden mit dem Begriff »Autorität« autoritäre Verhaltensweisen von Vorgesetzten. Sie verstehen unter diesem Fremdwort eine Form ungewünschter Unterdrückung beziehungsweise unflexibler und undifferenzierter Machtausübung durch den Vorgesetzten, die sie – oft nervenaufreibend und zähneknirschend – kennen und »lieben« gelernt haben. Sie sind nach leidvollen Erfahrungen mit Vorgesetzten, die ihre Mitarbeiter zu Untergebenen, zu ausführenden Organen und zu bedingungslos Gehorchenden degradierten, sehr sensibel geworden. Dieses Vorgesetztenverhalten kennzeichnet den autoritären Führungsstil und hat nichts mit Autorität im Sinne kooperativer Menschenführung zu tun.

Autorität – ein fragwürdiger und schillernder Begriff

Die zeitgemäße Mitarbeiterführung versteht unter Autorität die Anerkennung der Führungskraft als Mensch und Vorgesetzter durch die Mitarbeiter.

Der Begriff Autorität gliedert sich in die Teilbereiche Amtsautorität, Fachautorität und persönliche Autorität, die einander ergänzen und sich gegenseitig stützen.

Bevor Sie die drei Teilbereiche der Autorität erläutern, ermöglichen Sie den Teilnehmern durch Aushändigung der Vorlage, sich Notizen zu machen.

Autorität der Führungskraft

Autorität bedeutet die Anerkennung des Vorgesetzten als Mensch und Chef durch den Mitarbeiter. Und das ist die Voraussetzung, die es dem Vorgesetzten ermöglicht, seinen leistungsgerichteten Willen auf die Mitarbeiter zu übertragen.

Die Autorität des Vorgesetzten ruht auf drei Pfeilern:

- **Amtsautorität**

  ....

  ....

- **Fachliche Autorität**

  ....

  ....

- **Persönliche Autorität**

  ....

  ....

Autoritätsdefizite sollten keinesfalls kompensiert werden durch

- Betonung des Befehlscharakters einer Weisung
- betont kollegiales oder kumpelhaftes Verhalten
- künstliche Distanz
- intrigenhaftes Ausspielen der Mitarbeiter gegeneinander
- Zurückhalten von Informationen

Die Amtsautorität (auch als hierarchische, skalare, institutionelle, formale Autorität oder Autorität »ex officio« bezeichnet) wird vom Arbeitgeber verliehen: Mit der Erteilung der Vollmacht an eine Person, den ihr zugeordneten Betriebsangehörigen Weisungen erteilen zu dürfen, wird ein Vorgesetztenstatus begründet. Damit ist für den Vorgesetzten das Recht verbunden, zur Durchsetzung seiner Anordnungen Sanktionen ergreifen zu dürfen (Positionsmacht).

Allerdings ist in unserem demokratischen Gemeinwesen die Säule der Amtsautorität schwach geworden. Titel und Rangstufen allein tun es heute nur noch selten und in der Zukunft erst recht nicht mehr. Je stärker sich ein Vorgesetzter auf seine Amtsautorität beruft, desto größer werden für ihn Führungsprobleme. Mit der starken Betonung der Amtsautorität ist vielfach ein autoritäres Vorgesetztenverhalten verbunden, welches Konflikte und Autoritätskrisen fördert und die notwendige Zusammenarbeit unnötig erschwert. Schließlich wollen Mitarbeiter in unserer Zeit als Individualisten und gleichberechtigte Partner anerkannt sein und sich nicht als Untertanen fühlen.

Fachautorität (funktionale Autorität oder Sachautorität) besitzt ein Vorgesetzter, der seine Mitarbeiter durch Sachkunde wirksam zu überzeugen vermag. In vielen Fällen meinen Vorgesetzte, sie müssten ein umfangreicheres Wissen als jeder ihrer Mitarbeiter besitzen. Träfe diese Auffassung zu, wären viele Vorgesetzte sicherlich überfordert, weil immer häufiger die Mitarbeiter (= Spezialisten) dem Vorgesetzten (= Generalist, Universalist) in ihrem Teilbereich an Sachwissen überlegen sind. Zunehmende Arbeitsteilung und ein ständig wachsendes Wissen in allen Lebensbereichen bringt es mit sich, dass immer mehr Menschen über immer weniger immer mehr wissen. Die Zeiten des »Zwerg Allwissend« sind unwiderruflich vorbei! Heutzutage kann sich kaum noch ein Vorgesetzter ständig mit jedem seiner Mitarbeiter im fachlichen Bereich messen und den Vergleich für sich entscheiden. Würde er sich dennoch in diesen fachlichen Wettbewerb stürzen, käme es zu einem unangemessen hohen Energieeinsatz, unter dem andere Aufgaben, insbesondere die von ihm wahrzunehmenden und nicht delegierbaren Führungsaufgaben leiden würden. Auch könnten dann die Mitarbeiter bald zu dem Urteil gelangen: »Der Chef weiß zwar nicht alles, dafür weiß er aber alles besser!«

Vorgesetzte sollen ein in die Breite gehendes Fach- und Methodenwissen aufweisen, während von den als Spezialisten eingesetzten Mitarbeitern ein in die Tiefe gehendes Fachwissen zu fordern ist. Es genügt, wenn Vorgesetzte über ein fachliches Grundlagenwissen zu den Tätigkeiten ihrer Mitarbeiter verfügen, um diese richtig einsetzen, beurteilen und im Bedarfsfall durch geeignete Maßnahmen unterstützen zu können. Fehlt dieses Grundlagenwissen und fällt die Führungskraft in der Sache als Gesprächspartner aus, wird für sie die Luft recht dünn.

»Nec scire fas est omnia.« – »Man muss nicht alles wissen.« *(Horaz)*

In den letzten Jahren wird erkennbar, dass Macht durch Wissen zusehends verfällt – Wissen wird demokratisiert, das heißt, der Zugang zum Wissen wird über Netzwerke künftig immer einfacher. Fachliches Wissen und Können machen in der heutigen Arbeitswelt noch keinen guten Vorgesetzten aus. Hierfür ist zusätzlich ein hohes Maß an persönlicher Autorität erforderlich.

Persönliche Autorität wird dem Vorgesetzten von seinen Mitarbeitern aufgrund seiner Persönlichkeit zuerkannt. Nach Goethe ist die persönliche Wertschätzung durch die Mitmenschen das »höchste Glück der Erdenkinder«. Grundlage der persönlichen Autorität sind die dem Vorgesetzten entgegengebrachten positiven Gefühle, die sich nicht auf einer Einbahnstraße bewegen, sondern ein gegenseitiges Vertrauensverhältnis erfordern. Dieses Vertrauenskapital ermöglicht erst eine fruchtbare Zusammenarbeit, sodass sich Mitarbeiter ohne Druck oder Drohungen für das Erreichen betrieblicher Ziele einsetzen und eine hohe Leistungsbereitschaft zeigen. Letztlich beruht die Akzeptanz eines Vorgesetzten in der Glaubwürdigkeit seiner Persönlichkeit und in seiner Fähigkeit, andere Menschen zu einer fruchtbaren Zusammenarbeit zu bringen.

Die Abwesenheit des Vorgesetzten ist ein guter Prüfstein dafür, ob er wirklich persönliche Autorität genießt. Arbeiten die Mitarbeiter mit unverminderter Selbstmotivation weiter oder wird die Abwesenheit des Vorgesetzten sofort ausgenutzt?

Fehlt es an persönlicher Autorität, wird ein Vorgesetzter mit sozialem Einfühlungsvermögen mit viel Geduld – Ungeduld wäre hier die Grundlage des Misserfolgs – die Basis für eine künftige persönliche Autorität aufbauen und nicht die Flinte nach dem Motto »Entweder hat man Autorität oder man hat sie nicht« ins Korn werfen.

Insbesondere sieben Aspekte wären ins Blickfeld zu nehmen:

- Mitarbeiter werden ohne Vorurteile und Überheblichkeit als Partner betrachtet und behandelt. Der Vorgesetzte lässt sie aktiv am Willensbildungsprozess im Rahmen ihrer Fähigkeiten, ihres Wissens und ihrer Erfahrung mitwirken.
- Die Führungskraft zeigt eine ausgeprägte Kommunikationsbereitschaft: die Bereitschaft, sich mitzuteilen, und die Fähigkeit, zuzuhören und sich einzufühlen.
- Im persönlichen Verhalten wird der Vorgesetzte Vorbild für die Mitarbeiter sein, zum Beispiel Einsatzbereitschaft dokumentieren, Loyalität gegenüber Mitarbeitern zeigen, auf Privilegien verzichten.

»Wenige Dinge auf Erden sind lästiger als die stumme Mahnung, die von einem guten Beispiel ausgeht.« *(Mark Twain)*

Vorbildfunktion

Die Römer erkannten vor 2000 Jahren: »Der Verwalter muss mit gutem Beispiel vorangehen, als Erster wach sein und persönlich mit den Leuten an die Arbeit gehen. Er hat nicht nur zu befehlen, sondern so zu handeln, dass der Arbeiter ihn nachahmt.«
(Aus einer Beschreibung der römischen Führung der Kaiserzeit)

- Außerdem braucht der Vorgesetzte ein gesundes Selbstvertrauen, indem er schwierigen Situationen mit Gelassenheit begegnet, den Mut zum Entscheiden besitzt (s. S. 163 ff.) und auch bereit ist, eigene Fehler einzugestehen (s. S. 152 f.).
- Durch das Herausstellen des Prinzips der Delegation von Aufgaben, Kompetenzen und Verantwortung ermöglicht er den Mitarbeitern ein großes Maß an Selbstständigkeit.
- Die Führungsmittel Anerkennung und Kritik sollte er situationsgerecht und aufbauend einsetzen.
- Das richtige Maß an Führungswillen ist ebenfalls wichtig. Das Führen am überlangen Zügel bringt kaum die gewünschten Ergebnisse, sondern wird von Mitarbeitern als Führungsschwäche bewertet. Auch wird ein zu starker Führungswille abgelehnt, weil er oft mit Druck und Manipulation einhergeht.

»Wer wirklich Autorität hat, braucht sich nicht zu scheuen, Fehler zuzugeben.« *(Bertrand Russell)*

Auf keinen Fall darf fehlende persönliche Autorität durch gelegentlich in der Praxis erkennbare Überlebensstrategien ersetzt werden, so zum Beispiel durch

- Betonung des Befehlscharakters einer Weisung,
- betont kollegiales Verhalten (Mitarbeiter werden zu Kumpeln, deren Kooperationsbereitschaft durch Anbiederung oder Schulterklopfen erkauft),
- künstliche Distanz (es wird geradezu ängstlich jeder persönliche Kontakt vermieden in der Hoffnung, dadurch eher eine unangreifbare Position zu erlangen – anzustreben ist eine gedeihliche Distanz – s. S. 55 f.).
  Beim Umgang mit Nähe und Distanz zu Mitarbeitern stellt sich häufig die Frage, ob das bisher übliche Duzen unter Kollegen nach der Beförderung zum Vorgesetzten fortzuführen ist. Vorrangig sind sowohl die üblichen Usancen im Betrieb als auch die in den letzten Jahren verstärkt um sich greifenden gelockerten Umgangsformen im gesellschaftlichen Bereich zu beachten. Hält der frischgebackene Vorgesetzte es hiernach für sinnvoll, zum Sie zurückzukehren, verdeutlicht er es den Mitarbeitern in einem offenen Gespräch. Ohne diesen Dialog könnte das Umschalten auf Sie als vorsätzliche Abkühlung vonseiten des Vorgesetzten missverstanden werden. Es ist klar zu sagen, aus welchen Gründen im Betrieb auf ein konsequentes Sie Wert gelegt wird. Dabei ist zu verdeutlichen, dass ein Siezen nicht nur Abstand und Distanz schaffen kann, sondern auch im offiziellen Bereich als Ausdruck gegenseitigen Respekts zu werten ist. Im privaten Bereich kann es beim Du bleiben.
- Intrigenhaftes Ausspielen der Mitarbeiter untereinander sollte vermieden werden und nicht das Motto gelten: solange die Mitarbeiter sich gegenseitig bekämpfen, bleibe ich unangetastet.
- Zurückhaltung von Informationen ist ebenfalls ein Tabu. Mitarbeiter werden sonst in einer Abhängigkeit gehalten, weil diese wegen fehlender Informationen nur unzureichend eigenständig arbeiten können und demzufolge ständig auf den im Besitz der erforderlichen Informationen befindlichen Vorgesetzten angewiesen sind.

Die Führungsrolle eines Vorgesetzten ist optimal, wenn der Vorgesetzte das erforderliche in die Breite gehende Fachwissen besitzt und ihm von seinen Mitarbeitern persönliche Autorität zuerkannt wird.

Autorität ist unverzichtbar. Zwar wird oft der soziale Wandel moderner Industriegesellschaften irrtümlich für eine Auflösung von Autorität verantwortlich gemacht. Tatsächlich haben sich nur Inhalt und Form der Autorität gewandelt. Die auf Tradition und Herkommen gegründete ursprüngliche Autorität ist einem komplexen Autoritätsbegriff gewichen, der erfolgreiche Mitarbeiterführung in unserer Zeit erst ermöglicht. Während ein Vorgesetzter seine fachliche Autorität durch Aus- und Fortbildungsmaßnahmen verbessern kann, muss er sich die ihm von seinen Mitarbeitern verliehene persönliche Autorität tagtäglich immer wieder neu verdienen. Vor allem die persönliche Autorität ist entscheidend für das Führungsgeschehen.

»Die Autorität, die sich auf Zuneigung stützt, hat sichere Gefolgschaft.« *(Gottlieb Dudweiler)*

Das Rollenspiel sollte möglichst unter der Prämisse »In der Sache hart, aber verbindlich im Ton« geführt werden. Dadurch kann trotz gegenwärtiger Dissonanzen ein Klima erzeugt werden, welches längerfristig zu einer gedeihlichen Zusammenarbeit beitragen dürfte.

So mancher »altgediente« Vorgesetzte hat eine Erfahrung gemacht: Auch wenn momentan ein Mitarbeiter nicht mit einer Sachaussage einverstanden ist und vielleicht »schäumt«, sollte der Vorgesetzte souverän und menschlich verbindlich bleiben. Zumeist wird der Mitarbeiter – nachdem er eine Nacht darüber geschlafen hat – die Gesprächsergebnisse akzeptieren und sein Verhalten danach ausrichten.

Rollenspiel 13: Junger Vorgesetzter – älterer Mitarbeiter, der sich übergangen fühlt

Führungsnachwuchskräfte fühlen sich häufig nicht wohl bei der Vorstellung, lebensälteren Mitarbeitern Weisungen erteilen zu müssen. Da dem Jüngeren die Vorgesetztenstelle aus gutem Grund übertragen wurde, sollte er seine neue Rolle unabhängig vom Alter der Mitarbeiter ohne Zaudern annehmen. Undiplomatisch wäre die Erklärung, dass mit gleicher oder größerer Berechtigung ein Älterer auf dem Chefsessel sitzen müsste. Häufen sich anschließend die Schwierigkeiten mit älteren Mitarbeitern, darf sich hierüber niemand wundern.

Dem Alter der Mitarbeiter kommt grundsätzlich keine ausschlaggebende negative Bedeutung zu. Das körperliche Leistungsvermögen älterer Mitarbeiter mag zwar gegenüber jüngeren eingeschränkt sein, dafür erreicht die geistige Leistungsfähigkeit erst im fortgeschrittenen Lebensalter ihren Zenit.

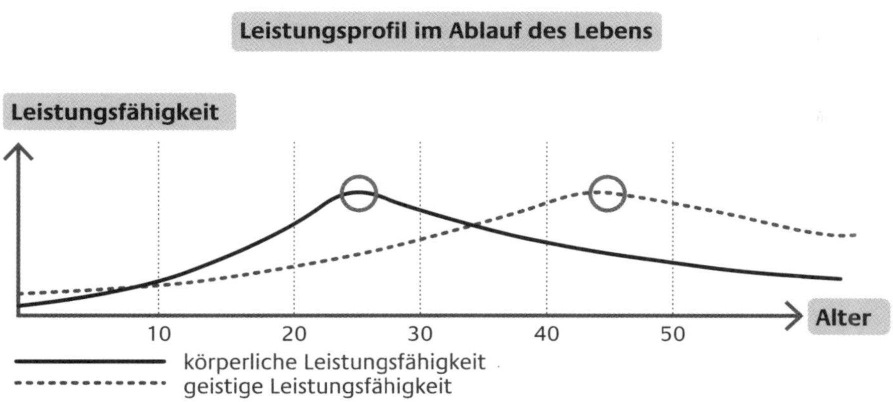

Generell lassen sich bei älteren Mitarbeitern Plus- und Minuspunkte beobachten.

Pluspunkte für ältere Mitarbeiter	Minuspunkte für ältere Mitarbeiter
▪ Identifikation mit dem Unternehmen ▪ geringere Fluktuationsrate ▪ Erfahrungen ▪ Sorgfalt ▪ Umsicht ▪ Geduld ▪ Zuverlässigkeit ▪ Verantwortungsbewusstsein	▪ mangelnde Mobilität ▪ geringere Flexibilität ▪ nachlassende Innovationskraft ▪ weniger Dynamik ▪ eventuell geringere Lernfähigkeit ▪ nachlassende körperliche Leistungsfähigkeit ▪ nicht immer aktuelles Fachwissen

Interessant ist, dass sich die Pluspunkte älterer Mitarbeiter regelmäßig als Minuspunkte der Jüngeren erweisen, während die Schwächen der Älteren überwiegend zu den Stärken junger Mitarbeiter zählen. Hieraus ergibt sich, dass sich jüngere und ältere Mitarbeiter in ihrer Leistungsfähigkeit und in ihren Stärken und Schwächen ergänzen. Die Kombination von jüngeren und älteren Mitarbeitern in Unternehmen stellt daher eine gesunde Mischung dar. Sie verleiht einem Betrieb Stabilität und gewährleistet Kontinuität auf dem Weg in die Zukunft.

Ein junger Vorgesetzter ist gut beraten, wenn er sich des Erfahrungsschatzes älterer Mitarbeiter bedient. So wird er regelmäßig bei älteren Mitarbeitern auf offene Ohren stoßen, wenn er unter Hinweis auf deren Lebens- und Berufserfahrung gerade heikle und wichtige Aufgaben an sie überträgt. Das soll im Rollenspiel ebenso geübt werden wie die Herangehensweise an ein eventuell konfliktreiches Gespräch.

Rollenspiel: Junger Vorgesetzter – älterer Mitarbeiter, der sich übergangen fühlt

Rolle des Vorgesetzten

Sie sind 28 Jahre alt und hatten das Glück, nach einem längeren Einsatz in der Zentrale der Einzelhandelskette »Gut-und-preiswert« zum Filialleiter für eine große Filiale mit 140 Mitarbeitern bestellt zu werden. Der bisherige Stelleninhaber, Herr Brückmann, schied nach seinem zweiten Herzinfarkt aus dem Erwerbsleben aus. Da die Geschäftsleitung dem 52 Jahre alten stellvertretenden Filialleiter .... die Spitzenposition nicht zutraute, erhielten Sie diesen Posten. Böse Zungen behaupten allerdings, Sie hätten den Vorzug nur deshalb erhalten, weil Sie mit der Tochter des Unternehmensgründers verheiratet sind.

Vermutlich fühlt sich .... durch Ihre Beförderung übergangen, zumal er sich Hoffnung gemacht hatte, nun endlich »erster Mann« in der Filiale zu werden. Nach Arbeitsbeginn kam es bald zwischen Ihnen und Herrn .... zu fachlichen Auseinandersetzungen. Hier mussten Sie erkennen, dass Ihr Vertreter ein fachlich versierter und erfahrener Mann ist, auf dessen Know-how die Filiale nur schwerlich verzichten kann. Allerdings hatten Sie schnell erkannt, dass er über eingeschränkte Führungsqualitäten verfügt.
Seit einigen Wochen beobachten Sie bei Ihrem Stellvertreter Anzeichen für eine innere Kündigung:

- Ihr Stellvertreter geht Diskussionen mit Ihnen aus dem Wege beziehungsweise meldet bei Differenzen nur halbherzig Widerspruch an.
- Sie haben den Eindruck, ... arbeite nur noch auf Sparflamme.
- .... wehrt sich nicht, wenn Abteilungsleiter in seinen Zuständigkeitsbereich eingreifen.
- Der Informationsfluss von .... zu Ihnen ist fast versiegt. Sie haben das Gefühl, er geht Ihnen aus dem Weg.
- Zunehmend nutzt .... während der Arbeitszeit Freiräume für persönliche Interessen.

Da die Aufgabenerledigung unter dieser Situation leidet, Mitarbeiter bereits untereinander tuscheln und Sie dieses Verhalten Ihres Vertreters nicht akzeptieren, bitten Sie Herrn .... zu einem Gespräch in Ihr Büro.

Rolle des Mitarbeiters

Seit zwölf Jahren sind Sie stellvertretender Filialleiter in einer großen Filiale (140 Mitarbeiter) der Einzelhandelskette »Gut-und-preiswert«. Mit Ihren 52 Jahren sind Sie fachlich so versiert, dass Ihnen niemand in der Filiale das Wasser reichen kann.
Zu dem früheren Filialleiter Brückmann hatten Sie einen guten Draht. Immer wieder wurden Sie als Vertreter des Filialleiters mit interessanten Arbeiten betraut. Daraus resultierende Erfolge steigerten Ihre Motivation, sodass Sie sich Hoffnung machten, nach dem in absehbarer Zeit bevorstehenden Ausscheiden des gesundheitlich angeschlagenen Brückmann die Filialleitung zu übernehmen. Diesen Wunsch hatten Sie mit Filialleiter Brückmann besprochen, der für Sie ein gutes Wort einlegen wollte.
Als bekannt wurde, dass Herr Brückmann nach seinem zweiten Herzinfarkt nicht mehr wiederkommen würde, sahen Sie Ihre Stunde gekommen. Zu Ihrem Entsetzen erfuhren Sie aber, dass die Geschäftsleitung die Stelle mit einem jungen Mitarbeiter aus der Zentrale besetzen wolle. Sie intervenierten bei der Geschäftsleitung, hatten jedoch keinen Erfolg. Es wird gemunkelt, dass der Ihnen vor die Nase gesetzte neue

Filialleiter, Herr .... die Position nur deshalb erhalten habe, weil er mit der Tochter des Unternehmensgründers verheiratet ist.
Jetzt sind Sie bitter enttäuscht, weil sich Ihr jahrelanger Powereinsatz nicht ausgezahlt hat. Auch fühlen Sie sich sehr unwohl bei der Vorstellung, noch jahrelang Vertreter Ihres 28 Jahre alten Vorgesetzten zu sein, der Ihre fachliche Kompetenz bei Weitem nicht besitzt. Sie arbeiten nun auf Sparflamme und richten Ihre Aufmerksamkeit auf einen Firmenwechsel.
Von einer Firma in Köln erhielten Sie bereits ein interessantes Angebot, für das Sie sich wegen eines erforderlichen Umzugs (Sie haben zwei schulpflichtige Kinder und bewohnen ein Einfamilienhaus, das noch nicht abgezahlt ist) noch nicht so richtig begeistern können.
Sollte es aber zu unangenehmen Auseinandersetzungen mit Ihrem neuen Vorgesetzten kommen, sind Sie zu einer sofortigen Vertragsauflösung bereit.

Besteht für den neuen Filialleiter eine Chance, den sich abzeichnenden Konflikt mit dem Stellvertreter frühzeitig aufzulösen?

Fest steht: Je länger Konflikte unter den Teppich gekehrt werden, umso mehr pflegen sie zu wachsen und irgendwann mit Brachialgewalt über die Beteiligten hereinzubrechen. Bis dahin kosten sie bei den Akteuren ständig Energie und Nerven, die doch der guten Aufgabenerledigung vorbehalten sein sollten.

Jeder Mensch sollte den Grundsatz verinnerlichen: Wenn mir etwas nicht gefällt, spreche ich es an! Dabei beherzige ich, dass der Ton die Musik macht!

Bevor wir uns weiter ärgern und damit unsere Lebensqualität einschränken, reden wir mit demjenigen, der uns Probleme bereitet. Unser Risiko ist gering: Schlechter kann die Situation durch das in zivilisierter Tonlage geführte Gespräch kaum werden, wir haben aber eine sehr gute Chance, den Konflikt aufzulösen. Und je früher dies geschieht, umso eher können wir uns unbelastet den üblichen Anforderungen des täglichen Lebens zuwenden.

Auf dieser Empfehlung aufbauend hätte der neue Filialleiter in seinen ersten Tagen als Vorgesetzter mit den ihm direkt zugeordneten Mitarbeitern (Mitglieder der Führungsmannschaft) individuelle Kennenlerngespräche führen müssen. Sie stellen eine gute Gelegenheit dar, mit jedem Mitarbeiter ein wenig näher bekannt zu werden, sich einen ersten Eindruck von seinen Stärken und Schwächen zu verschaffen und vielfältige wertvolle Informationen zu erhalten.

Kennenlerngespräche führen

Zur Vorbereitung des Gesprächs sollte der Vorgesetzte Organigramme, Stellenbeschreibungen, Arbeitsflussdiagramme, Zielvereinbarungen, Arbeits- und Projektberichte und Ähnliches auswerten. Auf dieser Grundlage steht der Vorgesetzte als kompetenter Gesprächspartner zur Verfügung, der sich bereits im Vorfeld des Zusammentreffens mit dem jeweiligen Mitarbeiter beschäftigt hat – ein Signal, das von den Mitarbeitern mit Respekt positiv gewertet wird.

Die folgende Vorlage erhalten alle Seminarteilnehmer, damit sie sich mit den Fragen, die in einem Kennenlerngespräch wichtig sind, beschäftigen können.

Fragen für ein individuelles Kennenlerngespräch

- Welche Aufgaben, Kompetenzen und Verantwortungen obliegen Ihnen?
- Welche Projekte führten Sie mit welchen Ergebnissen durch?
- Wo lagen aus Ihrer Sicht die Ursachen für Erfolge und Misserfolge in der bisherigen Arbeit?
- Wie weit sind Sie bei der Realisierung vereinbarter Ziele gekommen?
- Wo sehen Sie Ihre Stärken und Schwächen?
- Wie schätzen Sie die Stärken und Schwächen des Teams ein?
- Wo erkennen Sie gegenwärtige und künftige Engpässe?
- Wo sehen Sie insgesamt einen baldigen Handlungsbedarf?
- Wer sind die wichtigsten Kunden und Ansprechpartner? Und wie stellt sich mit diesen die Zusammenarbeit dar?
- Wo sehen Sie bei sich Entwicklungsbedarf?
- Was erwarten Sie von mir, Ihrem neuen Vorgesetzten?
- Wo sehen Sie Problemfälle, über die wir bisher noch nicht gesprochen haben?

Im vorgegebenen Rollenspiel ist dem Filialleiter bekannt, dass sich sein Stellvertreter erfolglos um seine Position bemüht hat. Er übernimmt im Gespräch die Regie und erörtert diesen Punkt im Kennenlerngespräch. Damit kann er vermeiden, dass sich der Übergangenfühlende zu einem Quertreiber entwikkelt, der dem Beförderten die Position streitig macht. Gelingt es, die Loyalität des Enttäuschten über längerfristig zu realisierende faire Angebote (zum Beispiel gezielte Förderung und Unterstützung bei innerbetrieblichen Stellenausschreibungen, Übertragung wichtiger Projekte) zu gewinnen, verhindern keinerlei Ressentiments mehr die angestrebte gedeihliche Zusammenarbeit.

Fand kein Kennenlerngespräch statt, wird der Vorgesetzte spätestens dann aktiv, wenn sich beim Mitarbeiter Frustrationen (s. S. 230) bemerkbar machen. In einem ruhigen und sachlichen Gespräch muss die Situation erörtert und der Mitarbeiter bewegt werden, die gezeigte Blockadehaltung aufzugeben.

Beispiel für den Gesprächseinstieg bei einem frustrierten Mitarbeiter

»Herr ...., mir sind in den vergangenen zwei Wochen drei Situationen aufgefallen, über die ich mit Ihnen sprechen möchte. Und zwar ... (hier werden selbst beobachtete, konkrete Situationsbeschreibungen aufgezählt. Auf keinen Fall dürfen es nur vage Hinweise sein, für die keine Fakten vorliegen). Daraus ergibt sich für mich die Erkenntnis, dass Sie mit der Situation seit meinem Eintreffen nicht glücklich sind. Ich kann nachvollziehen, dass Sie enttäuscht sind, die Filialleitung nicht übertragen bekommen zu haben. Mit meiner Beförderung zum Filialleiter traf die Geschäftsleitung eine klare Entscheidung. Die Beweggründe für diese Entscheidung kenne ich nicht – auch hat die Geschäftsleitung diese Entscheidung zu vertreten und nicht ich. Jetzt ist es Fakt, dass ich hier die Gesamtverantwortung trage. Dabei bin ich nicht bereit, mir von Ihnen oder einer anderen Person Steine in den Weg legen zu lassen, die unseren gewünschten gemeinsamen Erfolg beeinträchtigen.

Ich biete Ihnen unabhängig von den bisherigen Geschehnissen eine vertrauensvolle Zusammenarbeit an. Da Sie mein Stellvertreter sind, ist es zwingend erforderlich, gemeinsam an einem Strang zu ziehen. Sie wurden mir von allen Seiten als versierter, erfahrener und fachlich sehr kompetenter Mitarbeiter beschrieben. Allerdings habe ich davon bisher kaum etwas erkennen können. Sie fühlen sich vermutlich zu Unrecht übergangen und ziehen sich immer mehr zurück.

Damit unterstreichen Sie aber nicht Ihren Wunsch, Filialleiter zu werden. Im Gegenteil: Wie soll ich Sie guten Gewissens bei Ihrem jetzigen Verhalten bei künftigen innerbetrieblichen Stellenausschreibungen unterstützen? Ich will das gern für Sie tun. Zeigen Sie mir dann aber in der täglichen Arbeit, dass Sie ein wirklich guter Mitarbeiter und potenzieller Filialleiter sind. Jetzt verlange ich von Ihnen Loyalität und Kooperation, genau wie Sie an meiner Stelle Loyalität und Kooperation von jedem Ihrer Mitarbeiter einfordern würden.

Ich stelle mir unsere künftige Zusammenarbeit folgendermaßen vor ... Wie stehen Sie dazu?

Kommen wir zu einem für uns beide zufriedenstellenden Ergebnis, verlassen Sie bitte den Schmollwinkel und zeigen Sie mir, dass ich mit Ihnen rechnen kann. Dann haben Sie mich bei Ihren beruflichen Plänen voll auf Ihrer Seite. Welche von mir unterstützten Fortbildungen oder besonders herausgehobenen Projekte Ihnen dabei helfen können, sollten Sie überlegen und dann mit mir besprechen ...«

Mit diesem Angebot sollte es dem Vorgesetzten gelingen, einen frustrierten Mitarbeiter wieder zu motivieren. Bleibt es aber bei dem Rückzugsverhalten, lässt sich der Vorgesetzte das nicht gefallen, sondern beobachtet intensiv das Verhalten seines Stellvertreters, um gegebenenfalls arbeitsrechtliche Schritte einleiten zu können.

Dieses Rollenspiel kann zudem zum Anlass genommen werden, die Begriffe »Stellvertretung« und »innere Kündigung« zu thematisieren.

Stellvertretung

Es genügt nicht, einen Mitarbeiter zum offiziellen Stellvertreter des Vorgesetzten zu bestellen. Wenn – wie in diesem Rollenspiel – die Kommunikation zwischen dem Stelleninhaber und dem Vertreter gestört ist, kann im Falle einer längeren Abwesenheit des Vorgesetzten kaum eine zufriedenstellende Aufgabenerledigung gewährleistet werden. Es fehlt an Kontinuität, sodass sich Reibungen und Verluste einstellen: Der Zuständigkeitsbereich gerät ins Stocken, wichtige Termine sind nicht mehr zu halten, zu treffende Entscheidungen weichen von der bisherigen Linie ab, Auftragsrückstände übersteigen ein vertretbares Maß, bereits eingeplante Aufträge gehen verloren und so weiter.

Soll die Stellvertretung dem entgegenwirken, muss der Stellvertreter eingearbeitet und kontinuierlich mit wichtigen arbeitsplatzrelevanten Informationen versorgt werden, damit er aus dem Stand heraus im Vertretungsfall die Aufgaben in erfolgreicher Weise übernehmen kann.

Zwei Forderungen sind zwingend vom Stellvertreter zu erfüllen:

- Er muss auf Kontinuität achten, darf also keinesfalls umfangreiche Änderungen vornehmen, die vom Stelleninhaber als Anmaßung empfunden werden.
- Ferner muss er gegenüber dem Stelleninhaber absolute Loyalität und Fairness wahren und nach bestem Wissen und Gewissen in dessen Sinne handeln.

Nur dann erfüllt die Stellvertretung ihren Sinn. Die Ausgangslage im Rollenspiel lässt vermuten, dass der junge Vorgesetzte auf Dauer seinen Stellvertreter als Konkurrenten betrachten wird, der nur auf seinen Abgang wartet oder diesen durch eigenes Handeln noch beschleunigen will.

Demzufolge stellt sich die gegenwärtige Situation für den verantwortungsbewussten Vorgesetzten als unhaltbarer Zustand dar. Er wird sehr deutlich unter Nennung beobachteter und erkannter Fakten auf das Fehlverhalten hinweisen und im Wiederholungsfall auf eine organisatorische Änderung drängen. Wird eine Entbindung von der Stellvertreterposition ausgesprochen, kommt die damit verbundene Bedeutungsverringerung einem gravierenden Gesichtsverlust gleich.

Innere Kündigung

Alljährlich sorgen die Zahlen der vom Gallup-Institut veröffentlichten Mitarbeiterzufriedenheitsstudie (www.gallup.de) in Deutschland für Interesse und Erstaunen. So hatten im Jahr 2012 nur 15 Prozent der Arbeitnehmer in Deutschland ein echtes Interesse an ihrer Arbeit. 61 Prozent der Befragten machten Dienst nach Vorschrift. 24 Prozent der Arbeitnehmer (= 8,4 Millionen Menschen) hatten innerlich bereits gekündigt. Nach Gallup-Hochrechnungen belaufen sich die jährlichen Kosten hierdurch entstehender Produktionseinbußen auf 112 bis 138 Milliarden Euro. Außerdem sind emotional ungebundene Mitarbeiter eher zum Arbeitgeberwechsel bereit und weisen auch mehr Fehltage auf. Der deutschen Wirtschaft entstehen allein aufgrund höherer Fehlzeiten der innerlich Gekündigten jährlich Kosten in Höhe von 18,3 Milliarden Euro.

Halten wir fest: Die früher hochgelobte deutsche Arbeitstugend Fleiß zeigt nicht jeder in Deutschland Arbeitende am Arbeitsplatz. Vorrangig ungeliebte Arbeiten oder abgelehnte Arbeitsbedingungen lassen bei manchen Menschen Unlust erkennen. Sie folgen mit Freuden dem augenzwinkernden Rat Erich Kästners:

Seht euch vor, bevor ihr schuftet!
Zieht euch keinen Splitter ein!
Wer behauptet, dass Schweiß duftet,
ist, ganz objektiv, ein Schwein.

Vieles tun heißt vieles leiden.
Lebt, so gut es geht, von Luft!
Arbeit lässt sich nicht vermeiden,
doch wer schuftet, ist ein Schuft.

Auch solidarisieren sich etliche Arbeitnehmer mit der platten Aussage des Volksmunds: Arbeit ist die Würze des Lebens – darf also nur mäßig genossen werden!

Bei dieser Geisteshaltung kann bald der Entschluss reifen, innerlich zu kündigen. Mit der inneren Kündigung hat sich der Berufstätige festgelegt, nicht zu kündigen, dem Betrieb die Treue zu halten und künftig als Minimalist zu agieren. Man ist körperlich zwar noch anwesend, hat aber den inneren Schongang eingelegt und sich vom Betriebsgeschehen schon weitgehend abgenabelt. Äußerlich spielt man zwar immer noch irgendwie mit, um nicht arbeitsrechtlich aufzufallen, aber ansonsten ist man nur noch bereit, das unbedingt Notwendige zu tun, um nicht negativ aufzufallen. Fortan betrachtet dieser Mitarbeiter seine Arbeit als den finanziell bedingten Verzicht auf Freizeit. Er sucht folgerichtig seine Lebenserfüllung ausschließlich außerhalb des Betriebs.

Die Leistungszurückhaltung bei innerer Kündigung wird auch umschrieben als

- freizeitorientierte Schonhaltung
- resignative Zufriedenheit
- innere Emigration
- Flucht in die Freizeit
- Selbstpensionierung
- innerer Vorruhestand
- Dienst nach Vorschrift
- bewusster Selbstverzicht auf Engagement und Eigeninitiative

Als Ursachen für innere Kündigung sind situationsbezogene (zum Beispiel Arbeitsplatzgestaltung, Zeitdruck, umständliche Arbeitsabläufe) und personale Faktoren (beispielsweise fehlendes Know-how, abweichende Zielvorstellungen) zu nennen. Trotz der Vielzahl möglicher Ursachen deuten bestimmte Signale auf innere Kündigungen hin.

Signale, die auf eine innere Kündigung hinweisen

- Dem Vorgesetzten wird kaum noch widersprochen, selbst wenn dies aus sachlichen Erwägungen erforderlich ist. Man will nicht anecken, sondern seine Ruhe haben.
- Die mit dem Arbeitsplatz verbundenen Kompetenzen werden nicht mehr ausgeschöpft.
- Arbeitsleistung, Arbeitsqualität und Arbeitsvolumen vermindern sich. Es wird eine Minimalleistung abgeliefert, die gerade noch eine Fortsetzung des Arbeitsverhältnisses ermöglicht.
- Betriebliche Fehlentwicklungen und Problemfelder werden nicht konstruktiv aufgegriffen und gelöst. Es wird kein Anlass gesehen, sich mit Unzulänglichkeiten zu beschäftigen und sich über Gebühr zu exponieren. An die Stelle konstruktiver Auseinandersetzungen treten Waffenstillstand und Sendepause.
- Über die normale Arbeitszeit hinaus opfert der Mitarbeiter für den Betrieb keine Minute seiner Freizeit. Die Bereitschaft sinkt, plötzlich erforderlich werdende Überstunden zu leisten.
- Man fühlt sich gerade noch für den eigenen Arbeitsplatz verantwortlich und ist nicht zur Hilfeleistung beim Auftreten ungewöhnlicher Situationen bereit (Weshalb ich? Sollen das doch die anderen machen!).
- Gegenüber Kundenreklamationen herrscht Gleichgültigkeit.
- In Besprechungsrunden exponiert man sich nicht, sondern schließt sich regelmäßig der Mehrheit an. Es werden keine Vorschläge eingebracht, denn diese könnten Mehrarbeit nach sich ziehen.
- Wenngleich in den letzten Jahren die Fehlzeiten durch Erkrankungen ständig zurückgingen, greift mancher Arbeitnehmer ohne Gewissensbisse jede günstige Gelegenheit zum Krankmelden auf.
- Während der Arbeitszeit werden private Dinge erledigt. Darüber hinaus werden Arbeitspausen ganz allmählich ausgedehnt.
- Ein allgemeines Desinteresse nach der Devise »Jeder ist sich selbst der Nächste« greift um sich.

Wenngleich diese Auflistung vermutlich noch um einige Indikatoren erweitert werden kann, stellt sie doch eine gute Grundlage für Ihre Analyse dar. Treffen mehrere Aspekte auf einen Mitarbeiter zu, wird die Wahrscheinlichkeit größer, dass die innere Kündigung weit fortgeschritten ist.

Fazit Vom innerlich gekündigten Mitarbeiter ist kaum Widerspruch zu erwarten. Er reiht sich in die große Zahl »grauer Mäuse« ein, die nur selten auffallen. Auf den ersten Blick ist er in seinem Auftreten loyal, pflegeleicht und zahm. Tatsächlich betrügt dieser Mitarbeiter seinen Arbeitgeber um den Teil seiner Arbeitskraft, der zwar honoriert wird, für den er indes die geschuldete Gegenleistung nicht erbringt!

Dass der Vorgesetzte dieses Verhalten nicht akzeptiert, sondern gegensteuert, sollte nicht strittig sein. Im Extremfall kann es zu der Kündigung des Arbeitsverhältnisses kommen. Bevor dies geschieht, wird sich der Vorgesetzte mit der Frage befassen, wie aus einem Minimalisten ein Maximalist wird, also ein Mitarbeiter, der seiner Arbeit und seinem Betrieb wieder voll zur Verfügung steht.

Um den ehemals produktiven Mitarbeiter zu reaktivieren, ihn aus dem freiwilligen Abseits zu holen und ihn wieder zu einem engagierten Mitarbeiter im Zentrum des Geschehens zu machen, sollten ihm Motivatoren (s. S. 130 ff.) angeboten werden. Diese erhöhen das Maß an Zufriedenheit, vergrößern die Arbeitsfreude und heben allmählich die innere Kündigung auf. Dem Mitarbeiter wird wieder bewusst, dass seine Arbeit ein wichtiger Bestandteil seines Lebens ist und dass seine positive Einstellung zur Berufstätigkeit auch auf die übrigen Lebensbereiche ausstrahlt und letztlich zur Erhöhung der Lebensqualität beiträgt.

Rollenspiel 14: Mitarbeiterin möchte aufsteigen, die Vorgesetzte hat Vorbehalte

Tritt ein Mitarbeiter mit dem Wunsch nach einem beruflichen Aufstieg an den Vorgesetzten heran, kann im Falle der Zustimmung vermutet werden, dass anschließend das Verhältnis zu diesem Mitarbeiter unter einem guten Stern steht. Ob aber eine positive und vertrauensvolle Zusammenarbeit erhalten bleibt, wenn der Wunsch abgelehnt wird? Vermutlich wird der Mitarbeiter enttäuscht sein und nach den Ablehnungsgründen fragen. Werden diese genannt, ergeben sich hieraus für den Mitarbeiter Anknüpfungspunkte, um sein Anliegen zu untermauern und doch noch zu einem positiven Ergebnis zu gelangen. Da der Vorgesetzte kaum »umfallen« wird, verhärtet sich die Situation zusehends und erschwert die künftige Zusammenarbeit.

In diesem Rollenspiel und der folgenden Auswertung soll vermittelt werden, wie Forderungen von Mitarbeitern zurückgewiesen werden können, ohne dass der Mitarbeiter danach demotiviert Zurückhaltung übt.

Rollenspiel: Mitarbeiterin möchte aufsteigen, die Vorgesetzte hat Vorbehalte

Rolle der Vorgesetzten

Sie nehmen im Einkauf eines weltweit agierenden Bekleidungsunternehmens die Funktion einer Teamleiterin (Chefeinkäuferin) für Damenoberbekleidung ein.

Die vor knapp zwei Jahren als Teamassistentin eingestellte Frau .... hatte kürzlich den Wunsch geäußert, Junioreinkäuferin werden zu wollen. Sie nahmen zur Äußerung Ihrer Mitarbeiterin noch nicht konkret Stellung, sondern versprachen, sich ihr Anliegen durch den Kopf gehen zu lassen und danach die Mitarbeiterin wieder anzusprechen. Dies soll heute geschehen.

Mittelfristig sind im Hause immer wieder entsprechende Stellen durch die natürliche Fluktuation zu besetzen. Sie sind nach reiflichem Überlegen zur Auffassung gelangt, dass die Mitarbeiterin sich überschätzt, sodass Ihnen gegenwärtig ein innerbetrieblicher Aufstieg ausgeschlossen erscheint. Zwar wurde die Mitarbeiterin im Rahmen von Urlaubsvertretungen für Junioreinkäufer mehrfach mit der Materie konfrontiert, doch handelte es sich dabei stets um eng begrenzte Aufträge, die dann auch nur mit gerade noch akzeptierbaren Ergebnissen ausgeführt worden waren.

Wenn Frau .... klare Anweisungen erhält, führt sie diese aus. Allerdings mangelt es hin und wieder an Selbstständigkeit und Eigeninitiative. Auch ist ihr Verhandlungsgeschick nicht besonders ausgeprägt, was sich insbesondere dann negativ bemerkbar macht, wenn Gespräche in Englisch geführt werden. Zwar kommen Frau .... die Fertigkeiten und Kenntnisse aus ihrer Berufsausbildung als Modeschneiderin (drei Jahre Lehre) zugute, aber fachliche Lücken im Einkauf können damit nicht geschlossen werden.

Rolle der Mitarbeiterin
Seit knapp zwei Jahren sind Sie als Teamassistentin im Segment Damenoberbekleidung eines weltweit agierenden Unternehmens tätig, nachdem Sie eine dreijährige Berufsausbildung als Modeschneiderin erfolgreich abgeschlossen hatten. Sie hatten sich ausgemalt, dass die Stelle als Teamassistentin Ihr Sprungbrett für verantwortungsvollere Aufgaben sein sollte.
Eine zum gleichen Zeitpunkt eingestellte gute Kollegin aus der Abteilung Sportbekleidung, mit der Sie regelmäßig das Fitnesscenter besuchen, hat vor einigen Tagen den Sprung zur Junioreinkäuferin geschafft. Sie ist nach Ihren Beobachtungen auch nicht qualifizierter als Sie. Zudem haben Sie bereits in der Vergangenheit im Rahmen von Urlaubs- und Krankheitsvertretungen Aufgaben von Junioreinkäufern wahrgenommen. Sie meinen, dass diese erfolgreich verlaufen seien, da es keine negativen Rückmeldungen zu Ihren Arbeitsergebnissen gab.
Vor Kurzem sprachen Sie Ihre Teamleiterin darauf an, dass Sie Junioreinkäuferin werden wollen. Ihre Teamleiterin wollte sich Ihr Anliegen durch den Kopf gehen lassen und Sie danach wieder ansprechen.

Entwickeln Mitarbeiter den Ehrgeiz, im Beruf voranzukommen, sollte dies vom Betrieb grundsätzlich begrüßt und nach Möglichkeit unterstützt werden. Im Vorfeld des Rollenspiels hatte die Vorgesetzte den Wunsch der Mitarbeiterin, zur Junioreinkäuferin befördert zu werden, aufgenommen, sich dazu aber noch nicht geäußert. Statt sofort eine Entscheidung zu treffen, die später vielleicht revidiert werden muss, versprach sie der Mitarbeiterin, sich Gedanken über ihr Anliegen zu machen.

Gesprächsvorbereitung unverzichtbar

Die Seminarteilnehmer könnten diskutieren, welche Schritte der Vorgesetzten im Vorfeld des Gesprächs empfehlenswert sind. Hiernach sollte Übereinstimmung darüber herrschen, dass sich die Vorgesetzte mit mindestens zwei Fragen auseinandersetzen sollte:

- Ist in einem überschaubaren Zeitraum eine Stelle als Junioreinkäuferin im eigenen Zuständigkeitsbereich zu besetzen?
- Verfügt die Mitarbeiterin über die eignungsmäßigen Voraussetzungen, um die angestrebte Position erfolgreich auszufüllen?

Eher selten werden der Vorgesetzten die längerfristigen Planungen der Personalabteilung bekannt sein, sodass vor dem Gespräch mit der Mitarbeiterin eine Rückfrage zwingend geboten erscheint. Im Haus werden zwar immer wieder Stellen für Junioreinkäufer durch die natürliche Fluktuation frei, über deren Besetzung die Fachvorgesetzte allein kaum entscheiden kann. Deshalb wird sie von der Personalabteilung Informationen zu mehreren Fragen einholen, so zum Beispiel:

- Ist die Personalabteilung einverstanden, dass die nächste Beförderungsstelle im eigenen Zuständigkeitsbereich mit der Mitarbeiterin besetzt wird?
- Wäre das Unternehmen bei Eignungsdefiziten bereit, sich an vorbereitenden Maßnahmen finanziell zu beteiligen?
- Gibt es im Haus als Alternative zu dem geäußerten Wunsch der Mitarbeiterin kurz- oder mittelfristige Beförderungsmöglichkeiten im Back-Office-Bereich?

Erhält die Vorgesetzte nach dieser Rückfrage grünes Licht, stellt sich die besonders wichtige Frage der Eignung.

Mit einer Potenzialanalyse werden Fähigkeitspotenziale für zukünftige Tätigkeiten erfasst. Dabei werden die im Eignungsprofil der Mitarbeiterin ermittelten Stärken und Schwächen dem Anforderungsprofil der Stelle gegenübergestellt (s. S. 39). Treten Abweichungen auf, wird eine Qualifikationslücke erkennbar.

Die Vorgesetzte im Rollenspiel wird Leistungsvermögen und -bereitschaft ihrer Mitarbeiterin einschätzen und mit den Anforderungen des anvisierten Arbeitsplatzes vergleichen können. Um mit konkreten Vorstellungen in das bevorstehende Gespräch mit der Mitarbeiterin gehen zu können, stellt sie folgende Überlegungen an:

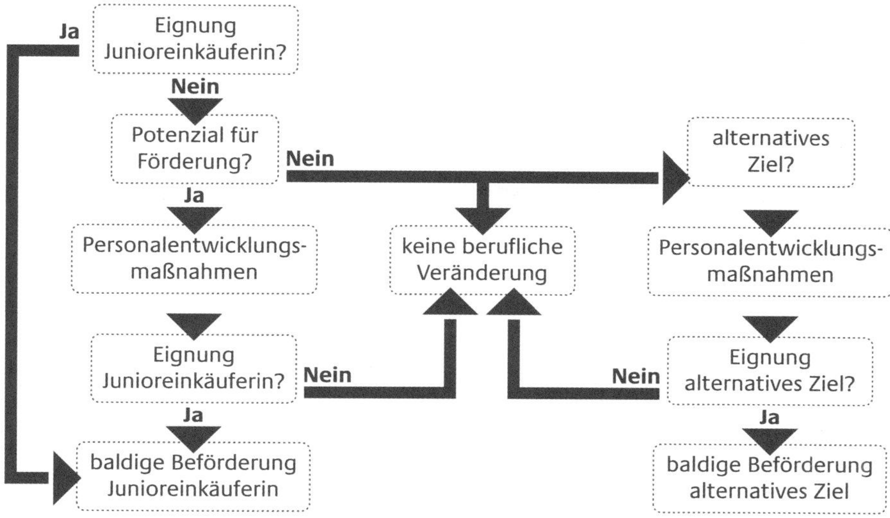

Deal statt Ablehnung

Nachdem sich die Vorgesetzte auf das Gespräch vorbereitet hat, sollte sie noch taktische Überlegungen anstellen. Denn würde sie wegen ihrer Vorbehalte den Wunsch der Mitarbeiterin mit einem »Nein, weil …« beantworten, wäre die weitere Zusammenarbeit mit einer schweren Hypothek belastet. Günstiger ist, eine krasse Ablehnung zu vermeiden und durch einen Deal zu ersetzen. Das kann eventuell so aussehen, wie im folgenden Beispiel dargestellt.

Beispiel für das Angebot eines Deals

»Ich kann verstehen und freue mich darüber, dass Sie nach zweijähriger erfolgreicher Arbeit als Teamassistentin den Wunsch äußern, aufzusteigen und Junioreinkäuferin zu werden. Vorweg will ich Ihnen sagen, dass ich Sie nach Kräften unterstützen werde, damit Sie diese berufliche Veränderung erreichen können.
Wie ich Sie einschätze, liegt es sicherlich nicht in Ihrem Interesse, halbe Sachen zu machen. Ihnen ist das Anforderungsprofil von Junioreinkäuferinnen bekannt. Ich habe diesem Profil Ihre fachlichen und persönlichen Schwerpunkte gegenübergestellt und dabei bemerkt, dass zwei Punkte momentan noch nicht vollständig von Ihnen erfüllt werden: Ihre Englischkenntnisse müssen für die vielen Auslandsreisen

unbedingt vertieft und Ihr Verhandlungsgeschick durch Teilnahme an Fortbildungen trainiert werden. Auch sollten Sie an die gewünschte Tätigkeit durch stundenweises Hospitieren in anderen Abteilungen des Hauses sowie gelegentliches Begleiten von Senioreinkäufern herangeführt werden. Allerdings darf darunter Ihre Arbeit als Teamassistentin nicht leiden. Haben Sie dann die gewünschten Fortschritte erzielt, steht einer Beförderung zur Junioreinkäuferin nichts mehr im Wege.
Seit Sie mir Ihren Wunsch genannt haben, bin ich nicht untätig geblieben und habe schon einmal mit der Personalabteilung gesprochen. Dort würde man den von mir unterbreiteten Vorschlag unterstützen. Was halten Sie davon?«

Im Klartext lautet der angebotene Deal: Wenn Sie von mir ein Entgegenkommen erwarten, müssen Sie zunächst Ihre Qualifikation für die anvisierte Stelle verbessern. Ist dies geschehen, werde ich Ihrem Wunsch nachkommen. Statt eine frustrierende Ablehnung auszusprechen, wird eine attraktive, den Mitarbeiterwünschen angepasste Perspektive in Aussicht gestellt, die allerdings die Mitarbeiterin fordert. Sie ist hier ihres Glückes Schmied und entscheidet selbst, ob sie die gewünschten Aktivitäten zeigt und das angestrebte Ziel erreicht oder ob sie bei passivem Verhalten das anvisierte Ziel abschreiben muss. Entscheidet sie sich für die erste Variante, wird sie sich mit guter Motivation auf den Weg machen, fällt ihre Wahl auf das Nichtstun, besteht kein Anlass, der Vorgesetzten etwas anzukreiden.

Sollte die Vorgesetzte ihrer Mitarbeiterin die Tätigkeit als Junioreinkäuferin nicht zutrauen, wäre ein anders formulierter Deal angezeigt.

Beispiel für das Angebot eines alternativen Deals

»Ich kann verstehen und freue mich darüber, dass Sie nach zweijähriger erfolgreicher Arbeit als Teamassistentin den Wunsch äußern, aufzusteigen. Ihr Wunsch zeigt mir, dass Sie auch künftig leistungsbereit sind und erfolgreich arbeiten wollen. Für Ihren beruflichen Aufstieg will ich Ihnen keine Steine in den Weg legen.
Mir liegt sehr am Herzen, dass Sie auch künftig eine Arbeit verrichten, die Ihnen rundum zusagt und Ihnen ein hohes Maß an Freude und Zufriedenheit vermittelt. Allerdings habe ich nach der bisherigen zweijährigen Zusammenarbeit Zweifel, ob in Ihrem Fall eine Verwendung als Junioreinkäuferin eignungsgerecht ist. Ich habe Sie als ausgezeichnete Teamassistentin schätzen gelernt. Deshalb meine ich, es wäre eher in Ihrem Interesse, wenn Sie darauf aufbauend eine Fortbildung in Richtung … absolvieren. Sollten Sie diesem Vorschlag zustimmen, könnte ich mit der Personalabteilung folgende Schritte festlegen: …«

Anzumerken ist, dass ein Deal keine falschen Hoffnungen wecken oder überfordernde Vorleistungen aufweisen darf, sondern herausfordernde, aber realistische Forderungen an den Mitarbeiter enthalten sollte. Außerdem muss die Vorgesetzte unbedingt auf die Erfüllung ihres Parts achten, wenn die Mitarbeiterin ihren Teil des Deals erfüllt hat.

Je konkreter die einzelnen Schritte bis zum Erreichen des Zieles fixiert werden, desto größer wird die Motivation der Mitarbeiterin sein, die einzelnen Schritte erfolgreich abzuarbeiten. Statt vager und verschwommener Absichtserklärungen sollten idealerweise konkrete Maßnahmen vereinbart werden. Ein schriftlicher Entwicklungsplan, von dem die Mitarbeiterin eine Ausfertigung erhält, unterstreicht die Verbindlichkeit des Vorhabens.

Vergleich mit Dritten unterbinden Mitarbeiter begründen häufig ihre Wünsche mit ähnlich gelagerten Fällen, in denen es Kollegen, Freunden oder Bekannten gelang, ihre Wünsche und Forderungen durchzusetzen. Vorgesetzte sollten sich dadurch keinesfalls unter Zugzwang gesetzt fühlen. Andere Fälle, die regelmäßig nicht hundertprozentig mit der jetzt zu berücksichtigenden Situation identisch sind, werden beispielsweise unter entsprechendem Hinweis ausgeblendet.

Beispiel für die Abwehr eines Vergleichs mit Dritten

»Lassen Sie uns bei Ihrem Wunsch nach … bleiben, bei dem wir die Fakten besser im Auge haben. Der von Ihnen geschilderte Fall ist mit Ihrem Anliegen nicht deckungsgleich und bringt uns daher nicht weiter. Andere Fälle interessieren mich nicht. Heute geht es um Sie – und Sie sind für mich wichtig. Deshalb sollten wir eine maßgeschneiderte Lösung für Sie anstreben.«

Personalentwicklung

In den letzten Jahren ist die Bedeutung einer schnellen Anpassung an neue Rahmenbedingungen sprunghaft gewachsen. Das Wissen nimmt rapide zu und lässt vorhandenes Wissen schneller veralten. Diese Wissensexplosion bewirkt ein ständiges Absinken der »Halbwertszeit des Wissens«: Heute Gelerntes ist nach einigen Jahren kaum mehr anwendbar. Demzufolge sind die Bereitschaft und Fähigkeit zu ständiger Weiterbildung, zum gezielten Aneignen erforderlicher neuer Spezialkenntnisse, zur Verzögerung eines altersbedingten Leistungsabfalls sowie zur Teilhabe am allgemeinen Wissensfortschritt unverzichtbar.

Soll innerhalb des Unternehmens ein Mitarbeiter versetzt, ihm die Möglichkeit eines beruflichen Aufstiegs gegeben werden oder stehen künftig an seinem Arbeitsplatz andere Fertigkeiten und Kenntnisse im Vordergrund, können Personalentwicklungsmaßnahmen erforderlich werden. Ziel der Personalentwicklung ist, die Kompetenzen der Mitarbeiter auf die aktuellen und künftigen Anforderungen des Unternehmens vorzubereiten. Geforderte Qualifikationen und Kompetenzen werden mit den aktuellen verglichen und so der Schulungs- und Entwicklungsbedarf ermittelt.

Die wertvollste Investition überhaupt ist die in den Menschen.
(Jean-Jacques Rousseau)

Weil zumeist Seminare bei der Personalentwicklung im Fokus stehen, wäre eine Abfrage bei den Seminarteilnehmern nach weiteren Maßnahmen sinnvoll. Denn unter Personalentwicklung sind alle Maßnahmen zu verstehen, die der individuellen beruflichen Entwicklung der Mitarbeiter dienen und ihnen unter Beachtung ihrer persönlichen Interessen Qualifikationen vermitteln, die für aktuelle und zukünftige Aufgaben notwendig sind.

Instrumente der Personalentwicklung sind beispielsweise

- Seminare (betriebsintern oder betriebsextern)
- Learning by Doing (Lernen durch Handeln)
- Jobrotation (Erhöhung eigener Fähigkeiten und Kompetenzen durch systematischen Wechsel unterschiedlicher Tätigkeiten)
- Jobenlargement (Tätigkeitserweiterung auf gleichem Anforderungsniveau)
- Jobenrichment (Arbeitsbereicherung mittels Tätigkeiten auf höherem Anforderungsniveau)
- Coaching (lösungs- und zielorientiertes Begleiten von Mitarbeitern, unter anderem zur Verbesserung der Lern- und Leistungsfähigkeit unter Berücksichtigung der Ressourcen des Mitarbeiters)
- Einführungsprogramme
- Patensystem (Pate als Ansprechpartner, der neue Mitarbeiter fachlich und sozial einführt)
- Mentorsystem (Mentor als erfahrener Mitarbeiter, der fachliches Wissen oder Erfahrungswissen an einen unerfahrenen Mitarbeiter weitergibt)
- Delegieren von Aufgaben, Kompetenzen und Verantwortung (s. S. 87 ff.)
- Sonderaufträge, Projektarbeit
- Auslandseinsatz

- Selbststudium, Fernunterricht
- Fachliteratur, E-Learning (Lernen mittels elektronischer Medien)
- Blended Learning (integriertes Lernen, Verknüpfung von traditionellen Präsenzveranstaltungen mit modernen Formen von E-Learning)

Die Qualität von Führungskräften lässt sich auch an der zunehmenden Qualifizierung ihrer Mitarbeiter ablesen: Erfolgsorientierte Vorgesetzte ermöglichen ihren Mitarbeitern benötigte berufliche Qualifizierungen. Schwache Vorgesetzte hingegen behindern immer wieder die Fortentwicklung ihrer Mitarbeiter, weil sie sich dieser Aufgabe entweder aus Bequemlichkeit nicht stellen oder befürchten, Mitarbeiter könnten sie überflügeln.

Vom Vorgesetzten unterstützte Personalentwicklungsmaßnahmen können schließlich dazu führen, dass der Mitarbeiter seine jetzige Stelle verlässt. Dieser Verlust kann aber verschmerzt werden, weil der Mitarbeiter im Laufe seiner Tätigkeit gute Leistungen abgeliefert hat und anderen Mitarbeitern zeigen konnte, dass sich Anstrengungen lohnen.

Erklären Vorgesetzte, der Mitarbeiter stoße bereits an seine Grenzen und würde durch berufliche Weiterbildung überfordert, könnte eine Beschäftigung mit folgender Grafik zu anderen Ergebnissen führen.

In den meisten Fällen ist das individuelle Maximum nicht erreicht.

Ist ein Mitarbeiter mit seiner gegenwärtigen Position rundum zufrieden und zeigt er kein Interesse an einem beruflichen Fortkommen, sollte er dennoch in Fortbildungen einbezogen werden. Auch dieser Mitarbeiter kann sein Know-how und seine Einsatzbreite erweitern, auch wenn dies in einem bescheidenerem Umfang geschieht als bei dem um Ausbau seiner Karriere bemühten Mitarbeiter.

»Für den Menschen unserer Zeit gibt es nur eine Sicherheit: Wissen, Erfahrung und Können.« *(Henry Ford)*

Rollenspiel 15: Wunsch nach Gehaltserhöhung

Nur selten erhöhen Unternehmen die Gehälter ihrer Angestellten aus freien Stücken. Deshalb fassen sich Mitarbeiter ein Herz, werden initiativ und sprechen von sich aus die Gehaltsfrage an. Etwas Mut gehört schon dazu, denn Gehaltsfragen sind nicht gerade bevorzugte Gesprächsthemen zwischen Vorgesetzten und Mitarbeitern. Grundsätzlich bildet das Jahresgespräch den richtigen Rahmen, über das Arbeitsentgelt zu sprechen. Treten besondere Situationen ein, kann es auch zwischendurch zu Gehaltsverhandlungen kommen.

In diesem Rollenspiel erhofft sich eine Mitarbeiterin eine Gehaltserhöhung. Sie untermauert dies mit Argumenten, die aus betrieblicher Sicht nicht stichhaltig sind. Statt eine Gehaltserhöhung wegen der unzureichenden Begründung kategorisch abzulehnen, sollte bei der Rollenspielauswertung überlegt werden, welche Alternativen ins Auge gefasst werden können.

Rollenspiel: Wunsch nach Gehaltserhöhung

Rolle des Vorgesetzten

Sie sind Gruppenleiter und Vorgesetzter von acht Mitarbeitern. Ihre Sekretärin, Frau ...., hatte Sie um ein Gehaltsgespräch gebeten. Obwohl Sie ein großes Arbeitspensum zu erledigen haben, das eine regelmäßige wöchentliche Arbeitszeit von etwa 60 Stunden erforderlich macht, vereinbarten Sie mit Ihrer Mitarbeiterin für heute einen Gesprächstermin, für den Sie vorsorglich eine halbe Stunde eingeplant haben.

Sie wissen, dass sich Frau .... seit zwölf Jahren auf ihrem gegenwärtigen Arbeitsplatz in gleicher Funktion mit unveränderten Aufgaben und Kompetenzen befindet. In der täglichen Zusammenarbeit lernten Sie die Mitarbeiterin – genau wie Ihr Vorgänger – als pflichtbewusste Angestellte kennen, die ihre Arbeit stets zügig und gewissenhaft erledigt. So war es für Sie auch selbstverständlich, die guten Arbeitsergebnisse Ihrer Mitarbeiterin immer wieder einmal anerkennend anzusprechen. Sie dürfen aber nicht über eine Gehaltserhöhung entscheiden. Diese Kompetenz steht Ihrem Abteilungsleiter zu, der von Ihnen eine nachvollziehbare und schlüssige Begründung für eine zu gewährende Gehaltserhöhung erwartet.

Rolle der Mitarbeiterin

Sie sind 44 Jahre alt, geschieden, Alleinerziehende, Sohn 20 Jahre alt, zwölf Jahre im Unternehmen in gleicher Funktion mit unveränderten Aufgaben und Kompetenzen. Sie haben Ihren mit Arbeit stark überlasteten direkten Vorgesetzten um ein Gespräch über die Höhe Ihres Gehalts gebeten, für das heute ein Termin vereinbart wurde.

Zunächst begründen Sie Ihre Bitte um eine Gehaltserhöhung mit Ihrer sorgfältigen und pflichtbewussten Arbeit während Ihrer zwölfjährigen Betriebszugehörigkeit. Sie verweisen auf Ihre langjährige Erfahrung, die es Ihnen ermöglicht, selbst bei Arbeitsspitzen den Überblick zu behalten und beste Arbeitsergebnisse zu erzielen. Dies hat bisher auch Ihr Vorgesetzter – und ebenso sein Vorgänger – immer wieder mit anerkennenden Worten zur Kenntnis genommen. Sie sind der Auffassung, dass es nicht bei diesen positiven Rückmeldungen bleiben sollte, sondern eine angemessene Gehaltserhöhung die logische Konsequenz sein müsste.

Sollte Ihr Vorgesetzter diese Begründung nicht akzeptieren, nennen Sie den eigentlichen Grund Ihrer Gehaltsforderung: Ihr Sohn hat ein ordentliches Abitur gemacht und beginnt nun zu studieren. Da ein heimatnahes Studium im vorgesehenen Studiengang nicht möglich ist, muss er weit weg nach Passau gehen. Das kostet viel Geld. Das BAföG deckt nur einen geringen Teil der Miete, des Unterhalts und der Studienkosten ab. Um Ihrem Sohn das Studium in einer möglichst kurzen Dauer zu ermöglichen (ohne ein die Studienzeit verlängerndes Jobben), wollen Sie ihn finanziell unterstützen. Dies ist aber nur möglich, wenn Ihr Gehalt aufgebessert wird. – Sie wünschen sich eine Anhebung von 300 Euro monatlich.

Im Rollenspiel steht der Vorgesetzte vor der Entscheidung, ob er die Begründungen der Mitarbeiterin als gerechtfertigt bewerten will, ohne dass berufliche oder betriebsbedingte Notwendigkeiten vorliegen. Die Versuchung ist groß, der Mitarbeiterin um des lieben Friedens willen zu einer Gehaltserhöhung zu verhelfen – auch wenn in den Drehbüchern zu diesem Rollenspiel handfeste, leistungsbezogene Argumente fehlen. Dass über eine lange Zeit sorgfältig und gut gearbeitet wurde, kann als Begründung für eine Gehaltserhöhung nicht herhalten. Würde der Vorgesetzte die vorgetragenen persönlichen Gründe akzeptieren, käme er bei seinem Abteilungsleiter vermutlich in Begründungsnot. Auch würden alle anderen Mitarbeiter Gehaltserhöhungen unter Hinweis auf Hausbau, Urlaubsreise, finanzielle Verpflichtungen gegenüber Eltern und Ähnliches fordern. Weil das Unternehmen in Gehaltsfragen – selbst wenn es eine soziale Einrichtung ist – nicht wohlfahrtspflegerisch tätig werden kann, muss das Ansinnen der Sekretärin zurückgewiesen werden.

Eine Ablehnung wird bei der Sekretärin keine Glücksgefühle auslösen. Im Gegenteil! Es kann nicht ausgeschlossen werden, dass die Mitarbeiterin danach negativ reagiert. Trotz ihres Energieeinsatzes (Bitte um Gehaltsgespräch) und des gezeigten Verhaltens (sie kämpft im Gespräch um ein höheres Einkommen) wird die Mitarbeiterin durch eine Barriere (Ablehnung der Gehaltserhöhung) am Erreichen ihres Zieles (Gehaltserhöhung) gehindert. Die Bemühungen der Mitarbeiterin erweisen sich als »vergeblich« (lateinisch *frustra*). Der daraus resultierende Begriff Frustration kann als Behinderung eines Menschen definiert werden, ein Ziel zu erreichen oder ihm näher zu kommen.

Mögliche Reaktionen bei Misserfolgen

Generell wird eine erste Frustration bei einem durchschnittlich selbstsicheren Menschen eher zur Leistungsverstärkung nach dem Motto »Jetzt erst recht« führen. Wird jedoch die individuell unterschiedliche Frustrationstoleranz überschritten, setzen als Reaktionen spannungsmindernde Verhaltensweisen ein, die als Abwehrmechanismen bei Frustrationen bezeichnet werden.

Auf der auszuhändigenden Vorlage können die Teilnehmer zusätzliche Notizen einfügen. Diese können hilfreich sein, wenn nach den Erläuterungen der Reaktionsvarianten der folgende Arbeitsbogen von den Teilnehmern in Stillarbeit ausgefüllt wird.

Wesentliche Abwehrmechanismen bei Frustration

Aggression

- direkte

....

....

- verschobene

....

....

- organisierte

Restriktion

Kompensation

Rationalisierung

Konversion (Vergiftung)

- chronische Kampfreaktionen

- Stresskrankheiten

Direkte Aggression Noch vorhandene Energien richten sich gegen den Schuldigen, also im Rollenspiel gegen den Vorgesetzten, der mit seiner Ablehnung der Gehaltserhöhung die Frustration auslöst. Statt sachlicher Reaktionen werden verbale Angriffe gestartet, die in Extremsituationen sogar zu Handgreiflichkeiten gesteigert werden können.

Verschobene Aggression Die Frustration wird an Unbeteiligten (Sündenböcken) abreagiert. Dazu eine klassische Reihenfolge: Ein Vorgesetzter kritisiert seinen Mitarbeiter in massiver Form, der Mitarbeiter legt sich nach Eintreffen in der Wohnung wegen einer belanglosen Kleinigkeit mit seiner Frau an, die Frau schimpft mit dem Sohn, weil dieser vor dem Fernsehgerät sitzt (was er normalerweise um diese Zeit tun darf), darauf verprügelt dieser seine kleine Schwester ohne einen für sie plausiblen Grund, das kleine Mädchen tritt nunmehr dem bellenden Hund auf den Schwanz. Fazit: Der arme Waldi erhält nur deshalb einen Tritt, weil der Vater in der Firma Ärger hatte!

Die verschobene Aggression kann aber auch durch muskuläre Tätigkeit (zum Beispiel Gartenarbeit, Autowäsche, Radfahren) abgebaut werden. Hier werden Energien sogar produktiv genutzt und es wird kein Porzellan zerschlagen!

Organisierte Aggression Aggressive Verhaltensweisen richten sich geplant oder informell zum Beispiel gegen einen von einem Teil der Mitarbeiter abgelehnten Vorgesetzten. Zunächst wird im Betrieb nach Gleichgesinnten gefahndet, um dann gemeinsam gegen den Vorgesetzten Stellung zu beziehen. In der fortgeschrittenen Phase wird »Mobbing von unten nach oben« betrieben mit dem Ziel, den Vorgesetzten möglichst schnell »abzuschießen«. Dies praktizieren immer wieder Fußballmannschaften, die fast schon Arbeitsverweigerung betreiben und gegen den Trainer spielen, bis dieser schließlich das Feld räumt/räumen muss.

Restriktion Hier zeigt der Mitarbeiter vorpubertäre Verhaltensweisen. So bricht zum Beispiel eine Mitarbeiterin bei einer Kritik durch den Vorgesetzten in Tränen aus oder begibt sich in eine emotionale Isolierung (sie zieht sich in den ihr als Schutz dienenden Schmollwinkel zurück). Dazu zählen unter anderem die innere Kündigung und die »LmaA«-Mentalität.

Kompensation Im Betrieb versagte Erfolgserlebnisse werden an einem anderen Ort gesucht. Statt des eigentlichen Ziels versucht der Frustrierte ein unwichtigeres Ersatzziel zu verwirklichen. Zum Beispiel sucht ein Mitarbeiter, der mit wenig attraktiven Aufgaben betraut ist, Erfolgserlebnisse bei der Aufzucht Deutscher Schäferhunde. Oder im Beruf Überforderte versuchen der Frustration durch mehr oder weniger routinemäßige Arbeiten zu entgehen.

Rationalisierung Der Mitarbeiter führt Scheinargumente ins Feld, um den eigenen Misserfolg zu entschuldigen und als unbedeutend sich selbst und anderen gegenüber darzustellen.

Hatte ein Angestellter vergeblich auf einen Aufstieg in eine andere Abteilung gehofft, »versüßt« er sich den Misserfolg mit Überlegungen wie: »Wer weiß, wozu das gut ist. Da wäre ich vermutlich vom Regen in die Traufe gekommen. Und was man da über das Arbeitsklima hört, da kann ich heilfroh sein, in dem gegenwärtig sehr angenehmen Umfeld bleiben zu können.«

Konversion (Vergiftung) Manche Mitarbeiter, die häufiger Misserfolgserlebnisse verbuchen, reagieren mit sogenannten chronischen Kampfreaktionen: Sie wirken pessimistisch, launisch, leidend, nörgelnd. Verbietet die Situation dem Mitarbeiter, aggressiv gegen andere zu werden, dann kann er immer noch gegen sich selbst Aggressionen entwickeln. Dieser Mitarbeiter ähnelt einem in Südamerika beheimateten Skorpion, der so wütend wird, wenn man ihn ärgert, dass er sich selbst sticht und an seinem Gift stirbt. Andere Mitarbeiter reagieren mit Flucht in die Krankheit. Symptome für dieses Verhalten können zum Beispiel Magendrücken, Magengeschwüre, Verdauungsprobleme, Übelkeit, Herzbeschwerden, Schweißausbrüche, Schwindelgefühle und Kreislaufprobleme sein, was unter die Sammelbezeichnung Stresskrankheiten fällt.

> Die folgende Vorlage wird ohne den kursiven Text an die Teilnehmer verteilt. Sie finden diese Vorlage ebenfalls bei den Downloadmaterialien.

Arbeitsbogen: Erkennen verschiedener Abwehrmechanismen bei Frustration

Ein Mitarbeiter bittet seinen Vorgesetzten um eine Gehaltserhöhung. Dieser Wunsch wird abgelehnt. Ordnen Sie bitte die folgenden Reaktionen des Mitarbeiters den unterschiedlichen Abwehrmechanismen zu:

1. Der Mitarbeiter verabschiedet sich und lässt sich sogleich von dem tröstenden Gedanken leiten: »Das ist ja nicht tragisch. So lernt meine Frau endlich einmal richtiges Haushalten. Bei genauer Betrachtung bin ich darüber recht froh, denn bisher hat sie immer wieder mal durch unwirtschaftliches Handeln Geld aus dem Fenster geworfen.«
   Dass die Gehaltserhöhung für den Mitarbeiter wichtig war, ist daran zu erkennen, dass er den Mut für das Gespräch aufbrachte und ein zielgerichtetes Verhalten zeigte: Zunächst sammelte er für sein Anliegen Argumente, passte einen ihm als günstig erscheinenden Zeitpunkt ab und nutzte seine Einwirkungsmöglichkeiten auf den Vorgesetzten. Und jetzt soll das alles unwichtig sein? Der Mitarbeiter versüßt seinen Misserfolg durch Scheinargumente. Das bedeutet: Er lügt sich in die Tasche.
   *= **Rationalisierung***

2. Der Mitarbeiter verabschiedet sich, geht in sein Büro und beginnt dort wüste Beschimpfungen und Verwünschungen gegen seinen Vorgesetzten auszustoßen und das Telefonbuch zu zerreißen.
   Der Mitarbeiter zeigt ein aggressives Verhalten. Er verkneift sich einen Angriff auf den Vorgesetzten und verschiebt seine verbalen Aggressionen auf einen Zeitpunkt, wo er sie ohne negative Folgen für sich abreagieren kann. Begleitet wird seine Schimpfkanonade mit muskulärer Tätigkeit.
   *= **verschobene Aggression***

3. Die Ablehnung der Gehaltserhöhung veranlasst den Mitarbeiter zu dem Entschluss, in der Firma etwas kürzer zu treten und sich dafür mehr der Vereinsarbeit zuzuwenden.
   Ein Misserfolg soll durch Erfolgserlebnisse in anderen Bereichen ausgeglichen werden. Die für das eigene Ich so wichtigen positiven Rückmeldungen sollen durch die Vereinsarbeit bewirkt werden, auch wenn mit diesem zusätzlichen Arbeitsaufwand in der Freizeit keinerlei materielle Vorteile verbunden sind.
   *= **Kompensation***

4. Der Mitarbeiter ist über die Ablehnung sehr erbost und erklärt dem Vorgesetzten sogleich: »Von Ihnen habe ich keine vernünftige Antwort erwartet. Was Sie können, ist, die Angestellten auszubeuten und ihnen die gerechte Bezahlung zu verweigern. Sie wären besser Sklaventreiber geworden statt Inhaber dieser miesen Firma!«
Auch wenn nicht gleich die Fäuste fliegen, so erkennen wir doch einen schwerwiegenden Angriff des Mitarbeiters. Dieses Kampfmanöver führt möglicherweise zur Eskalation, zu einer Verhärtung der Gesprächssituation und zum Abbruch des weiteren Kontaktes zum Mitarbeiter.
= ***direkte Aggressio**n*

5. Der Mitarbeiter verabschiedet sich mit einem unangenehmen Gefühl in der Magengegend und denkt: »Versucht habe ich es wenigstens, es hat halt nicht geklappt!« Er frisst das Ergebnis – wie schon viele andere Negativerlebnisse in früheren unterschiedlichen Situationen – in sich hinein, leidet schweigend und wird von Stund an noch mürrischer.
Bei dieser Schilderung können wir uns fast bildhaft vorstellen, wie Gift in den Organismus des Mitarbeiters geträufelt wird, das die Lebensqualität vermindert. Stresshormone werden nur sehr langsam vom Körper abgebaut, wenn sie nicht bald abreagiert werden. Diese Hormone können auf den Körper wie Gift wirken, man könnte ebenso gut E 605 einnehmen.
= ***Konversion***

6. Der Mitarbeiter verabschiedet sich und nimmt sich vor, den Vorgesetzten durch Nichtbeachtung zu bestrafen (»Der Mann ist ab sofort für mich gestorben!«), indem er Kontakte auf das unbedingt Notwendige beschränkt.
Hier wird mit einer vorpubertären Verhaltensweise (»Wer mir wehtut, mit dem will ich nichts mehr zu tun haben«) Abwehr praktiziert.
= ***Restriktion***

7. Der Mitarbeiter verabschiedet sich und beginnt sogleich im Betrieb nach anderen unzufriedenen Kollegen zu fahnden, um mit diesen gemeinsam dem Vorgesetzten »Steine in den Weg zu rollen«.
Der Mitarbeiter konzentriert sich auf personenorientierte Aktivitäten, die der Aufgabenerledigung abträglich sind. Er organisiert ein »Stuhlsägen«, wobei er andere in aggressiver Absicht um sich oder neben sich schart.
= ***organisierte Aggression***

Spätestens nach einem kurzen Abgleich im Plenum verfügen die Teilnehmer über Erkenntnisse, die in der allgemeinen Lebensführung hilfreich sind. Wer ist noch nicht aus heiterem Himmel angemeckert worden? Künftig wird das nicht mehr als Kampfansage aufgefasst. Vielmehr wird der Angegriffene konstatieren, dass er sich zur falschen Zeit am falschen Platz aufhält und als Blitzableiter für eine verschobene Aggression herhalten soll.

Ein aufmerksamer und mit sozialer Sensibilität ausgestatteter Vorgesetzter wird bemerken, wenn ein Mitarbeiter Verhaltensweisen zeigt, die Abwehrmechanismen darstellen. Da das Leistungsverhalten und das Arbeitsklima durch Frustrationen Schaden nehmen, wird sich der Vorgesetzte bemühen, den Frustrationsauslöser zu erkennen. Besteht zwischen dem Vorgesetzten und dem Mitarbeiter eine vertrauensvolle Basis, wird die Ursache der Frustration im Rahmen eines Gesprächs ermittelt. Treten beeinflussbare Faktoren zutage, sorgt der Vorgesetzte – soweit dies in seinen Kräften steht – für eine Verbesserung der Situation.

Argumente für eine Gehaltserhöhung

Das schlagkräftigste Argument in einer Gehaltsverhandlung heißt nach wie vor zusätzliche Leistung!

Eine Gehaltsaufbesserung lässt sich im Regelfall dann gut begründen, wenn der Mitarbeiter seit seiner letzten Gehaltserhöhung Zusätzliches leistete (zum Beispiel Übernahme neuer Aufgaben unter Erweiterung von Kompetenzen und Verantwortung, besonders erfolgreich geleitete Projektteams, Verbesserungsvorschläge, die zu wesentlichen Einsparungen führten) und dem Betrieb damit einen konkreten Nutzen oder einen berechenbaren Mehrwert erbrachte, für den sich das Unternehmen finanziell noch nicht erkenntlich zeigte. In diesem Fall sollte korrekterweise von einer Gehaltsanpassung gesprochen werden.

Da im Rollenspiel die Mitarbeiterin nicht mit zusätzlichen Leistungen aufwarten kann, wäre nun zu überlegen, ob durch organisatorische, auch im Interesse des Betriebs liegende Veränderungen ihr Aufgabenbereich in einem Maße verändert werden kann, das einen finanziellen Bonus zulässt. Sind derartige Möglichkeiten erkennbar, sollte es zu einem Deal kommen. Die Vorzüge eines für beide Seiten vorteilhaften Deals wurden bereits auf

Seite 223 f. dargestellt. Das Gespräch kann dann beispielsweise folgendermaßen laufen.

Beispiel für das Angebot eines Deals

»Zunächst meinen Glückwunsch, dass Ihr Sohn das Abitur mit dieser guten Note abgeschlossen hat und jetzt sein Wunschstudium in Passau antreten wird. Ich kann gut nachvollziehen, dass Sie ihn unterstützen wollen und dass Ihr gegenwärtiges Einkommen Ihnen hierfür kaum einen Spielraum lässt. Es liegt mir wirklich fern, Ihnen eine Gehaltserhöhung abzuschlagen. Aber ich sehe momentan leider keine schlüssigen Argumente für eine Aufstockung Ihres Einkommens, da Sie in den letzten Jahren gleichbleibende Tätigkeiten ausführten, für die eine adäquate Bezahlung erfolgt. Anders sähe es aus, wenn es uns gelänge, durch Übertragung neuer Aufgaben und größerer Verantwortung eine sachliche Begründung für eine Gehaltserhöhung zu schaffen. Mir fallen im Moment folgende Aufgaben ein ..., die bisher von mir erledigt werden und viel von meiner Arbeitskraft binden. Lassen Sie sich meinen Vorschlag durch den Kopf gehen und sagen Sie mir bitte noch in dieser Woche, ob Sie mit meinem Vorschlag einverstanden sind.«

Stimmt die Mitarbeiterin diesem Vorschlag zu, ist es gelungen, eine Win-win-Situation herzustellen, eine Zwei-Gewinner-Lösung, bei der beide Seiten für sich Vorteile aus dem erreichten Ergebnis verbuchen können:

Die Mitarbeiterin erhält in absehbarer Zeit die gewünschte Gehaltsaufbesserung. Der Ausweitung ihrer Tätigkeiten stimmt sie freiwillig zu, sodass künftig Klagen über die größere Arbeitsbelastung ausbleiben werden. Um ihr Arbeitspensum zu schaffen, wird sie anfangs möglicherweise länger in der Firma bleiben oder am Sonnabend die Dinge aufarbeiten, zu denen sie während der Woche nicht gekommen ist. Die Mitarbeiterin wird nun auch bisher dem Chef vorbehaltene Aufgaben erledigen, was sie zusätzlich motiviert, weil mit der Übertragung dieser Arbeiten ein Bedeutungsgewinn verbunden ist.

Der Vorgesetzte, der bisher wöchentlich etwa 60 Stunden in seine Arbeit investierte, kann sein Arbeitsvolumen reduzieren und den Raubbau an seinen Ressourcen bremsen. Er gewinnt Zeit, sich um die wirklich wichtigen Aufgaben intensiver zu kümmern. Selbst wenn er durch die Neuregelung nur sechs Stunden wöchentlich weniger arbeitet, sind die an die Mitarbeiterin zu zahlenden 300 Euro monatlich für das Unternehmen und den Vorgesetzten ein lohnendes Geschäft!

Mit seinem Vorgehen folgt der Vorgesetzte einer oft unbeachteten Lebensweisheit: »Strebe in allen Lebensumständen stets danach, das Nützliche für die anderen mit dem Angenehmen für dich selbst zu verbinden.«

Die geschilderte Problemlösung kann den Einwand hervorrufen, eine Sekretärin wäre mit der Übernahme qualifizierter Tätigkeiten des Vorgesetzten überfordert. Hier ist zu fragen, ob Führungskräfte während des gesamten Arbeitstages ausschließlich besonders qualifizierte Tätigkeiten ausüben.

A-, B- und C- Aufgaben

Um herauszufinden, welche Aufgaben abgegeben werden können, hilft die ABC-Analyse, mit der sich die verschiedenen Aufgaben in drei Klassen aufteilen lassen, und zwar nach deren Bedeutung für das Erreichen beruflicher Ziele.

A-Aufgaben Die wichtigsten, schwierigsten, anspruchsvollsten und kompliziertesten Aufgaben (zum Beispiel wichtige Besuchstermine, kurzfristige Präsentation vor wichtigen Kunden, Abstimmung der nächsten Arbeitsschritte mit dem Team), die nur vom Vorgesetzten allein oder im Team verantwortlich durchgeführt werden, einen maximalen Nutzen bringen und für den Arbeitsplatz von größter Bedeutung sind. Diese nicht delegierbaren Mussaufgaben umfassen etwa 15 Prozent aller Aufgaben, ihr Wert im Hinblick auf das Erreichen der Berufsziele liegt indes bei 65 Prozent.

B-Aufgaben Das sind durchschnittlich wichtige Aufgaben (zum Beispiel Unterlagen für Meetings zusammentragen, Termine vereinbaren), die aber auch delegierbar sind. Bei der Arbeitsmenge schlagen diese Sollaufgaben mit etwa 20 Prozent zu Buche und weisen zugleich einen Wert aller zu erfüllender Aufgaben von 20 Prozent auf.

C-Aufgaben Das sind die am wenigsten wichtigen und eher unbedeutenden Aufgaben (zum Beispiel Vor-, Nach- und Routinearbeiten, allgemeiner Papierkram, Änderungsdienst, Ablage, Dokumentation), die aber den größten

Anteil der Aufgaben darstellen (ungefähr 65 Prozent), jedoch nur mit 15 Prozent am Wert aller Aufgaben beteiligt sind. Diese Kannaufgaben sind stets delegierbar.

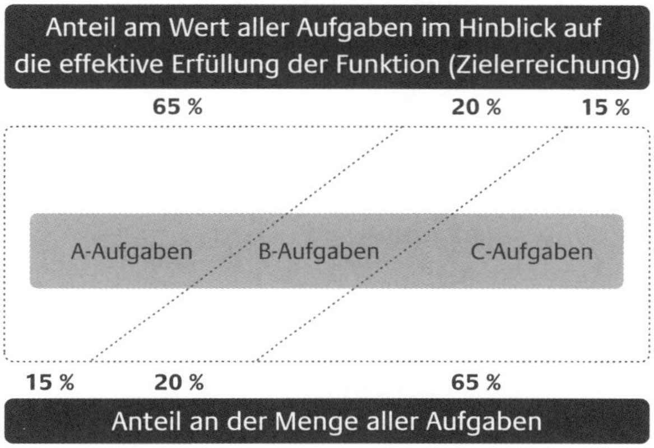

Bei den C-Aufgaben sollte sich der Vorgesetzte fragen, ob sein persönliches Engagement wirklich gerechtfertigt ist. Die vielen eher nebensächlichen C-Aufgaben beanspruchen in der Praxis häufig einen unangemessen hohen Zeitanteil, während den besonders wichtigen A-Aufgaben ein zu geringes Zeitkontingent zugestanden wird. Um die Zeitverwendung dem Wert der Aufgaben anzupassen, wäre die Zeit für A-Aufgaben zu erhöhen, indem die zeitraubenden C-Aufgaben besonders kritisch unter die Lupe genommen werden und ihr Anteil verringert wird.

In diesem Rollenspiel könnte mit der Übertragung von C-Aufgaben des Vorgesetzten auf die Mitarbeiterin eine für alle Beteiligten vorteilhafte Lösung erzielt werden.

Geld als Motivator?

Das Thema Gehaltserhöhung kann zudem als Ausgangspunkt für eine Betrachtung dienen, inwieweit Geld überhaupt motivierend wirkt.

Viele Vorgesetzte vertreten mit Vehemenz die Auffassung, dass sich Mitarbeiter zu höheren Leistungen vorwiegend über das Einkommen motivieren lassen. Sie sehen sich in ihrer Sichtweise bestärkt, wenn Mitarbeiter erklären: »Hauptsache, das Geld stimmt, dann mache ich alles.« Auch ein Blick in Goethes »Faust« bringt diesen Vorgesetzten eine Bestätigung: »Nach Golde drängt, am Golde hängt doch alles!«

Demgegenüber kennen wir aus der Bibel die Erkenntnis »Der Mensch lebt nicht vom Brot allein«, und die alltäglich zu hörende Redewendung »Geld allein macht nicht glücklich« ist uns ebenfalls geläufig. Und gefällt uns nicht die Einstellung: »Was frag ich viel nach Geld und Gut, wenn ich zufrieden bin«?

Grundsätzlich spielt Geld eine wichtige, aber keinesfalls eine alles entscheidende Hauptrolle im Instrumentarium zeitgemäßer Motivationstechnik. Häufig ist der Wunsch nach höherem Einkommen ein Kulissenmotiv. Andere Bedürfnisse sollen durch Geld kompensiert werden. Wir können beispielsweise unbefriedigte Bedürfnisse nach Anerkennung und Wertschätzung dadurch zu befriedigen versuchen, dass wir ein statusförderndes Auto mit möglichst vielen PS kaufen. Auch ist denkbar, dass für besonders verlockende Urlaubsreisen in weite Ferne viel Geld ausgegeben wird, um sich – das wird natürlich nicht der Öffentlichkeit preisgegeben – von Verwandten und Bekannten abzuheben und einen Imagegewinn zu erzielen.

Die Beispiele lassen erkennen, dass Geld nicht nur einen materiellen Wert darstellt, sondern auch Geltung (man achte auf den gleichen Wortstamm!) ermöglicht. Das Geld ist nur ein Umweg, um das Ziel – Prestigegewinn – zu erreichen. Der Geldfaktor wird als Hygienefaktor (s. S. 132 ff.) erkannt, der keinen nachhaltigen Motivationsschub möglich macht. Geld ist in diesem Sinn nur ein kurzfristig wirkender Antrieb. Wird eine allgemeine Gehaltserhöhung gewährt, gehen nach einer kurzen Gewöhnungsphase mit ihr keine längerfristige Zufriedenheit und Leistungssteigerung einher. Selbst durch die Implementierung von Prämiensystemen konnte bislang keine dauerhafte Leistungsverbesserung erzielt werden. Geld schafft bestenfalls Nicht-Unzufriedenheit, die rasch in Unzufriedenheit umschlägt, wenn die nächste turnusmäßige Gehaltserhöhung nicht wie erwartet eintritt.

Motivation und Leistung lassen sich auf Dauer nicht mit Geld einkaufen! Der Fußballtrainer Otto Rehagel wusste, wovon er redet: »Geld schießt keine Tore!« Wollten wir Mitarbeiter ausschließlich über finanzielle Anreize motivieren, würde dies in eine Sackgasse führen. Der Vorgesetzte müsste stets mit offener Geldbörse durch seinen Zuständigkeitsbereich gehen und mit finanziellen Leistungen seine Mitarbeiter aktivieren. In wirtschaftlich erfolgreichen Zeiten könnten Mitarbeiter mittels finanzieller Zuwendungen ruhiggestellt und bei der Stange gehalten werden. In Zeiten knapper Mittel hätte der Betrieb indes ein doppeltes Problem: Durch den finanziellen Engpass würde die Zahlung von Zuwendungen unterbleiben, was Unzufriedenheit und ein mögliches Abwandern von Mitarbeitern bewirken würde. Es käme zu einer Zuspitzung der Krisensituation – neben finanziellen Schwierigkeiten käme es auch zu gravierenden Problemen im Personalbereich.

Wird bei einer Geldforderung ein Kulissenmotiv vermutet, sollten die Betrachtungen nicht allein auf den monetären Bereich beschränkt werden. Der Anreiz »mehr Geld« schafft das defizitäre Bedürfnis nicht aus der Welt. Hiermit wäre nur das Symptom kuriert, nicht jedoch der eigentliche Krankheitsherd. Deshalb sollte das originäre Bedürfnis ausfindig gemacht werden und anschließend sollten entsprechende Maßnahmen eingeleitet werden.

Anders sieht es aus, wenn ein Mitarbeiter eine Gehaltserhöhung als Ausdruck der besonderen Anerkennung und Zufriedenheit mit den erzielten Leistungsergebnissen erhält. Diese Anerkennung in Form von Euros wäre ein wirkungsvoller Motivator, der den Mitarbeiter mit dem Betrieb zufrieden macht. Demgegenüber macht eine vom Mitarbeiter geforderte oder erstrittene Gehaltserhöhung diesen nur mit sich selbst zufrieden.

Die Seminarteilnehmer sollen erkennen, dass eine frustrierende Ablehnung eines Gehaltswunsches möglichst vermieden werden sollte. Vielmehr wären Vorgesetzte gut beraten, sich ohne Eile auf das Gespräch vorzubereiten, um auch eine attraktive, den Mitarbeiterwünschen angepasste Perspektive in Aussicht stellen zu können. Dabei wäre zu prüfen, ob sich der Betrieb und der Vorgesetzte mit dieser Perspektive identifizieren können und ob sich der Mitarbeiter nach einem entsprechenden Vorschlag vermutlich weiter engagiert seinen Aufgaben zuwenden wird.

Rollenspiel 16: Vorbereitung einer Präsentation

Dieses Rollenspiel soll den Teilnehmern die Erkenntnis vermitteln, dass Führungshandeln ziel- und zweckorientiert ist und dass es für Vorgesetzte wichtig ist, einen klaren Kurs zu steuern. Keinesfalls darf sich ein Vorgesetzter vom unterschiedlichen Auftreten seiner Mitarbeiter beeindrucken und manipulieren lassen. Um dies deutlich herauszustellen, wird sich der Teilnehmer, dem die Rolle des Vorgesetzten zugefallen ist, bei – aus seiner Sicht – gleichem Sachverhalt gegenüber zwei unterschiedlich agierenden Mitarbeitern behaupten müssen. Dabei soll erkennbar werden, dass ein gesundes Durchsetzungsvermögen hilft, in beiden Rollenspielfällen den eigenen zielgerichteten Willen zum Erfolg zu führen.

Bei der Rollenvergabe sollte lediglich die Rolle des unerfahrenen Mitarbeiters A an einen Seminarteilnehmer übertragen werden. Ist dieses Gespräch beendet und glaubt der Vorgesetzte, sein Ziel erreicht zu haben, erklärt der Trainer zur Überraschung aller Anwesenden: »Dies war der erste Teil des Rollenspiels. Bitte starten wir das Rollenspiel von vorn, wobei die Mitarbeiterrolle von mir gespielt wird.« Im zweiten Teil des Rollenspiels tritt der Trainer als sehr selbstbewusster – beinahe schon dreister – Präsentationsexperte (Mitarbeiter B) in Erscheinung. Für den Rollenspieler »Vorgesetzter« kommt erschwerend hinzu, dass er sich gegenüber dem Trainer – diesem wird von den Teilnehmern in der Regel ein höheres Maß an Autorität zuerkannt als einem anderen Seminarteilnehmer – behaupten muss.

Rollenspiel: Vorbereitung einer Präsentation

Rolle des Vorgesetzten

Mit Ihrem Mitarbeiter .... hatten Sie vor zwei Wochen vereinbart, dass dieser bis heute die Präsentation eines neuen Produkts vorbereiten soll. Vorgesehen war zudem, dass dieser Mitarbeiter künftig Präsentationen durchführen wird, weil der bisher vorrangig dafür eingeplante Kollege Schmidt demnächst innerbetrieblich eine andere Aufgabe übernehmen wird. Während des damaligen Gesprächs war bei Ihnen der Eindruck entstanden, dass der von Ihnen für die Prä-

sentationen vorgesehene Mitarbeiter .... sich in diese Aufgabe mit Begeisterung einarbeiten würde.
Gerade haben für übermorgen mehrere Angehörige eines wichtigen Kunden ihren Besuch in Ihrer Firma avisiert. Eine wirkungsvolle Präsentation soll helfen, diese für Ihr neues Produkt zu erwärmen. Sie selbst sind häufiger auf Dienstreisen. Da Sie von Mitarbeiter .... in den vergangenen zwei Wochen noch keine Rückmeldung erhalten haben, bitten Sie ihn zu sich und erkundigen sich nach dem Sachstand.

Rolle des Mitarbeiters A

Obwohl Sie in Ihrem Leben noch nie etwas mit Präsentationen zu tun hatten, nahmen Sie vor zwei Wochen von Ihrem Vorgesetzten den Auftrag an, die Präsentation eines neuen Produkts vorzubereiten. Von der Sache her kennen Sie das Produkt aus dem Effeff. Sie hatten gehofft, Ihre Defizite bei Präsentationen mithilfe Ihres besten Freundes ausgleichen zu können, der als Präsentationsprofi bezeichnet werden kann. Am gleichen Abend suchten Sie Ihren Freund auf, trafen ihn nicht an und erfuhren, dass er gerade eine Last-Minute-Reise nach Bali angetreten hat und erst wieder in gut zwei Wochen zurück sein wird.
Sie kauften sich zwei PowerPoint-Ratgeber und eigneten sich im Selbststudium grundlegende Kenntnisse dieser Software an. Die von Ihnen entwickelten Folien zeigten Sie dem bisher für Präsentationen zuständigen Kollegen Schmidt, der noch einige Tipps gab, insgesamt aber mit Ihrer Arbeit sehr zufrieden war. Sie hatten ihm gegenüber Ihre Unsicherheit bezüglich Präsentationen geäußert, worauf er sich anbot, für Sie die Präsentation durchzuführen. Allerdings müsste die Zustimmung des Vorgesetzten vorliegen. Sie würden es sehr begrüßen, wenn Sie die Gelegenheit erhalten würden, sich vom Kollegen abzuschauen, wie man richtig und erfolgreich präsentiert.
Die bevorstehende Präsentation hat Sie ziemlich verunsichert, man sieht Ihnen an, dass Sie fix und fertig sind. Sie leiden unter Schlaflosigkeit, Ihre Frau hat Ihnen empfohlen, sich krankschreiben zu lassen. Aber das ist für Sie keine Lösung. Vor zwei Tagen wollten Sie Ihren Vorgesetzten bitten, dem Angebot des Kollegen Schmidt zuzustimmen, aber der war – wie sehr häufig – nicht im Hause. Ihn über Handy zu informieren hielten Sie nicht für opportun. Ihr Problem lässt sich vermutlich in einem Gespräch besser erörtern.
Weil Sie überhaupt nicht wissen, wie eine Präsentation abläuft – zum Beispiel, ob man sitzt, ob man steht, ob man abliest –, wäre der Anschauungsunterricht bei der Präsentation von Herrn Schmidt für Sie sehr wertvoll. Danach wollen Sie gern eigenverantwortlich Präsentationen durchführen. Aber bitte nicht dieses Mal. Würden Sie jetzt ins kalte Wasser geworfen und die Präsentation misslänge womöglich und potenzielle Kunden nähmen vom Produkt Abstand, würde Ihnen das vermutlich niemand verzeihen.
Soeben ruft Ihr Chef Sie zu sich ...

Rolle des Mitarbeiters B

Nachdem Sie seit neun Monaten in dieser Firma tätig sind, erhielten Sie vor zwei Wochen von Ihrem Vorgesetzten den Auftrag, die Präsentation eines neuen Produkts vorzubereiten. Sie übernahmen den Auftrag sofort und hoffen nun, den früher für Präsentationen eingesetzten Kollegen Schmidt ablösen zu können. Von der Sache her kennen Sie das Produkt aus dem Effeff. In aller Bescheidenheit können Sie von sich behaupten, ein äußerst erfolgreicher Präsentationsexperte zu sein. Sie hatten schon – was Präsentationen anbelangt – Entzugserscheinungen, die jetzt hoffentlich der Vergangenheit angehören werden.

Sie haben sich sofort an die Arbeit gemacht, die Präsentation steht. Herrn Schmidt zeigten Sie schon einmal Ihre Folien, um sicherzugehen, dass Sie nicht zu stark von dem in der Firma Üblichen abweichen.

Sie haben von der Sekretärin des Chefs erfahren, dass Sie sich übermorgen um 10:00 Uhr wegen der bevorstehenden Präsentation bereithalten sollen.

Sie sind sich Ihres Wertes wohl bewusst und zeigen ein hohes Maß an Selbstsicherheit (energisches Anklopfen, sofortiges Eintreten, Gespräch offensiv führen, zum Beispiel: Was kann ich für Sie tun? Kommen Sie auch? Kommt Herr Schmidt ebenfalls, damit er sehen kann, wie eine erfolgreiche Präsentation läuft? Das wird eine tolle Veranstaltung!).

Sollte der Vorgesetzte Sie bitten, vorweg einen Probelauf zu zeigen, halten Sie dagegen. Schließlich sind Sie der Profi, der mit allen Wassern gewaschen ist. Sie wollen nicht wie ein kleines Kind von Papi an die Hand genommen werden. Sie erwarten, vertrauensvoll behandelt zu werden. Im Übrigen ist Ihnen Ihre Zeit für solche Spielereien zu kostbar. Auch können Sie sich daran erinnern, dass der Vorgesetzte Ihnen am Ende des damaligen Vorstellungsgesprächs die Hand schüttelte mit dem Hinweis: »Ich freue mich auf eine vertrauensvolle Zusammenarbeit.« Jetzt ist davon nichts mehr zu spüren. Pures Misstrauen führt dazu, dass man Ihnen dieses Sandkastenspielchen abverlangt …

Sollte der Vorgesetzte dennoch auf einer Generalprobe bestehen, stimmen Sie schließlich zu (»Wenn Sie es unbedingt so haben wollen, dann sollen Sie Ihren Willen bekommen …«). Soeben ruft Ihr Chef Sie zu sich …

Unabhängig vom Auftreten des Mitarbeiters sollte der Vorgesetzte in beiden Rollenspielteilen das gleiche Ziel verfolgen: Noch heute stellt der Mitarbeiter in einer Generalprobe dar, wie er die Präsentation durchzuführen gedenkt. Teilnehmer sind der Vorgesetzte, der Mitarbeiter und als Rettungsanker der bisher für Präsentationen eingesetzte Herr Schmidt, falls sich herausstellt, dass der Mitarbeiter überfordert ist.

Dieser unter Ausschluss der Öffentlichkeit stattfindende Probelauf ist aus mehreren Gründen unverzichtbar:

- Bisher ist der Mitarbeiter mit einer Präsentation noch nicht in Erscheinung getreten, sodass keinerlei Anhaltspunkte für einen erfolgreichen Auftritt vorliegen.
- Es wäre grob fahrlässig, einem »unbeschriebenen Blatt« eine Premiere vor besonders wichtigen Kunden anzuvertrauen.
- Ob das unverzichtbare umfangreiche fachliche und technische Knowhow über das zu präsentierende Produkt vorhanden sind, lässt sich noch nicht beurteilen.
- Es fehlen konkrete Hinweise, dass der Mitarbeiter über das erforderliche rhetorische Rüstzeug für einen überzeugenden Auftritt verfügt.
- Der Vorgesetzte weiß nicht, ob die vom Mitarbeiter vorbereitete PowerPoint-Präsentation dem firmeninternen Standard entspricht.

Führungsaufgabe »Kontrolle«

Dem Vorgesetzten ist anzukreiden, dass er viel zu spät seiner Kontrollverpflichtung nachgekommen ist. Mit der Erteilung des Auftrags hätte sogleich terminiert werden müssen, wann der Probelauf stattfinden soll. Eine Vorbereitungsphase von einer Woche wäre akzeptabel gewesen. Beim Auftreten von Problemen hätte dann genügend Zeit für deren Lösung zur Verfügung gestanden. Was passiert aber zwei Tage vor dem Präsentationstermin, wenn sich der unsichere Mitarbeiter tatsächlich als ungeeignet erweist und der bisherige Präsentator Schmidt aus gesundheitlichen Gründen nicht einspringen kann? Der Vorgesetzte müsste sich mit einem schwierigen Problem beschäftigen, welches er bei rechtzeitiger Kontrolle ohne Hast gelöst hätte.

Woran liegt es, dass manche – insbesondere erstmalig in Führungsverantwortung stehende – Vorgesetzte der Führungsaufgabe Kontrolle eher zurückhaltend nachkommen? Bereitet es einem Vorgesetzten Schwierigkeiten, seinen Führungswillen – das als richtig Erkannte soll durchgesetzt und Rückgrat bewiesen werden – mittels der Führungsaufgabe Kontrolle zu dokumentieren? Ist es ihm unangenehm und peinlich, zu kontrollieren, weil er sich aus eigener Erfahrung noch gut daran erinnern kann, wie er selbst unter dem unzulänglichen Kontrollverhalten von Vorgesetzten litt? Fehlt ihm der Mut, Mitarbeitern über die Schulter zu schauen oder auf die Finger zu sehen, um ihnen anschließend wenig Erfreuliches zu sagen? Sieht er Kontrollen als Störfaktoren an, weil er mit seinen Mitarbeitern konfliktfrei auskommen und das gute Betriebsklima nicht durch Kontrollen aufs Spiel setzen möchte?

Eventuell können die Seminarteilnehmer in Kleingruppenarbeit Gründe zusammentragen, weshalb Kontrollen erforderlich sind. Ist dies zeitlich nicht möglich, leistet eine Zusammenfassung gute Dienste.

Die Führungsaufgabe Kontrolle ist unverzichtbar!

- Der Vorgesetzte weiß mittels ausgeübter Kontrollen über die Situation in seinem Bereich Bescheid. Vorrangig wird er durch Kontrollen versuchen, die Risikofaktoren bei der Aufgabenbewältigung in den Griff zu bekommen.
- Die Erfüllung gemeinsam vom Vorgesetzten und vom Mitarbeiter vereinbarter Ziele wird überprüft: Termine, Normen, Qualität, Quantität, Wirtschaftlichkeit und Arbeitssicherheit werden eher sichergestellt.
- Wird die Einhaltung von Unfallverhütungsvorschriften überprüft, ist es Ziel der Kontrolle, Mitarbeiter vor Unfällen und Krankheiten zu bewahren.
- Kontrollen bestätigen den Mitarbeiter in seinem richtigen Verhalten und führen zur Anerkennung guter Leistungen, sodass von Kontrollen eine motivierende Wirkung ausgehen kann.
- Kontrollen helfen dem Mitarbeiter, leistungsbehindernde Faktoren zu erkennen, sodass Verbesserungen und Weiterentwicklungen möglich werden. Festgestellte Fehler werden durch sachliche Kritik behoben und künftig vermieden.
- Die Einhaltung geltender Vorschriften und das Befolgen von Anweisungen werden vom Vorgesetzten überwacht. Würden aus einer Nichtbeachtung keine Folgerungen gezogen, würden Vorschriften und Anweisungen bald nicht mehr ernst genommen, Aufträge an Gewicht verlieren und die Arbeitsdisziplin leiden.
- Kontrollen wirken auf manche Mitarbeiter erzieherisch und spornen an. Sie können die Entwicklung des Mitarbeiters positiv beeinflussen. Entwicklung ist nur möglich, wenn dem Mitarbeiter transparent wird, ob sein Verhalten zum Erfolg führt oder nicht.
- Fehlen Kontrollen, kann beim Mitarbeiter der Eindruck entstehen, seine Arbeit und damit auch er selbst sei für das betriebliche Geschehen unwichtig.
- Bei Kontrollen können Fehler zutage treten, die der Mitarbeiter selbst nicht erkennt. Zweifellos verfügen zwei Menschen über eine größere Erfahrung und ver-

mögen eher Fehler zu entdecken als nur eine Person. Insofern kann Kontrolle als Ausgangspunkt eines Lernprozesses – sicherlich auch beim Kontrollierenden – aufgefasst werden.

- Leistungsstarke Mitarbeiter stehen der Kontrolle positiv gegenüber, da dadurch ihre Anstrengungen erkannt werden und sich die Chance vergrößert, beruflich vorwärtszukommen.
- Der Mitarbeiter hat ein Recht, zu erfahren, wie seine Leistungen und sein Arbeitsverhalten beurteilt werden. Die Gefahr der Diskrepanz zwischen Selbsteinschätzung und Fremdeinschätzung vermindert sich.
- Werden bei Kontrollen Fehler erkannt, wird der Vorgesetzte prüfen, ob er den Fehler nicht auch mitverursacht hat, indem er eine verschieden interpretierbare Anweisung gab oder erforderliche Informationen für sich behielt.

Bei der Kontrolle wird die Übereinstimmung des vereinbarten Ziels als Sollwert mit den erreichten Arbeits- und Leistungsergebnissen untersucht (Soll-Ist-Vergleich). Somit richtet sich Kontrolle nicht gegen den Mitarbeiter, sondern ist zunächst eine sachbezogene Aufgabe, welche die Funktionsfähigkeit des Unternehmens erhalten helfen soll.

Bevor ein Vorgesetzter weiter mit nicht angebrachten Skrupeln vor der Führungsaufgabe Kontrolle lebt, sollte er besser seinen Mitarbeitern erklären, dass er es nicht darauf anlegt, Fehler nachzuweisen, sondern dass er vielmehr erkennen will, ob der eingeschlagene Weg erfolgreich ist oder verbessert werden kann.

Der wesentliche Zweck von Kontrollen muss stets die Ergebnisverbesserung sein! Deshalb müssen die Mitarbeiter ein Feedback über die Kontrollergebnisse erhalten. Da Mitarbeiter zumeist ein richtiges Verhalten zeigen und normale Leistungen erbringen, wird die Führungskraft Bisheriges bestätigen. Bei überdurchschnittlichen Leistungen wird sie Anerkennung geben, während bei fehlerhaftem Verhalten oder mangelhaften Leistungen konstruktive Kritik angesagt ist.

Vertrauen baut auf, Misstrauen lähmt

Alltäglich begegnen uns Vorgesetzte, die ihre Mitarbeiter intensiv überwachen und dies mit dem leninschen Zitat »Vertrauen ist gut, Kontrolle ist besser« begründen.

Sie unterstreichen damit, was sie von ihren Mitarbeitern halten: herzlich wenig! Hat die Kontrolle gegenüber dem Vertrauen Vorrang, boykottieren heutzutage Mitarbeiter ein solches System. Mit erstaunlichem Erfindungsreichtum werden neue Wege gesucht, um Kontrollen wirksam zu umgehen. Letztlich tun die Mitarbeiter zwar das, was man ihnen sagt, aber keinen Handschlag mehr. Mit anderen Worten: Ihre Leistung liegt dort, wo sie gerade noch akzeptiert wird (s. »Innere Kündigung« S. 216 ff.).

Identifiziert sich ein Vorgesetzter hingegen mit dem Ausspruch des Freiherrn vom Stein: »Vertrauen veredelt den Menschen«, wird eine Führung mittels Zwang und Kontrolle von einem Führen durch Motivation ersetzt.

Es ist als sichere Erkenntnis zu werten, dass diese Grundeinstellung durch einen erhöhten Motivationsstand eine größere Produktivität mit besseren Resultaten bewirkt.

Nach diesen Überlegungen sollte das Leninzitat besser abgewandelt werden:

»Nichts kann den Menschen mehr stärken als das Vertrauen, das man ihm entgegenbringt.« *(Paul Claudel)*

So viel Vertrauen wie möglich – so wenig Kontrolle wie nötig!

Selbst wenn der Vorgesetzte seine Mitarbeiter mit einen großen Vertrauensvorschuss betrachtet, sollte er ihnen dennoch kein blindes Vertrauen entgegenbringen, sondern eher ein Vertrauen mit wachsamen Augen.

Bei einem blinden Vertrauen wären Enttäuschungen unausbleiblich, denn kein Mensch arbeitet auf Dauer fehlerfrei. Selbst wenn der Vorgesetzte einem Mitarbeiter großes Vertrauen schenkt, kann nicht auf Kontrolle verzichtet werden. Vielleicht hat der vertrauenswürdige Mitarbeiter wichtige Informationen nicht erhalten oder sie sehr subjektiv interpretiert – und schon würde bei fehlender Kontrolle unbeabsichtigt fehlerhaft gearbeitet. Halten wir fest: Vertrauen schließt Kontrollen keinesfalls aus!

An dieser Stelle können Seminarteilnehmer in einem Test ermitteln, welchen Stellenwert sie dem Vertrauen beimessen.

▪ Der Stellenwert von Vertrauen	ja	nein
Verlangt der insgesamt von uns angestrebte kooperative Führungsstil nach vertrauensvoller Zusammenarbeit?	☐	☐
Ist es gerechtfertigt, in unseren Mitarbeitern lediglich Untergebene und bedingungslos Gehorchende zu sehen, oder haben wir es eher mit fähigen und mündigen Menschen zu tun, denen wir unser Vertrauen schenken können?	☐	☐
Setzt Vertrauen auch Selbstvertrauen voraus, weil wir uns selbst trauen müssen, Ungewissheit und Risiko in Kauf zu nehmen?	☐	☐
Lassen wir mit unserem Vertrauen auf der zwischenmenschlichen Ebene auch ein hohes Maß an persönlichem Selbstbewusstsein erkennen?	☐	☐
Wir befinden uns gegenwärtig in einer Periode der Instabilität. Veränderungen in allen Lebensbereichen finden in einem rasanten Tempo statt. Empfinden Mitarbeiter mit Skepsis und Zukunftsängsten ein vertrauensvolles Verhältnis zu ihrem Vorgesetzten als besonders wichtige Voraussetzung für eine gedeihliche Zusammenarbeit?	☐	☐
Reagieren Mitarbeiter auf ihnen entgegengebrachtes Vertrauen mit Zutrauen und größerem Engagement?	☐	☐
Ist mit einem Vertrauensvorschuss – »Ich bin sicher, Sie können das!« oder »Ich setze auf Ihre Fähigkeiten« – ein Motivationsschub verbunden?	☐	☐
Beantworten Sie etwa ein vertrauensvolles Entgegenkommen Ihres Vorgesetzten damit, dass Sie ihm vorsätzlich Steine in den Weg rollen oder ihn auflaufen lassen, oder fühlen Sie sich eher herausgefordert, Ihren Vorgesetzten in seiner Einschätzung Ihrer Person zu bestätigen?	☐	☐
Haben Sie möglicherweise Hemmungen, Ihnen entgegengebrachtes Vertrauen zu missbrauchen?	☐	☐
Besitzt das in Sie gesetzte Vertrauen den Aufforderungscharakter, sich dieses Vertrauens würdig zu erweisen?	☐	☐
Beruht ein Pfeiler Ihres Wohlbefindens auf der Tatsache, dass Sie einigen Menschen großes Vertrauen entgegenbringen und auch eine positive Reaktion erfahren?	☐	☐

Die Anzahl der zustimmenden Antworten wird bei Weitem die Neinwertungen übersteigen. Spätestens nach Beantwortung dieser Fragen wird den Teilnehmern der hohe Stellenwert von Vertrauen bewusst. Tatsächlich ist in der täglichen Zusammenarbeit das Vertrauen zwischen den Akteuren die Basis für jeden Erfolg.

Ohne Vertrauen, Mut und Risikobereitschaft kann nur das Minimum bewirkt werden. Ist der Vorgesetzte misstrauisch, reagiert der Mitarbeiter in gleicher Weise, und es kommt schnell zu einer alles überschattenden, destruktiven Misstrauensspirale. Will der Vorgesetzte das Maximum mit und von seinen Mitarbeitern, so braucht er nicht nur den Glauben an sich selbst. Auch seine Mitarbeiter muss er spüren lassen, dass er an sie glaubt und ihnen vertraut.

»Es setzt Größe voraus, Vertrauen in die Wege der Mitarbeiter zu setzen.« *(Karl Ludwig Schweisfurth)*

Um der Kontrollfunktion den negativen Beigeschmack eines Überwachungs-, Fehlerfindungs- und Bestrafungsinstruments zu nehmen, wird der Vorgesetzte seine Kontrollpflicht mit Fingerspitzengefühl still und unauffällig ausüben und keinesfalls eine Staatsaktion daraus machen. Dass er dieser Führungsaufgabe in fairer Form nachkommt, versteht sich von selbst.

Kontrollen sollten auf das unbedingt Notwendige beschränkt und auf Schwerpunkte und Stichproben konzentriert werden. Zu häufige Kontrollen oder gar ständige Totalkontrollen entmündigen den Mitarbeiter und erziehen ihn zur Unselbstständigkeit. Die Kontrolltätigkeit muss ein vernünftiges Kosten-Nutzen-Verhältnis aufweisen. Will ein Vorgesetzter alles kontrollieren, kann er auch gleich alles selber machen!

Bei der Ergebnis-, Erfolgs-, oder Endkontrolle wird das gesamte Arbeitsergebnis analysiert, wobei der Weg dorthin außer Betracht bleibt. Diese Kontrolle wird vergangenheitsbezogen gehandhabt und deshalb von Kritikern als »Leichenschau« bezeichnet. Ist das Kind bereits in den Brunnen gefallen, folgt der Registrierung des Misserfolges oft nur noch Resignation oder die Begrenzung des eingetretenen Schadens.

Um dieses Manko auszugleichen, sind zusätzlich gegenwartsbezogene Stichprobenkontrollen an besonders fehlerbehafteten Punkten vorzusehen.

- Intensive Beobachtung erfordern beispielsweise die Punkte, an denen nach bisherigen Erfahrungen der Mitarbeiter immer wieder Schwächen erkennen ließ.
- Auch häufige Problemfälle und Störungen sind zu betrachten.

- Fehler, die zu weiteren Fehlern oder Abweichungen führen können, gehören ebenfalls dazu sowie
- unter Zeitdruck stehende Arbeiten, die rechtzeitig begonnen werden müssen, um sie termingerecht abschließen zu können.

Mithilfe von Stichprobenkontrollen werden Mitarbeiter bei ihrer Aufgabenerledigung begleitet. Damit wird sichergestellt, dass die einzelnen Stadien und gewünschten Ergebnisse in der richtigen Form und zur richtigen Zeit erreicht werden. Bei dieser Vorgehensweise steht im Zweifelsfall noch ausreichend Zeit zur Verfügung, während des Arbeitsprozesses erkannte Probleme durch rechtzeitige korrigierende Maßnahmen positiv zu beeinflussen. Mittels eingeleiteter Kurskorrekturen wird die Zielerreichung begünstigt.

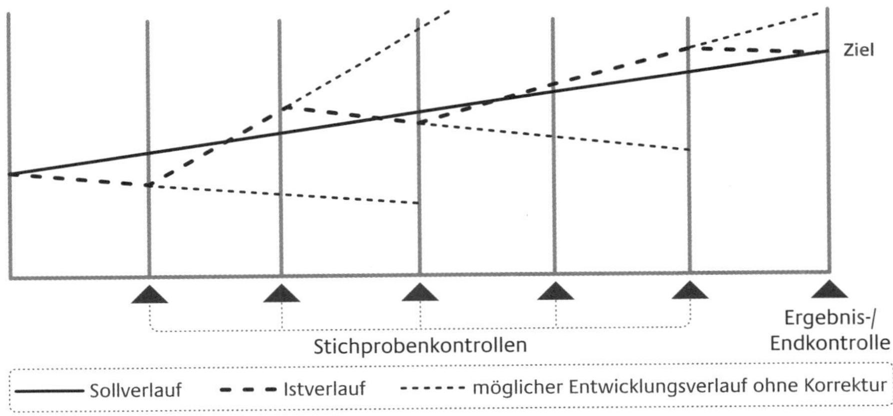

Weil vielen Führungsnachwuchskräften bei der Kontrolle ihrer Mitarbeiter nicht recht wohl in der eigenen Haut ist, sollen die im Handout zusammengefassten Merkpunkte ein größeres Maß an Sicherheit vermitteln.

Merkpunkte zur nicht delegierbaren Führungsaufgabe Kontrolle

- Sie nutzen Kontrolle als Steuerungsinstrument, welches erst dann zum Zuge kommt, wenn das Erreichen betrieblicher Ziele gefährdet ist. Ihre Kontrollen werden sich also nur auf das Wesentliche beschränken. Übertriebene Genauigkeit würde Ihnen als Pedanterie oder Nörgelei ausgelegt und mit Missmut zur Kenntnis genommen.
- Sie üben Kontrolle stets nur gegenüber den Ihnen zugeordneten Mitarbeitern aus. Lediglich in Fällen akuter Gefahr darf von diesem Grundsatz abgewichen werden.
- Sie kontrollieren alle Ihnen unmittelbar unterstellten Mitarbeiter, ohne sich davon leiten zu lassen, ob Sie dem einzelnen Mitarbeiter mehr oder weniger vertrauen. Würden leistungsschwächere Mitarbeiter immer, leistungsstarke Mitarbeiter hingegen nie kontrolliert, käme dies einer Bloßstellung der weniger Erfolgreichen gleich. Auch sogenannte Überflieger sind zu kontrollieren, um zu erkennen, ob diese herausragenden Mitarbeiter weiterhin beste Leistungsergebnisse abliefern.
- Sie beantworten die Frage nach der Häufigkeit von Kontrollen erst dann, wenn Ihnen Person, Aufgabe und Situation bekannt sind. So ist es ein gravierender Unterschied, ob ein Mitarbeiter für seinen Aufgabenbereich keine Erfahrung besitzt, über Grundkenntnisse verfügt, einigermaßen erfahren oder als Experte anzusehen ist.
- Sie werden mit Ihren Kontrollen von sich aus aktiv und warten nicht bis zu dem Moment, wenn es bereits zu spät ist.
- Sie setzen Kontrollen zielgerichtet ein. Ein gelegentlicher Kontrollgang und die oberflächliche Frage »Ist bei Ihnen alles in Ordnung, oder gibt es etwas Besonderes?« stellen eine Arbeitsvermeidungsstrategie dar, denn der so Angesprochene wird regelmäßig grünes Licht anzeigen. Statt sich mit einem nebulösen Small Talk zu begnügen, sehen Sie einen Soll-Ist-Vergleich vor, der die Grundlage für konkrete Überprüfungen ist.
- Sie orientieren sich bei Ihren Kontrollen stets an vereinbarten Zielen, die als Maßstab und Vergleichsbasis dienen für das, was erreicht werden soll. Zielvereinbarungen stellen für den Mitarbeiter eine Identifikationsgrundlage dar und werden als objektive Kontrollkriterien akzeptiert.
- Sie vermeiden den Eindruck, dass Sie Ihre Mitarbeiter in deren Abwesenheit hinter ihrem Rücken überwachen oder gar bespitzeln. Heimlichkeiten bringen Ihnen nur Ärger ein.
- Sie signalisieren immer wieder, dass Hilfe und Verbesserung – also die konstruktive Komponente – vorrangiges Ziel Ihrer Kontrollen sind. Glauben Ihre Mitarbeiter zu erkennen, dass Ihnen die Jagd nach Fehlern am Herzen liegt, um das Unver-

Merkpunkte zur nicht delegierbaren Führungsaufgabe Kontrolle

mögen von Mitarbeitern beweisen zu können, werden die Widerstände gegen Ihre Kontrollen nur verstärkt.

- Sie werten Kontrollen aus und informieren Mitarbeiter über die Ergebnisse. Wenn das Ist dem Soll entspricht, ist alles im Lot, und der Mitarbeiter hat Ihre positive Rückmeldung verdient. Mit einer aufrichtigen Anerkennung wecken Sie im Mitarbeiter schlummernde Kräfte. Anerkennung wirkt wie Lebenslust spendende Vitamine und beeinflusst die künftige Arbeit nachhaltig positiv. Ergibt sich bei dem Soll-Ist-Vergleich jedoch eine nicht gewünschte Abweichung vom Soll, ist zu untersuchen, warum diese eingetreten ist. Zur Analyse der Abweichung wird eine kooperative Aussprache in freundlich-höflicher Atmosphäre erforderlich, die das Vertrauensverhältnis stärken soll. Dieses Gespräch ist Dreh- und Angelpunkt für den gewünschten Erfolg.

Manche Mitarbeiter empfinden Kontrollen als unangenehm, entwürdigend, sogar beleidigend und als eklatantes Zeichen von Misstrauen. Sie lehnen die Kontrolle als Relikt aus autoritärer Vorzeit ab und bewerten sie als schikanöse Maßnahme des Vorgesetzten, der auf die Suche nach einem Schuldigen geht, um diesem »etwas anhängen« zu können. Als Folge haben einige Vorgesetzte den kontaminierten Begriff »Kontrolle« aus ihrem Wortschatz verbannt und ersetzen ihn durch Umschreibungen wie »Lassen Sie uns einmal checken …«, »Von Ihnen brauche ich einen Zustandsbericht/ein Feedback …«, »Reporten Sie bitte bis …«. Auch Begriffe wie Inspektion, Soll-Ist-Vergleich oder Qualitätsprüfung sind an der Tagesordnung.

Ein souverän führender Vorgesetzter braucht sich dieser Synonyme nicht zu bedienen. Er wird bei seinen Mitarbeitern Aversionen gegenüber Kontrollen abbauen, indem er aufklärt, dass in jedem Betrieb Kontrollen durchgeführt werden müssen, und zwar in allen Bereichen und auf allen hierarchischen Ebenen. Mit Kontrollen kommt ein Vorgesetzter einer sachlich notwendigen Verpflichtung nach, um den Erfolg des Unternehmens zu sichern und die Arbeitsplätze der Mitarbeiter zu erhalten.

Durchsetzungsvermögen

Insbesondere für junge Führungskräfte kann die Frage existenziell sein, ob es ihnen gelingt, sich gegenüber Mitarbeitern im Ernstfall zu behaupten und Entscheidungen in erfolgreiche Aktionen umzusetzen.

Vorgesetzte wären schlecht beraten, stets die Ellenbogen auszufahren, die eigene Position mit Brachialgewalt zu vertreten und sich dampfwalzenartig durchzusetzen. Von selbstbewussten Mitarbeitern würde der Druck mit Gegendruck beantwortet, sodass sich bei den Beteiligten die Stresskurve erhöhen und die Leistungsergebnisse auf einem niedrigen Level einpendeln würden.

Aber auch bei fehlendem oder nur gering ausgeprägtem Durchsetzungsvermögen würden Vorgesetzte von ihren Mitarbeitern in ihrer Führungsrolle nicht akzeptiert. Würden sie um des lieben Friedens willen immer wieder Nachgiebigkeit signalisieren, hätten sie bei ihren Mitarbeitern schnell den Ruf eines Weicheies, Warmduschers, Jeinsagers oder Leisetreters weg. Welcher Mitarbeiter will sich schon mit einer unterordnungsbereiten und im Regelfall erfolglosen Führungskraft identifizieren?

Durchsetzungsvermögen

Unter Durchsetzungsvermögen, -kraft oder Stehvermögen verstehen wir die zum Erreichen betrieblicher Ziele notwendige und sozial verträgliche Selbstbehauptung und Beharrlichkeit. Wird der Durchsetzungswille mit verbindlichen Umgangsformen und wertschätzender Grundeinstellung (Nettigkeit schließt Führungskraft nicht aus) bei eindeutiger sachlicher Positionierung gepaart, werden die Mitarbeiter ihrem Vorgesetzten die wohlverdiente Anerkennung und den gebührenden Respekt nicht versagen.

Das Durchsetzungsvermögen beruht auf dem Zusammenspiel rationaler, emotionaler, akustischer und visueller Reaktionen. Aus der Vielzahl von Durchsetzungsstrategien sollen folgende Empfehlungen im Seminar kommentiert werden.

Das Heft des Handelns in die Hand nehmen Vorgesetzte müssen ihre Mitarbeiter führen und sollen sich nicht nur darauf konzentrieren, ihre Sachaufgaben ordentlich zu erledigen. Sie dürfen die Dinge in ihrem Wirkungsbereich nicht passiv auf sich zukommen lassen, sondern sollen das Geschehen aktiv gestalten. Ließen sie die Dinge um sich herum nur geschehen, ohne sie selbst anpackend, regelnd und steuernd zu gestalten, würden andere Menschen das Führungsvakuum füllen und den abwartenden Vorgesetzten zu einem ausführenden Organ degradieren.

Führungskräfte, die lediglich als Spielball in den Händen anderer ihr Dasein fristen, sind fehl am Platz und werden längerfristig kaum eine exponierte Stellung behalten können. Die Devise für jeden Vorgesetzten muss demzufolge lauten: Ich muss den ersten Schritt tun, ich will agieren, anstatt zu reagieren.

Dies setzt jedoch Zutrauen in die eigene Person voraus.

»Der eine wartet, dass die Zeit sich wandelt, der andere packt sie kräftig an und handelt.« *(Dante Alighieri)*

Welche brachliegenden Ressourcen in den Menschen schlummern und wann das Ende der Fahnenstange erreicht wird, ist völlig ungewiss. Mit einem gesunden Selbstvertrauen nimmt der Vorgesetzte die Fahne in die Hand und marschiert los – und die Mitarbeiter werden ihm folgen. Allerdings darf kein blinder Aktivismus praktiziert werden, sondern es muss wohlvorbereitet nach dem Grundsatz »Erst denken, dann handeln« gestartet werden.

Bedenkenträger und Pessimisten gibt es immer wieder. Sie erklären, weshalb sich ein Einsatz nicht lohnt und weshalb Träume niemals Realität werden können. Aber das stimmt nicht! Oft genügt bereits ein gut vorbereiteter Versuch, um positive Ergebnisse einzufahren. Damit wird bestätigt, dass die Welt den Machern und Optimisten gehört.

Klare Ziele setzen Bevor auf Mitarbeiter eingewirkt wird, muss klar sein, was erreicht werden soll. Ziele bewirken unter anderem Selbstdisziplin, weil sie unseren Spielraum für Ad-hoc-Entscheidungen und planlose Aktivitäten einengen. Das Machen allein ist nicht gefragt, sondern das zielgerichtete, geplante und disziplinierte Durchführen. Klar definierte Ziele helfen uns, Aufgaben nicht zu verfehlen, da sie deutlich die Richtung weisen und Umwege, Umleitungen, Ablenkungen und Nebenkriegsschauplätze verhindern. Sie stellen den Maßstab dar, an dem der Fortschritt gemessen werden kann und die beabsichtigten Aktionen ständig bewertet werden können. Die zur Verfügung stehenden Kräfte und Ressourcen können wir stromlinienförmig auf das Wesentliche ausrichten. Auch lässt sich besser kritisch hinterfragen, ob das, was getan wird, zum Erreichen des anvisierten Ziels notwendig ist (s. S. 263).

Der Vorgesetzte setzt sich für eigene Handlungen – insbesondere wenn er auf seine Mitarbeiter einwirken will – Ziele, an die er glaubt und mit denen er sich identifiziert. Eine einprägsame Art, die wichtigsten Eigenschaften von Zielen zu beschreiben, bietet das Akronym SMART (s. S. 266).

Sich eine positive Einstellung zu sich selbst angewöhnen Selbstzweifel, die in den Einschätzungen gipfeln »Das kann ich nicht«, »Das wird ja doch nichts« und so weiter, werden sofort beiseitegeschoben. Sie wirken nämlich nur leistungshemmend und destruktiv, je länger man sich mit ihnen beschäftigt. Mit einer negativen Autosuggestion (Selbstbeeinflussung) werden die Weichen in Richtung Misserfolg gestellt. Die Gefahr ist sehr groß, dass diese pessimistischen Prophezeiungen sich erfüllen, weil die negative Selbstprogrammierung eine optimistische Einschätzung nicht zulässt.

Die positive Selbstbeeinflussung ist die wirkungsvollste Möglichkeit, uns von Befürchtungen oder negativen Umwelteinflüssen zu befreien. Sie brauchen die Kraft des positiven Denkens!

»Das Leben ist das, was die Gedanken aus ihm machen.«
(Marc Aurel)

Zu eigenen Entscheidungen stehen Entscheidungen werden nicht um ihrer selbst willen getroffen. Einer Entscheidung muss sich die Verwirklichung anschließen. Wurde nach bestem Wissen und Gewissen entschieden, muss das Ergebnis längerfristig und konsequent getragen, vertreten und gegen destruktive Zweifel abgeschirmt werden. Fatal wäre eine halbherzig getroffene Entscheidung, bei der bereits beim Aufkommen innerer oder äußerer Widerstände eine Umkehr erwogen wird. Der Unsicherheit bewirkende Blick zurück sowie weiteres Grübeln sind zu vermeiden. Kein Mensch kann zweifeln und gleichzeitig seine uneingeschränkte Aufmerksamkeit auf die Realisierung der Entscheidung richten.

Selbst wenn die Entscheidung nicht optimal war, werden bei entschlossener Durchführung bessere Ergebnisse erzielt als bei einer idealen Entscheidung, welche nur halb, zu spät oder überhaupt nicht in die Praxis umgesetzt wird.

Jede Entscheidung kann misslingen. Für Fehlentscheidungen zeichnen folgende Gründe verantwortlich:

- Die in eine Entscheidung eingeflossenen Daten aus der Vergangenheit erwiesen sich als unvollkommen.
- Zwar waren die zugrunde liegenden Daten richtig und vollständig, sie wurden aber falsch interpretiert.
- Die Entwicklung verlief anders, als bei der Entscheidung unterstellt wurde.

Wird eine Fehlentscheidung erkannt, muss zur Schadensbegrenzung oder -beseitigung nachgebessert, erneut entschieden und gehandelt werden. Nur in Ausnahmefällen kann das Motto »Augen zu und durch« empfehlenswert sein.

Wenn der Vorgesetzte eine Fehlentscheidung eingesteht und sich sogleich um eine sensible, sorgfältige, systematische und selbstkritische Lösung bemüht, wird seine Autorität keinen Schaden nehmen. Auch wenn Mitarbeiter in den Entscheidungsprozess einbezogen wurden, ist ihnen die Fehlentscheidung nicht anzulasten. Der Vorgesetzte war der Entscheider, er trägt deshalb die Verantwortung und macht seine Mitarbeiter im Fall eines Misserfolgs nicht zu Prügelknaben!

Keine Rückdelegation zulassen Diesen Punkt finden Sie auf den Seiten 108 bis 111 beschrieben.

Über Körpersprache Selbstbewusstsein und Durchsetzungskraft ausstrahlen Jeder weiß körpersprachliche Signale richtig zu deuten, mit denen sich unbewusst unsichere Menschen zu erkennen geben. Diese wirken meistens zaghaft, ängstlich, gehemmt und ausweichend. Eine leise Stimme und ein zumeist nach unten gerichteter Blick werden mit bezeichnender Haltung und Gestik verbunden: Häufiges Zupfen an der Kleidung, fahrige Handbewegungen, ständiges Herumrutschen auf dem Stuhl, gewundene Füße um die Stuhlbeine, Sitzen auf der Stuhlkante, Kratzen am Kopf, Finger am Mund und verschränkte Arme signalisieren intensiv empfundene Unsicherheit. Eine derart auftretende Führungskraft könnte sich – damit keinerlei Unklarheiten auftreten – als wandelnde Litfaßsäule ein großes Schild mit der Aufschrift »Ich setze mich nicht durch, niemand braucht meine Gegenwehr zu fürchten« um den Hals hängen.

Die beschriebenen Unsicherheitsgesten müssen vermieden und – auch in Stresssituationen – durch eine aufrechte, offene Körperhaltung (leichtes Nachhintendrücken der Schultern, leicht aufgewölbter Brustkorb, aufgerichteter Kopf, angedeuteter elastischer Gang) ersetzt werden, mit der Gesprächs-, Kooperations-, aber auch Durchsetzungsbereitschaft signalisiert werden.

Blickkontakt pflegen Blickkontakt ist in vielen Fällen ausgesprochen wichtig. Dazu finden Sie weitere Ausführungen auf Seite 23.

Klare und unmissverständliche Anweisungen geben Dass manche Anweisungen unzulänglich befolgt werden, lassen Vorgesetzte durch Kommentare erkennen wie

- »Man kann sich den Mund fusselig reden. Entweder werden meine Anweisungen falsch oder überhaupt nicht befolgt.«
- »Manchmal bin ich dicht dran, die Arbeit lieber selbst zu machen, bevor ich zeitraubende Anweisungen gebe, die dann doch fehlerhaft ausgeführt werden.«

Diese Vorgesetzten suchen bei unzureichenden Ergebnissen die Schuld bei ihren Mitarbeitern, nicht aber bei den vermutlich unklaren und unvollständigen Anweisungen, die den Mitarbeitern zudem häufig auch noch fehlerhaft präsentiert werden. Das Rollenspiel 7 enthält das Beispiel einer fehlerhaften Anweisung, aus der erhebliche Probleme resultieren (s. S. 140). Bei Beachtung der folgenden sechs W sollten solche Klagelieder von Vorgesetzten der Vergangenheit angehören.

Anweisungen erteilen

WER?
Überlegungen dazu sind:
- Wer ist der zuständige Mitarbeiter?
- Wer ist der geeignetste (nicht der bereitwilligste) Mitarbeiter?
- Welchem Mitarbeiter gebe ich die Anweisung?
- Wer muss mitwirken?

Fehlerhaft von Anfang an sind Anweisungen, die lediglich an einen unbestimmten Personenkreis gerichtet werden:
- Man sollte schnellstens die Werkstatt aufräumen …
- Hier muss endlich einmal Aktivität gezeigt werden …

Hier wird offengelassen, wer was tun soll. Zumeist fühlt sich keiner der Mitarbeiter angesprochen, sodass diese diffusen Handlungsanstöße verpuffen.

WAS?
Was soll gemacht werden? Aufgaben und Teilaufgaben werden konkret beschrieben und das angestrebte Ergebnis genannt. Akzeptable Abweichungen vom Soll sowie denkbare Schwierigkeiten werden dargestellt.

WANN?

- Bis wann soll die Arbeit begonnen, bis wann ausgeführt sein?
- Welche Zwischentermine sind zu beachten?
- Wann will ich über den Arbeitsfortschritt informiert werden?

Stellen Sie jede Anweisung als brandeilig heraus, die eigentlich »schon vorgestern hätte erledigt werden müssen«, erlahmt das Bemühen des Mitarbeiters um eine schnelle Ausführung. Mit unpräzisen Aufforderungen wie »sobald wie möglich«, »bei Gelegenheit« oder »wenn Sie einmal Zeit haben« vermitteln Sie den Eindruck, dass bei dieser unbedeutenden Arbeit noch nicht einmal eine Terminvereinbarung vonnöten ist. Wird überhaupt kein Termin gesetzt, kann Ihre Geduld auf eine harte Probe gestellt werden, weil die Aufgabenerledigung eine Ewigkeit auf sich warten lässt.

WIE?

Sie sollten dem Mitarbeiter unter Berücksichtigung seiner Fähigkeiten und der Sachforderung so viel Freiheit wie irgend möglich zugestehen. Der Mitarbeiter kann so eher erkennen, dass der Vorgesetzte ihn für fähig hält, die Aufgabe eigenständig auszuführen. Während Sie bei Mitarbeitern mit niedrigem Anspruchsniveau dem WIE in Ihrer Anweisung größere Bedeutung beimessen, werden Sie dieser Frage bei überdurchschnittlich geeigneten Mitarbeitern nur mehr geringe Beachtung schenken. Dennoch kann auch bei Mitarbeitern mit großem Fähigkeitspotenzial in besonderen Fällen eine Klärung der Arbeitsausführung günstig sein – dann ist aber das WARUM überzeugend darzulegen, um die sonst entstehende Verunsicherung – »Womit habe ich das Misstrauen des Chefs verdient, dass er mir plötzlich alles vorschreibt? Ist er mit meinen bisherigen Leistungen so unzufrieden, dass mir jetzt alles vorgekaut werden muss?« – zu vermeiden.

WOMIT?

Welche Hilfsmittel, Vordrucke, Werkzeuge, Unterlagen, Vorschriften sind für eine ordnungsgemäße Arbeitsausführung vonnöten?

WARUM?

Nur wenn Ihr Mitarbeiter weiß, warum er etwas erledigen soll, fühlt er sich verstärkt verantwortlich und bemüht sich intensiver um eine gute Aufgabenerledigung. Machen Sie den Mitarbeiter mit Hintergründen und Zusammenhängen vertraut, beziehen Sie ihn stärker in das Geschehen ein, und wecken Sie sein Interesse und sein Engagement.

Bei Form und Folgen einer Anweisung sind nachstehende Anmerkungen zu beachten:

- Anweisungen sollten präzise und eindeutig sowie kurz und knapp gegeben werden.
- Anweisungen sind narrensicher zu formulieren, damit die Mitarbeiter sie verstehen können.
- Ein Kasernenhofton degradiert die Mitarbeiter zu Untergebenen. Der Vorgesetzte wählt stets einen höflichen, ruhigen und sachlichen Ton und spricht Mitarbeiter so an, wie er selbst angesprochen werden möchte.
- Manches wird vom Mitarbeiter akustisch nicht richtig aufgenommen, möglicherweise anders interpretiert oder sogleich vergessen. Diesen Fehlerquellen begegnen wir, indem vom Mitarbeiter ein Feedback eingeholt wird: »Bitte fassen Sie die für Sie wichtigsten Punkte zusammen«, »Könnten wir zum Abschluss noch einmal zusammen durchgehen, was wir heute festgelegt haben?«, »Ich hoffe, ich habe nichts vergessen. Können Sie es noch einmal wiederholen, damit wir sicher sein können?«.
- Komplizierte Anweisungen werden mündlich erläutert und mit zusätzlichen schriftlichen Hinweisen versehen, dies vor allem, wenn verschiedene Zahlen eine Rolle spielen.
- Werden Anweisungen ohne Zwischenstationen gegeben, werden Informationsverfälschungen (denken wir an die beliebte Übung aus der Schulzeit: stille Post) eher vermieden.
- Die Befolgung von Anweisungen ist in angemessener Form zu kontrollieren. Wird eine Anweisung nicht oder nur unzureichend ausgeführt und folgt keine Kontrolle mit Kommentierung durch den Vorgesetzten, werden Anweisungen künftig nicht mehr ernst genommen.

Weichmacher vermeiden Sprache ist verräterisch. Wenn Menschen über Dinge reden, deren sie sich nicht sicher sind, werden auch ihre Worte verschwommen. Zweifelt jemand an den eigenen Argumenten, wird er unbewusst Weichmacher in seinen Ausführungen verwenden und damit seine Überzeugungskraft mindern. Als Weichmacher gelten:

- **Konjunktive (Möglichkeitsformen)** Es soll wohl ein Zeichen von Bescheidenheit, Zurückhaltung und Höflichkeit sein, wenn jemand erklärt: Ich

möchte meinen, es wäre vorstellbar ..., Ich würde sagen, diese Zeiteinteilung könnte ..., Ich könnte mir vorstellen, es wäre günstiger ... – Mit diesen Formulierungen wirken Sie zögerlich, unsicher, wenig kompetent und in keiner Weise selbstbewusst.
Wesentlich überzeugender bringen Sie Ihre Meinung im Indikativ (Wirklichkeitsform) zum Ausdruck: Ich kann mir sehr gut vorstellen, dass ..., Mit dieser Zeiteinteilung wird es uns gelingen ..., Ich schlage vor, wir machen es so und so ... – Da Sie sich mit Ihren Aussagen identifizieren, vertreten Sie diese auch im Brustton der Überzeugung. Ihre Mitarbeiter werden Ihnen sogleich ein höheres Maß an Kompetenz und Souveränität zugestehen.

- **Abschwächende Füllwörter** Wollen Sie etwas bewegen oder sich durchsetzen, dann verwenden Sie keine unverbindlichen und abschwächenden Aussagen wie die folgenden:
  - *Normalerweise* entstehen bei dieser Vorgehensweise keine Schäden.
  - Wir werden *in etwa* eine mittlere Position einnehmen.
  - Im *Allgemeinen* funktioniert diese Anlage *recht gut,* sodass *kaum* Reklamationen auftreten.
  - Unsere Lieferanten sind mit diesen Bedingungen *eigentlich* immer gut gefahren.
  - Die Bedarfsträger sind mit unseren Ergebnissen *mehr oder weniger* zufrieden.
  - Dieses Argument ist *gewissermaßen* der Ausgangspunkt für meinen Wunsch ...
- **Hoffnungsformulierungen** Folgende Formulierungen sind ebenfalls Weichmacher und daher zu vermeiden:
  - Ich hoffe, mit meinen Ausführungen erreicht zu haben ...
    Besser: Ich bin sicher ..., oder: Ich bin davon überzeugt ...
  - Ich glaube, hier wurde ein interessanter Anfang gemacht ...
    Besser: Dies ist ein interessanter Anfang.

Statt Weichmacher vorzutragen, wäre es besser, überhaupt nichts zu sagen, wenn man seiner Sache nicht sicher ist!

Zu hoffen ist, dass die Seminarteilnehmer nach dem Rollenspiel und den anschließenden Empfehlungen des Trainers zur Steigerung des Durchsetzungsvermögens diese erprobten Instrumente auch in Erfolg versprechender Weise nutzen. In Phasen der Unsicherheit sollten sie sich Mut zusprechen und sich – bildlich – hin und wieder kräftig und anerkennend selbst auf die Schultern klopfen.

Speziell für Führungsnachwuchskräfte kann eine positive Autosuggestion aufbauend wirken: »Ich brauche mein Licht nicht unter den Scheffel zu stellen. Personen, die mein Leistungsvermögen positiv einschätzen, schenken mir mit der Übertragung dieser Führungsposition ihr Vertrauen, dass ich der neuen Aufgabe gewachsen bin und sie erfolgreich ausfüllen werde. Ich lasse mich auf keinen Fall aus dem inneren Gleichgewicht bringen, sondern setze mich in sozialverträglicher Art und Weise durch. In meinem Leben habe ich schon viele schwierige Situationen gut überstanden und diverse Erfolgserlebnisse verbuchen können. Jetzt starte ich durch und erbringe ein kleines Meisterwerk!«

Rollenspiel 17: Zielvereinbarungsgespräch führen

Führen mit Zielen (Management by Objectives) ist ein Führungsmodell, das schon seit Jahrzehnten in Unternehmen eingesetzt wird. Denn erfolgreiches Arbeiten ist ein Verwirklichen von Zielen. Ohne Ziele sind im Prinzip alles Planen und Handeln sinn- und zwecklos. So ist unstrittig, dass ein wirkungsvolles Arbeiten nur dann möglich ist, wenn klare Ziele unseren Handlungen vorangestellt werden. Ziele gelten den Mitarbeitern als Kompass und Wegweiser. Sie helfen dabei, alle Hürden zu überwinden und das Unternehmen einen weiteren Schritt vorwärtszubringen (s. S. 255 f.).

Im Seminar können Sie das Thema einführen, indem Sie mit folgender Folie beginnen, die einige Zitate zum Nachdenken und Diskutieren im Fokus hat.

Nur wer ein Ziel im Auge hat, kann den Weg dorthin bestimmen.
Mager

Wenn wir nicht wissen, wohin wir wollen, ist es gleichgültig, welchen Weg wir gehen.
Chinesische Weisheit

Wer den Hafen nicht kennt, in den er segeln will, für den ist kein Wind ein günstiger.
Seneca

Wer sein Ziel kennt, findet den Weg.
Laotse

Wer ein Ziel im Blick hat, wird auch kritischer hinterfragen, ob das, was er oder andere tun, notwendig zum Erreichen des vereinbarten Zieles ist. Mit erkannten Zielen können die zur Verfügung stehenden Kräfte und Ressourcen auf das Wesentliche konzentriert werden. Zudem schaffen Ziele und gemeinsame Zielvereinbarungen Sicherheit: Jeder weiß, wo er steht und was er zu leisten hat.

Der Grundgedanke des Führens mit Zielen besteht darin, ein festgelegtes und genau dargestelltes Richt- oder Globalziel dem Aufbau einer Organisation entsprechend kaskadenförmig und schrittweise in einzelne Feinziele zu zerlegen.

Ein der hierarchischen Betriebsstruktur angepasster Zielbaum könnte beispielsweise wie folgt aussehen:

Zielbaum

Zielebene	Ziele	Funktionsebene
Richt- oder Globalziel	Steigerung des Gewinns um 10 % im nächsten Jahr	Unternehmensleitung
Grobziel	Reduzierung der Personalkosten um 15 % im nächsten Jahr	Abteilungsleiter Personal- und Sozialwesen
Feinziel	sozialverträglicher Abbau von 10 % der Stellen durch Reorganisation bis zum 30.09.	Gruppenleiter Personalplanung
Teilziel	Aufstellung einer Planung für den Bereich Verwaltung mit um 15 % verringerter Belegschaft bis zum 15.10.	Sachbearbeiter Personalplanung

Zielvorgaben oder Zielvereinbarungen?

Bedeutungsvoll ist die Art des Festlegens von Zielen, denn sie weist auf den in einer Firma praktizierten Führungsstil hin.

Werden allein vom Vorgesetzten Ziele durch Zerlegung des übergeordneten Zieles gebildet und dem Mitarbeiter verbindlich durch Anweisung vorgeschrieben, erkennen wir Zielvorgaben. Bei autoritärer Führung sind diese Monologe üblich. Seit langer Zeit autoritär geführte Mitarbeiter werden diese Vorgehensweise möglicherweise akzeptieren. Im Normalfall werden jedoch von der Entscheidungsbildung völlig ausgeschlossene Mitarbeiter

Zielvorgaben nicht tolerieren, sondern ihnen Ablehnung und Widerstand entgegenbringen. Von oben aufoktroyierte Ziele haben daher nur geringe Realisierungschancen. Weil das Maß an Motivation gering ist, installiert in einem solchen Fall der Vorgesetzte ein System bis ins letzte Detail gehender Arbeitsanweisungen und umfangreicher Kontrollmechanismen zur Durchsetzung der Zielvorgaben. Dabei wird jedoch übersehen, dass Zielvorgaben dem Leitbild zeitgemäßer Menschenführung widersprechen und nur noch in Ausnahmesituationen (zum Beispiel in akuten Gefahrenlagen) gerechtfertigt sind.

Erfolg versprechender für alle Beteiligten ist eine Zielvereinbarung, in der Vorgesetzte und Mitarbeiter gemeinsam Ziele formulieren und festlegen. Jede Person – also jeder Vorgesetzte und jeder Mitarbeiter – verfolgt bewusst oder unbewusst Ziele vielfältiger Art. Selbstverständlich sind auch der Organisationseinheit bestimmte aus dem Richt- oder Globalziel der Firma abgeleitete Ziele vorgegeben. Damit unterschiedliche Zielsetzungen einander nicht widersprechen und Konfliktsituationen bewirken, sind sie rechtzeitig aufeinander abzustimmen. Nur so kann das Bild vom Ineinandergreifen der Zähne in dem Gesamtgetriebe eines Unternehmens deutlich werden.

Kommt es nicht zu dem erforderlichen Abgleich zwischen den Absichten des Vorgesetzten und der einzelnen Mitarbeiter, ist Sand im Getriebe. Die Mitarbeiter betrachten dann ihre Berufstätigkeit als notwendiges Übel und richten ihr Leistungsverhalten entsprechend ein. Erst die Beteiligung an Entscheidungsprozessen und die Gewährung eines größtmöglichen Maßes an Selbstständigkeit bewirken eine verstärkte Motivation. Nun identifizieren sich die Mitarbeiter eher mit ihrer Arbeit und fühlen sich stärker für die Arbeitsergebnisse verantwortlich.

Je stärker ein Mitarbeiter am Zielfindungsprozess teilhat, umso eher werden Abweichungen zwischen den Vorstellungen des Vorgesetzten und denen des Mitarbeiters vermieden, umso häufiger werden die Fähigkeiten des Mitarbeiters frühzeitig aktiviert, umso intensiver kann er eigene Vorstellungen in die Zielvereinbarung einbringen.

Ziele, die Mitarbeiter selbst mit festlegen können, bündeln ihre Energien für konkrete Handlungen. Mit größerem Eifer werden sie diese Ziele zu realisieren versuchen als solche, die aufgezwungen wurden. Außerdem lassen sich wesentlich bessere Leistungen erreichen, wenn Mitarbeiter das Bewusstsein haben, sich die Ziele selbst gesteckt und mit dem Vorgesetzten vereinbart zu haben.

Mit der Zielvereinbarung werden Sollvorstellungen geschaffen, an denen später durch Kontrolle das Handlungsergebnis zu messen ist. Je näher der Mitarbeiter einem anspruchsvollen Ziel kommt, desto größer wird das Gefühl, etwas Besonderes zu leisten. Wird das Ziel schließlich erreicht, stellen sich intensiv empfundene Erfolgserlebnisse ein, die wiederum eine Quelle neuer Leistungsbereitschaft sind.

Wurden einem Mitarbeiter in seinem bisherigen Berufsleben immer nur Ziele vorgegeben, bedeutet seine Beteiligung an der Zielfindung ein Umdenken, manchmal sogar einen mühsamen Lernprozess. Hier ist der Vorgesetzte aufgerufen, Geduld zu üben, Überzeugungsarbeit zu leisten und bei Bedenken des Mitarbeiters nicht gleich die Flinte ins Korn zu werfen.

Eine einprägsame Art, die wichtigsten Eigenschaften von Zielen zu beschreiben, bietet das bekannte Akronym SMART: Ziele sollen SMART sein.

S	=	Spezifisch: klar, eindeutig, Reifegrad berücksichtigend
M	=	Messbar : konkrete Zahlen, Daten – keinesfalls schwammig
A	=	Attraktiv: für den Mitarbeiter vorteilhaft
		Aktiv beeinflussbar: Mitarbeiter soll Ziel aus eigener Aktivität heraus erreichen können
		Ausführbar: generell machbar und widerspruchsfrei
R	=	Realistisch: nicht überfordernd, nicht unterfordernd – ideal herausfordernd
T	=	Terminiert: stets mit Terminangabe, auch bei Teilzielen

In der Führungspraxis bleibt häufig der Punkt »Realistisch« unbeachtet. Stattdessen meinen manche Vorgesetzte: »Um das Mögliche zu erreichen, muss ich das Unmögliche fordern.« Sie verkennen hierbei jedoch, dass bei dieser Grundhaltung die Arbeitsmoral des Mitarbeiters unterhöhlt und das Mögliche und Machbare verspielt wird.

Mit diesen Erörterungen stehen den Rollenspielern ausreichend Informationen zur Verfügung, um im Vorfeld des Gesprächs die Ziele aus der eigenen Sicht zu formulieren. In den Rollenbeschreibungen ist der Auftrag enthalten, die eigenen Zielvorstellungen möglichst detailliert schriftlich festzulegen.

Rollenspiel Zielvereinbarungsgespräch führen

Rolle des Vorgesetzten

Sie sind Abteilungsleiter »Schadensregulierung« einer Feuerversicherung. Es steht das Jahresgespräch mit dem seit mehr als zehn Jahren in Ihrem Unternehmen tätigen Schadenssachbearbeiter Herrn .... an. Bei Ihrer Vorbereitung auf dieses Gespräch fassten Sie vier Komplexe ins Auge:

- Im vergangenen Jahr bearbeitete Herr .... abschließend 410 Versicherungsfälle. Nach Ihrer Erfahrung sollten 460 Fälle möglich sein. Andere Kollegen schaffen dieses Volumen, obwohl sie bei Weitem nicht über die lange Erfahrung von Herrn .... verfügen.
- Herr .... braucht durchschnittlich 22,5 Arbeitstage für die Regulierung eines Schadensfalls. Seine Kollegen schaffen es in 18 Arbeitstagen. Nach einer aktuellen Statistik des Feuerversicherungsverbands kommt die Branche durchschnittlich mit 15,5 Arbeitstagen aus.
- Über Herrn .... haben sich Versicherungsnehmer in diesem Jahr in mehreren Fällen beklagt. Dabei wurden Unfreundlichkeit und mürrisches, abweisendes Verhalten moniert.
- Der Außendienst hat bei einer Befragung zur Servicequalität Ihrer Abteilung die Note 2,5 abgegeben, bei der Bewertung der Freundlichkeit eine 2,7. Bis Ende des kommenden Jahres muss dies verbessert werden. Sie streben eine Benotung von 2,0 an.

Ihre Zusatzaufgabe: Bitte formulieren Sie vor Gesprächsbeginn schriftlich Ihre Ziele.

Rolle des Mitarbeiters

Sie sind seit über zehn Jahren Schadenssachbearbeiter bei einer Feuerversicherung. Ihre Arbeit erledigen Sie sehr gewissenhaft. Von sich erwarten Sie ein fehlerfreies Arbeiten. Auch wenn es bei Ihnen bis zur endgültigen Schadensregulierung etwas länger dauert als bei den Ihrer Meinung nach recht flüchtig arbeitenden Kollegen, haben Sie bei Ihrer Arbeit ein gutes Gefühl. Für Sie gilt die Regel aus der alten Segelschiffzeit: »Eine Hand für das Schiff, eine Hand für mich.« So bleibt nicht aus, dass Sie in manchen Schadensfällen zusätzliche Anfragen starten und fachliche Gutachten einholen. Sie sind stolz darauf, durch Ihre akribischen Nachforschungen Ihrem Arbeitgeber so manche richtig ins Geld gehende Erstattungsleistung erspart zu haben. Im letzten Jahr konnten Sie 410 Fälle abschließend erledigen. In dem bevorstehenden Jahresgespräch wollen Sie erreichen, dass diese Zahl fortgeschrieben wird. Dann hält sich Ihre Arbeitsbelastung in Grenzen. Die von Ihren Kollegen erledigten 460 Fälle halten Sie für äußerst ambitioniert, wenn nicht gar unrealistisch.

Vom Eingang der Schadensmeldung bis zum Abschluss des Schadensfalles vergehen bei Ihnen durchschnittlich 22,5 Arbeitstage, während Ihre flüchtig arbeitenden Kollegen 18 Arbeitstage benötigen.
Ein Gräuel sind Ihnen die Anrufe von Versicherungsnehmern, die sich immer dann melden, wenn Sie sehr konzentriert arbeiten. Sie würden diese Anrufer am liebsten auf den Mond schießen.
Auf die Außendienstler Ihrer Versicherung sind Sie nicht gut zu sprechen. Für die sind alle Fälle völlig klar. Gelegentlich haben Sie den leider nicht beweisbaren Verdacht, dass mancher Außendienstler seinen Kunden sogar auf die Sprünge hilft, um zu ungerechtfertigten Versicherungsleistungen zu gelangen.
Hin und wieder äußern sich Außendienstler am Telefon auch abwertend über den Innendienst. So sind Sie kürzlich als Korinthenkacker und Sesselfurzer bezeichnet worden, worauf Sie den Hörer auflegten und einem Herzinfarkt nahe waren.

Ihre Zusatzaufgabe: Bitte formulieren Sie vor Gesprächsbeginn schriftlich Ihre Ziele.

Während der Auswertung lässt sich vom Plenum anhand der vor Gesprächsbeginn niedergeschriebenen Zielvorstellungen unschwer feststellen, inwieweit es zu einer kooperativen Zielvereinbarung gekommen ist. Darüber hinaus ermöglicht der folgende Analysebogen den Teilnehmern eine Stellungnahme, ob die fixierten Ziele wichtigen Ansprüchen gerecht werden.

Zielvereinbarungen kritisch analysieren	**ja**	**nein**
Kam es zu einer wirklichen Zielvereinbarung, in der gemeinsam mit dem Mitarbeiter ein Konsens erzielt wurde?	☐	☐
Bestehen gute Chancen, dass sich der Mitarbeiter mit der Zielvereinbarung identifiziert, weil er sie als vielversprechend und vorteilhaft erkennt?	☐	☐
Sind die Ziele klar, konkret, präzise, unmissverständlich und positiv formuliert?	☐	☐
Sind die Ziele inhaltlich genau bestimmt (was ist zu tun?)?	☐	☐
Wurden Ausmaß (in welchem Umfang?) und Termine limitiert (bis wann ist etwas zu tun?)?	☐	☐
Sind die Ziele messbar, und enthalten sie damit einen Aufforderungscharakter?	☐	☐

Zielvereinbarungen kritisch analysieren	ja	nein
Sind die Ziele zeitlich und inhaltlich erreichbar, und orientieren sie sich am Möglichen und Machbaren?	☐	☐
Wurden bei der Zielvereinbarung erkennbare/vermutete Entwicklungen und mögliche Störeinflüsse berücksichtigt?	☐	☐
Sind die Ziele herausfordernd, sodass mit ihnen ein Motivationsschub einhergehen wird?	☐	☐
Ist die Anzahl vereinbarter Ziele auf ein überschaubares Maß begrenzt?	☐	☐
Kennt der Mitarbeiter die Prioritäten seiner Ziele, sodass er gegebenenfalls umdisponieren kann?	☐	☐
Sind die für den Mitarbeiter in Betracht kommenden Ziele, die für einen längeren Zeitraum gelten, in Teil-/Etappenziele überführt?	☐	☐
Konnten erkennbare oder vermutete Zielkonflikte ausgeräumt beziehungsweise auf ein Minimum beschränkt werden?	☐	☐
Wurden die Zielvereinbarungen schließlich in einem Zeitplan festgehalten, der als Grundlage für den vom Mitarbeiter (in einfachster Form) aufzustellenden Ablaufplan dienen soll?	☐	☐

Für das Rollenspiel hätten die vom Vorgesetzten formulierten Ziele beispielsweise lauten können:

- Bis zum Ende des Jahres wird im Jahresdurchschnitt die Bearbeitungsdauer auf 17 Arbeitstage bei gleichbleibender Qualität (hier werden die Ergebnisse der Qualitätskontrolle berücksichtigt) reduziert.
- Innerhalb eines Jahres werden 460 Fälle abschließend erledigt.
- Die Anzahl der erledigten Fälle einschließlich der benötigten Bearbeitungsdauer sind monatlich (bis spätestens zum fünften des Folgemonats) an den Abteilungsleiter zu berichten.
- Die Freundlichkeit gegenüber den Kunden wird gesteigert. Zu messen ist dies daran, dass während des gesamten Jahres keine offiziellen Klagen über die Unfreundlichkeit des Mitarbeiters eingehen.
- Teamziel und damit auch Ziel des Mitarbeiters ist das Erreichen der Mindestnote 2,0 bei der nächsten Außendienstbefragung zur Servicequalität.

Der Vorgesetzte bleibt auch nach dem Zielvereinbarungsgespräch aktiv, insbesondere im Rahmen seiner Führungsaufgabe Kontrolle (s. S. 245 ff.). So wird er möglichst gemeinsam mit dem Mitarbeiter klären, ob erfolgreich auf das vereinbarte Soll zugesteuert wird. Die Beantwortung folgender Fragen ist dabei sehr hilfreich:

- Wie ist der Stand des Arbeitsfortschritts?
- Können die vereinbarten Ziele planmäßig angesteuert werden?
- Gibt es störende Einflüsse? Wie kann man sie in den Griff bekommen?
- Wobei braucht der Mitarbeiter Unterstützung?

Was spricht dagegen, in einem festgelegten Rhythmus Zielreporte zu erbitten? Stellt sich dabei heraus, dass die Zielerfüllung entscheidend gefährdet ist, sind zunächst die Ursachen für die Zielabweichung zu ermitteln. Ist das vereinbarte Ziel nach dieser Analyse nicht oder aber nicht mehr realistisch, muss es den Gegebenheiten zwangsläufig mittels einer notwendigen Zielkorrektur angepasst werden.

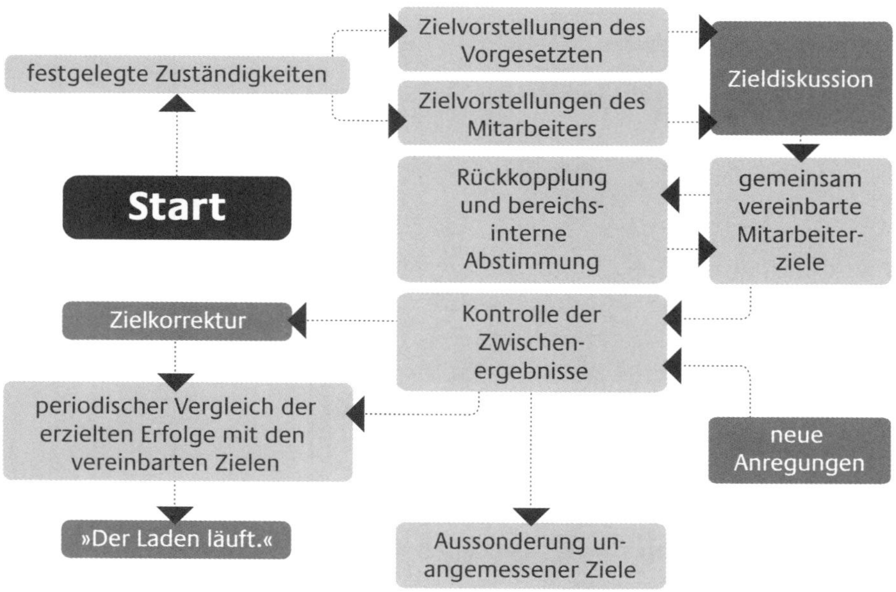

Der in diesem Rollenspiel agierende Mitarbeiter erweist sich als Perfektionist. Dieser Mensch ist bestens eingesetzt auf Arbeitsplätzen, die ein akribisches und perfektionistisches Arbeiten voraussetzen. Auf den allermeisten Arbeitsplätzen ist perfektionistisches Arbeiten jedoch hinderlich, kostet unnötig Zeit und Geld und stellt eine Erfolgsbremse dar. Man schafft trotz eines großen Zeit- und Energieaufwands nie seine Arbeit, weil alles bis ins kleinste Detail intensiv beleuchtet und geprüft wird. Perfektionisten beißen sich an einer Aufgabe fest, verfolgen mit großer Intensität nur eine Spur und engen bei unaufhaltsam verrinnender Zeit ihren Gesichtskreis ein. Der Abschluss einer Aufgabe wird immer wieder hinausgeschoben, um hier und da noch die eine oder andere Kleinigkeit nachzubessern. Von Kollegen werden Perfektionisten als Kleinlichkeitskrämer, Haarspalter, Pedanten oder Korinthenkacker eingestuft. Zumeist stehen die erzielten Arbeitsergebnisse in keinem angemessenen Verhältnis zu den eingesetzten Ressourcen. Letztlich fühlt sich der zum Perfektionismus neigende Mensch von den beruflichen Zwängen überfordert. Die hohen eigenen Anforderungen an die Arbeitsgüte und -ergebnisse können zu einer chronischen Unzufriedenheit mit der eigenen Leistung führen, die motivierenden Erfolgserlebnisse bleiben aus, und die Frustrationen steigen kontinuierlich an.

Vermutlich wird im Rollenspiel auch der Punkt »perfektionistisches Arbeiten« angesprochen. Ist dies nicht der Fall oder wird dieses Thema nur halbherzig oder mit unbefriedigendem Ergebnis erörtert, wäre im Seminar zu überlegen, wie auf einen Perfektionisten einzuwirken ist, damit er künftig seine Aufgaben termingerecht mit guten Ergebnissen erledigt.

»Perfektion bedeutet Lähmung!« *(Winston Churchill)*

Ein Perfektionist sollte folgende Empfehlungen überdenken: Auch wenn es ihm zunächst gegen den Strich geht, sollte er Mut zur Lücke zeigen, nicht alles hundertprozentig erledigen und sich auf die Essentials (In der Kürze liegt die Würze) konzentrieren. An jedem Arbeitsplatz gibt es C-Aufgaben (s. S. 238 f.), an denen der Mut zur Lücke geübt werden kann.

Der Leistungsanspruch sollte von Perfektion auf Qualität zurückgeschraubt werden. Der Perfektionist sollte sich zwingen, den Anspruch auf perfektes Arbeiten durch den Anspruch auf gutes Arbeiten zu ersetzen:

- Er muss nicht überpünktlich sein, es genügt vollauf Pünktlichkeit.
- Er muss nicht fehlerlos arbeiten (was auf Dauer sowieso nicht zu erreichen ist), sollte allerdings im Rahmen akzeptabler Toleranzen bleiben und bereit sein, aus gemachten Fehlern zu lernen.

- Er muss nicht alles in eigener Regie nach dem Motto »Nur was ich selber mache, ist wirklich gemacht« erledigen. Wozu gibt es die Möglichkeit des Delegierens (s. S. 87 ff.)?
- Er muss nicht ein »Doktor Allwissend« sein. Wozu gibt es Nachschlagewerke, Vorschriftensammlungen und das Internet?
- Er muss nicht für einen stets geleckt erscheinenden Arbeitsplatz sorgen. Das Aufräumen am Ende des Arbeitstages sollte reichen.
- Er muss sich nicht in jedes Detail einer schriftlichen Arbeit vertiefen. Besser wäre es, zunächst die gesamte Arbeit zu Papier zu bringen und danach gezielt an Formulierungen zu feilen.

Indem sich der Mitarbeiter für seine Arbeiten ein für eine gute Aufgabenerledigung in Betracht kommendes Zeitlimit setzt und dieses auch diszipliniert im Auge behält, befindet er sich auf einem guten Weg, den störenden Perfektionismus um jeden Preis (Alles-oder-nichts-Haltung) durch schnelleres und produktiveres Arbeiten zu ersetzen.

Kommt es dennoch nicht zu einer Verbesserung des Arbeitsverhaltens, vereinbart der Vorgesetzte bei jedem Auftrag Erledigungstermine, die er akribisch überwacht. Sind Deadlines zu beachten, werden vorsorglich Zeitpolster eingeplant, damit auch bei Rückfall des Mitarbeiters in störende und unerwünschte Verhaltensweisen Komplikationen vermieden werden.

Jeder Seminarteilnehmer soll nach diesem Rollenspiel einschließlich Auswertung erkennen, dass die gemeinsam formulierten Ziele eine geradezu magnetische Anziehungskraft auf den Mitarbeiter ausüben können. Weil er den zu erreichenden Zielen zugestimmt hat, wird er im Regelfall auch den Ehrgeiz entwickeln, die anvisierten Ergebnisse zu erreichen. Er kann sich berechtigterweise für seinen in eigener Verantwortung liegenden Zuständigkeitsbereich (häufig durch die Stellenbeschreibung dokumentiert) als »Kleinunternehmer im Unternehmen« fühlen. Die vereinbarten Ziele verlangen ihm nichts Unmögliches ab, sodass ein erfolgreiches Arbeiten zu erwarten ist.

Kurzum: Das richtig praktizierte Management by Objectives verhilft dem Mitarbeiter zum Erfolg. Der Erfolg des Mitarbeiters ist gleichzeitig auch Erfolg des Vorgesetzten und des Unternehmens, das ist eine Win-win-Situation, die für alle Beteiligten erstrebenswert ist!

Rollenspiel 18: Leistungsschwache Mitarbeiter

Auf der Grundlage dieses Rollenspiels sollen Denkanstöße und Hilfestellungen angeboten werden, die zur Reduzierung eines bekannten Problems beitragen können: Es gibt kaum einen Vorgesetzten, der nicht von einem »Problemfall« in seinem Zuständigkeitsbereich zu berichten weiß. Gemeint sind Mitarbeiter, die es nach Auffassung der Führungskraft nicht bringen, nicht packen, nicht schaffen, die also zu den schwachen Kandidaten oder sogar hoffnungslosen Fällen zählen.

Bei diesen als leistungsschwach eingestuften Mitarbeitern haben es manche Vorgesetzten aufgegeben, eine zumindest durchschnittliche Arbeitsleistung einzufordern. Dafür investieren diese Vorgesetzten viel kostbare Zeit in eine Tätigkeit, für die sie nicht bezahlt werden: Statt für eine Situationsverbesserung zu sorgen, ärgern sie sich den lieben langen Arbeitstag über ihren schwachen Mitarbeiter!

In diesem Rollenspiel ergreift der Vorgesetzte die Initiative und geht auf den Mitarbeiter zu. Die Vorlagen für die beiden Rollen beinhalten folgende Angaben.

Rollenspiel: Der leistungsschwache Mitarbeiter

Rolle des Vorgesetzten

Vor etwa drei Monaten wurde der neue Mitarbeiter .... auf einen Dauerarbeitsplatz mit sechsmonatiger Probezeit eingestellt. Der Neue war vorher längere Zeit arbeitslos, sodass sich sein Fachwissen vermutlich nicht auf aktuellem Stand befand. Um ein Scheitern des neuen Mitarbeiters zu vermeiden, nahmen Sie sich vor, ein wachsames Auge auf ihn zu haben und dafür zu sorgen, dass es bei seiner Arbeit zu keiner überdurchschnittlichen Fehlerquote kommt. Mit diesem für Sie arbeitsintensiven Kontrollaufwand wollten Sie Ihrer Fürsorgepflicht nachkommen. Auch wollten Sie dem in Ihrem Unternehmen vorherrschenden Klischee entgegenwirken, mit Langzeitarbeitslosen hole man sich nur Probleme ins Haus.
Leider stellte sich bald heraus, dass sich viele Fehler einschlichen, sodass Sie Ihre Kontrollen verstärkten. Natürlich sprachen Sie nach jedem Fauxpas den Mitarbeiter an, der stets einsilbig und verschlossen reagierte und sich so verhielt, als ob man

gegen eine Wand spräche. Sie sind mit der Situation äußerst unzufrieden, weil der neue Mitarbeiter für Sie zu einer starken psychischen Belastung geworden ist. Egal, was Sie sich von den Arbeitsergebnissen und dem Arbeitsverhalten des neuen Mitarbeiters ansehen, fast alles ist kritikwürdig.
Mit einem befreundeten Gruppenleiter, der bereits ähnliche Erfahrungen gemacht hatte, sprachen Sie über diesen Fall. Sie erhielten den Rat, sich möglichst schnell – auf jeden Fall noch vor Ablauf der Probezeit – von diesem leistungsschwachen Mitarbeiter zu trennen.

Rolle des Mitarbeiters

Nachdem Sie eine längere Zeit arbeitslos waren, gelang es Ihnen endlich, einen unbefristeten Arbeitsvertrag mit sechsmonatiger Probezeit abzuschließen. Die beruflichen Anforderungen sind Ihnen nicht fremd, wenngleich Sie wegen fehlender Berufspraxis und ausgebliebener Einweisung in den ersten Tagen einige ärgerliche Fehler machten.
Seither »erfreuen« Sie sich einer besonderen Überwachung durch Ihren Vorgesetzten, Herrn .... Sie haben den Eindruck, dass Sie ihm nichts recht machen können. Ständig fahndet er nach Fehlern und nörgelt an Ihnen herum. Um nicht ständig das Aggressionsobjekt des Chefs zu sein, versuchen Sie, so gut es geht, ihm aus dem Weg zu gehen.
Am liebsten würden Sie von sich aus dieses Arbeitsverhältnis beenden. Aber zurück in die Arbeitslosigkeit wollen Sie auf keinen Fall. Wer sollte dann die Familie ernähren? Jetzt wollen Sie die Zähne zusammenbeißen und trotz der großen psychischen Belastung irgendwie über die Runden kommen. Ob Ihnen das aber gelingt, steht in den Sternen, denn an Ihrem Vorgesetzten liegt es vermutlich, ob Sie die Probezeit überstehen. Sie müssen jetzt noch drei Monate durchhalten …
Ihr Vorgesetzter ruft Sie an und will mit Ihnen über Ihre weitere Arbeit in der Firma sprechen. Sie haben kein gutes Gefühl, nehmen sich aber vor, widerspruchslos alles über sich ergehen zu lassen, Hauptsache, Ihnen wird das Arbeitsverhältnis nicht gekündigt.

Zumeist tendieren sowohl der Rollenspieler »Vorgesetzter« als auch in der folgenden Auswertung die Seminarteilnehmer zu einer baldigen Kündigung dieses mittlerweile stark belasteten Arbeitsverhältnisses. Da der Vorgesetzte die vielen kritikwürdigen Punkte bereits ohne erkennbare Verbesserungstendenzen angesprochen hat, erscheint die Beendigung des Arbeitsverhältnisses vor Ende der Probezeit folgerichtig und gerechtfertigt. Schließlich gab sich der Vorgesetzte mit diesem Mitarbeiter viel Mühe – dennoch blieben die gewünschten Arbeitsergebnisse aus.

Für den Vorgesetzten hätte sich mit der Kündigung das nervenaufreibende Problem erledigt. Genügt es aber, das Problem nur eindimensional anzugehen, oder müssen nicht auch Alternativen ins Auge gefasst werden? Diese Frage sollte von den Teilnehmern diskutiert werden.

Falls zum Verhalten des Vorgesetzten keine weiteren Überlegungen angestellt wurden, könnte der Trainer mit der Erläuterung der »Abwärtsspirale nachlassender Leistung« neue Denkansätze aufzeigen und anschließend Lösungsmöglichkeiten anbieten.

Unbeabsichtigt vom Vorgesetzten ausgelöste Abwärtsspirale nachlassender Leistung

Für unzureichende Leistungen lassen sich als Ursachenfelder situationsbezogene (zum Beispiel Arbeitsplatzgestaltung, Zeitdruck, umständliche Arbeitsabläufe) und personale Faktoren (zum Beispiel fehlendes Know-how, abweichende Zielvorstellungen) nennen. Diese Problemfelder stehen regelmäßig im Fokus der Vorgesetztenanalyse. Allerdings übersehen Führungskräfte oft eine Person, die vielfach einen entscheidenden Anteil daran hat, dass ein Mitarbeiter zwar nominell noch im Betrieb anzutreffen ist, tatsächlich jedoch kaum mehr für ihn arbeitet: sich selbst!

Es ist sicherlich schwer und auch unangenehm, das eigene Führungsverhalten zu durchleuchten und danach zu dem Ergebnis zu gelangen, dass man unbewusst und damit unkontrolliert selbst maßgeblich dazu beigetragen hat, den Leistungswillen des Mitarbeiters zu blockieren. Um die Einsicht in mögliches eigenes fehlerhaftes Führungsverhalten zu erleichtern, werden nachfolgend die sechs Stationen dargestellt, mit denen sich unbeabsichtigt eine Kettenreaktion mit dem ungewollten Ziel »Demotivation« vollzieht.

Im Seminar sollten Sie zunächst die jeweilige Station beschreiben. Zeigen Sie anschließend die entsprechende Textfolie, auf der zur Wiederholung Ihrer Aussagen die einzelnen Aspekte auf den Punkt gebracht sind.

Abwärtsspirale nachlassender Leistung – Station 1 Ein gravierender Anlass oder auch sich häufende kleinere Abweichungen lassen beim Vorgesetzten Zweifel an der Leistungsfähigkeit des Mitarbeiters aufkommen. Er sieht sich in der Pflicht, dies sofort zu ändern und den Anfängen zu wehren. Daher übt er intensiver seine Führungsaufgabe Kontrolle aus. Vom Vorgesetzten als Hilfestellung oder Unterstützung gemeinte Korrekturen häufen sich dank der ausgeweiteten Kontrollmaßnahmen. Der in bester Absicht handelnde Vorgesetzte spricht manchmal sogar bisher Selbstverständliches an, womit er unbeabsichtigt eine Portion Misstrauen erkennen lässt.

Abwärtsspirale nachlassender Leistung

Station 1
Der Vorgesetzte
- bekommt Zweifel an der Leistung
- gibt konkretere Anweisungen und überwacht stärker
- reagiert bei Problemen aktionistisch

Abwärtsspirale nachlassender Leistung – Station 2 Jeder Mitarbeiter – selbst der wenig sensible Mitarbeiter – merkt, wenn sein eigenverantwortliches Handeln durch permanente Kontrollen eingeschränkt wird. Und darunter leidet natürlich das Vertrauensverhältnis zwischen den Beteiligten erheblich. Zudem bleibt nicht aus, dass Mitarbeiter, die häufig kontrolliert werden, an ihren Fähigkeiten zu zweifeln beginnen. Treten Probleme auf, tragen sie diese nicht an den Vorgesetzten heran, um nicht noch stärker an die kurze Leine genommen zu werden.

Abwärtsspirale nachlassender Leistung

Station 2
Der Mitarbeiter
- verliert durch Mangel an Vertrauen und geringe Handlungsautonomie an Motivation
- beginnt an den eigenen Fähigkeiten zu zweifeln
- fragt nicht nach Hilfe, um die negative Meinung nicht noch zu verstärken

Abwärtsspirale nachlassender Leistung – Station 3 Durch das Verhalten des Mitarbeiters sieht der Vorgesetzte seine Zweifel bestätigt. Er vermutet jetzt nicht mehr einen Leistungsabfall, sondern glaubt nunmehr eindeutig zu wissen, einen leistungsschwachen Mitarbeiter vor sich zu haben. Somit zieht er die Kontrollschraube noch stärker an. Es kommt zu einer selektiven Wahrnehmung: Fehler und falsche Verhaltensweisen werden überproportional erkannt, während Erfolge oder gute Ideen aus der Vorgesetztenwahrnehmung fast vollständig ausgeblendet werden. Der Vorgesetzte sieht nur noch das, was er sehen möchte. Die nicht in dieses Bild passenden Aspekte fallen unter den Tisch. Dieser Wahrnehmungsfilter bestätigt eine hinlänglich bekannte Erfahrung: Wenn zwei das Gleiche tun, ist es noch lange nicht das Gleiche.

Identische Verhaltensweisen werden bei einem als Versager eingeordneten Mitarbeiter (= Problemfall) anders interpretiert als bei einem als Überflieger oder Leuchtturm erkannten Mitarbeiter (= Leistungsträger). Die folgende Gegenüberstellung verdeutlicht die unterschiedlichen Zuschreibungen.

Vom Vorgesetzten beobachtetes Verhalten	Interpretation bei einem »Leistungsträger«	Interpretation bei einem »Problemfall«
▪ hilft einem Kollegen	▪ ist uneigennützig; hat eine soziale Einstellung; hat das Gesamtergebnis des Teams im Auge	▪ hat wohl nicht genug zu tun; sollte sich besser um seine eigenen Aufgaben kümmern
▪ stimmt dem Vorgesetzten zu	▪ hat ein gutes Urteilsvermögen; man kann sich auf ihn verlassen; erkennt die wesentlichen Punkte	▪ will sich lieb Kind machen; in Ermangelung eigener Überlegungen typischer Jasager
▪ geht dem Vorgesetzten zur Hand	▪ respektiert die Zeitknappheit des Vorgesetzten; zeigt Loyalität	▪ Speichelleckerei; Kriecherei; typischer Radfahrer
▪ meldet sich freiwillig für schwierige Aufgaben	▪ hat Pflichtgefühl und Verantwortungsbewusstsein; liebt die Herausforderung	▪ will Aufmerksamkeit erreichen; überschätzt seine Möglichkeiten; ist ein Traumtänzer
▪ macht Überstunden	▪ zeigt Einsatzbereitschaft; widmet sich voll seinen Aufgaben; übernimmt Verantwortung; man kann stets mit ihm rechnen	▪ arbeitet langsam; ist unfähig, Prioritäten zu setzen; denkt langsam; will besser wirken als andere

Vom Vorgesetzten beobachtetes Verhalten	Interpretation bei einem »Leistungsträger«	Interpretation bei einem »Problemfall«
■ hat eine Aufgabe erfolgreich erledigt	■ Auf ihn ist stets Verlass; was er anfasst, hat Hand und Fuß; kein Wunder, ist eben ein guter Mitarbeiter.	■ purer Glückstreffer; einmaliger Ausrutscher; ein blindes Huhn findet auch einmal ein Korn
■ sucht Rückkopplung	■ Zeichen von Lernbereitschaft	■ Zeichen von Unsicherheit und Schwäche; Versuch, Erinnerung des Vorgesetzten positiv zu beeinflussen

Diese Gegenüberstellung ist Grundlage für eine intensive Beteiligung des Plenums: Nach der Nennung eines beobachteten Verhaltens durch den Trainer formulieren die Teilnehmer zu jedem Punkt die unterschiedlichen Interpretationen.

Es verwundert keinesfalls, wenn der Vorgesetzte bei seiner negativen Betrachtungsweise bei der Übertragung interessanter und herausfordernder Arbeiten den intensiv in den Brennpunkt Genommenen ausspart. Das Risiko erscheint zu groß, an den unsicheren Kantonisten eine anspruchsvolle Aufgabe zu delegieren, da diesem entweder keine oder nur eine geringe Erfolgschance eingeräumt wird. Der Vorgesetzte signalisiert seine Vorbehalte entweder bewusst oder unbewusst beispielsweise über harsche Worte, über Gestik, Mimik, Körperhaltung, fehlenden Blickkontakt, Stimmlage.

Abwärtsspirale nachlassender Leistung

Station 3

Der Vorgesetzte

- sieht sich in seiner ursprünglichen Einschätzung bestätigt
- sieht nur noch Fehler
- ignoriert Erfolge und gute Ideen
- intensiviert Kontrollen

Abwärtsspirale nachlassender Leistung – Station 4 In dieser vierten Station der Spirale empfängt der Mitarbeiter die Signale seines Vorgesetzten, interpretiert sie und gelangt zum Ergebnis, dass der Vorgesetzte ihn nicht mag und seine Arbeit nicht schätzt. Folglich bemüht er sich, die Kontakte zum Vorgesetzten auf das notwendigerweise erforderliche Maß zu reduzieren, damit er diese unerfreulichen Zusammentreffen auf ein Minimum verringert. Er wird seinem Vorgesetzten gegenüber formeller und vorsichtiger und verkriecht sich immer mehr in sein Schneckenhaus, um keine Angriffsflächen zu bieten. Möglicherweise bemüht er sich mit großem Zeitaufwand, zu erwartenden Vorhaltungen seines Vorgesetzten zu begegnen, indem er sich für alle Eventualitäten und nach allen Seiten hin absichert. Zum Beispiel legt er über selbst Alltägliches Aktenvermerke an oder dringt auf schriftliche Anweisungen. Erkennt der Mitarbeiter, dass jegliches Tun kontrolliert und häufig Kritik geübt wird, erlahmt seine Bereitschaft, sich anzustrengen.

Abwärtsspirale nachlassender Leistung

Station 4

Der Mitarbeiter

- reduziert die für ihn unangenehmen Kontakte zum Vorgesetzten
- strengt sich nicht mehr an, da die Arbeitsergebnisse ohnehin kritisiert werden
- wendet viel Zeit auf, um sich nach allen Seiten abzusichern

Abwärtsspirale nachlassender Leistung – Station 5 Der Vorgesetzte bemerkt, dass ihm der Mitarbeiter aus dem Weg geht und dass ihm dadurch Informationen vorenthalten werden. Er fühlt sich hintergangen und in seiner Vorgesetztenrolle nicht akzeptiert. Seine Frustration über den unliebsamen Mitarbeiter steigert sich von Tag zu Tag. Der in die Ecke der Versager gestellte Mitarbeiter kann machen, was er will. Gelegentliche Lichtblicke im Verhalten des Mitarbeiters werden überhaupt nicht mehr wahrgenommen oder als unwesentliche Randnotizen abgetan. Selbst kleine Nachlässigkeiten des Mitarbeiters werden zu unverzeihlichen Sünden aufgebauscht. Überreaktionen des Vorgesetzten, die sich bis zu konkreten Mobbinghandlungen (Bossing) steigern können, sind nicht auszuschließen. Allmählich beginnt der Vorgesetzte zu überlegen, auf welchen Wegen er den mittlerweile völlig abgelehnten Mitarbeiter loswerden kann.

Abwärtsspirale nachlassender Leistung

Station 5

Der Vorgesetzte

- fühlt sich durch Informationszurückhaltung übergangen
- tendiert bei geringen Leistungsabweichungen zu Überreaktionen
- ist immer mehr über den Mitarbeiter frustriert

Abwärtsspirale nachlassender Leistung – Station 6 Der Mitarbeiter macht schließlich nur noch genau das, was ihm direkt abverlangt wird, und keinen Handschlag mehr. Wörtern wie Motivation, Engagement, Initiative, Verantwortungsbewusstsein, Einsatzbereitschaft oder ähnlichen Begriffen begegnet er mit einem müden Lächeln. Er hat seine innere Kündigung ausgesprochen.

Abwärtsspirale nachlassender Leistung

Station 6

Der Mitarbeiter

- macht nur noch das, was der Vorgesetzte direkt anweist
- geht in die »innere Kündigung«
- kündigt

Exkurs: Der Pygmalioneffekt

Der dargestellte Teufelskreis lässt sich mit dem 1968 von dem amerikanischen Psychologen Robert Rosenthal entdeckten Pygmalioneffekt erklären. Rosenthal testete zu Beginn eines Schuljahrs alle Kinder einer Schule. Dann gab er den Lehrern die Namen einzelner Schüler, die dem Testergebnis zufolge eine »ungewöhnlich gute schulische Entwicklung« nehmen sollten. Tatsächlich waren die als »hochbegabt« bezeichneten Schüler nach dem Zufallsprinzip ausgewählt worden. Am Ende des Schuljahrs hatten die vermeintlich »Hochbegabten« nach dem Ergebnis eines Schulleistungstests einen großen Vorsprung gegenüber den anderen Schülern.

Erklären lässt sich das durch das unterschiedliche Verhalten der Lehrer gegenüber den Schülern, von denen sie besonders viel erwarteten. Erwiesenermaßen funktioniert der Pygmalioneffekt auch umgekehrt: So erleiden nach einer Studie des Wissenschaftszentrums Berlin selbst mit guten Deutschkenntnissen ausgestattete Migrantenkinder Misserfolge, wenn Lehrer ihnen gegenüber eine negative Erwartungshaltung aufweisen.

Übertragen wir den Pygmalioneffekt auf die Berufspraxis: Hält ein Vorgesetzter (aus welchen Gründen auch immer) einen Mitarbeiter für leistungsschwach, dann wird dieser über kurz oder lang unbeschadet seines tatsächlichen Leistungsvermögens und seiner Fähigkeiten auch leistungsschwach werden oder bleiben. Der Vorgesetzte richtet sein Verhalten nach seinem subjektiven Mitarbeiterbild aus. Damit gibt er dem Mitarbeiter keine Chance, lässt ihn links liegen, coacht ihn nicht. Die Führungskraft sieht bewusst nur alle die Verhaltensweisen, die das gefällte negative Urteil bestätigen. Der Rest wird ausgeblendet. Das Ergebnis: Der Mitarbeiter wird oder bleibt leistungsschwach. Und hierdurch sieht sich der Vorgesetzte sogar in seiner »guten Menschenkenntnis« bestätigt.

Stoppen der Abwärtsspirale nachlassender Leistung

Gibt es Möglichkeiten, den in den Stationen 1 bis 6 geschilderten Teufelskreis zu verlassen und beim Mitarbeiter die Abwärtsspirale nachlassender Leistung zu stoppen? – Ja, die gibt es. Allerdings muss der Vorgesetzte bereit sein, in Vorleistung zu gehen und seine bisherigen Vorbehalte beiseitezuräumen.

Ihm ist dringend ans Herz zu legen, nicht an seinen negativen Eindrücken festzuhalten und die Schwarzseherei aufzugeben. Um mit dem Ablegen der durch den Pygmalioneffekt erzeugten Scheuklappen zu beginnen, hilft es, in einer ruhigen Viertelstunde zehn Stärken des in der negativen Ecke platzierten Mitarbeiters zu notieren. Möglicherweise bedeutet diese Aufgabe für den Vorgesetzten ein hartes Stück Arbeit – aber diese Arbeit wird Früchte tragen: Schnell wird er bemerken, dass er nach dieser Veränderung des Blickwinkels eher zu einer Revision seiner negativen Einschätzung bereit ist. Plötzlich erkennt er, dass auch der vermeintlich schwache Mitarbeiter seine Stärken hat, die für die tägliche Aufgabenerledigung und Zusammenarbeit gewinnbringend genutzt werden können.

Nach dieser vermutlich gründliche Überlegungen erfordernden schweißtreibenden Arbeit (bei einem Leistungsträger sähe es sicher anders aus: Die Führungskraft könnte möglicherweise kaum so schnell schreiben, wie ihr Stärken des Mitarbeiters einfallen), sollte der Vorgesetzte zur Tat schreiten. Statt sich weiter über die unzureichenden Leistungen des Mitarbeiters zu ärgern, wird er den Status quo aufgeben und seinen Mitarbeiter ohne drohenden Zeigefinger unter Nennung konkreter Beobachtungen auf sein vermindertes Leistungsverhalten ansprechen. Indem er das Störende ans Tageslicht bringt, kann er zu einer Situationsverbesserung beitragen. Das Risiko eines Fehlschlags ist gering, denn bei der verfahrenen Situation kann es schlimmer kaum mehr werden.

Der Vorgesetzte sollte von Gesprächsbeginn an das Ziel im Auge behalten, aus einem ins Abseits Getretenen wieder einen in das Zentrum des Geschehens gerückten engagierten Mitarbeiter zu machen. Mit einer diese Zielrichtung berücksichtigenden systematischen Vorgehensweise werden die Weichen in Richtung Erfolg gestellt. Dazu sind folgende Schritte im Gespräch sinnvoll, die bei der Wiederholung des Rollenspiels (s. S. 287) geübt werden können.

Schritt 1: Gesprächseröffnung Für den Mitarbeiter wird das vom Vorgesetzten initiierte Gespräch stressbesetzt sein. Denn auch er hat unter seinem Eindruck des Pygmalioneffekts in letzter Zeit ein durchweg negatives Bild seines Vorgesetzten wahrgenommen. So mag er seinen Vorgesetzten als unsachlich, rechthaberisch, ungerecht, nachtragend oder autoritär einschätzen. Bleibt es bei den daraus resultierenden Spannungen (zum Beispiel Angst vor dem Machtanspruch des Vorgesetzten, vor harter Kritik, Angst, wieder als Verlierer vorgeführt zu werden), steht das Gespräch unter einem schlechten Stern. Die angespannte Situation führt dazu, dass der Mitarbeiter kaum mehr in der Lage ist, zuzuhören, mitzudenken oder das Gespräch vernünftig fortzusetzen.
Soll aber das Kriegsbeil begraben und die Friedenspfeife geraucht werden, ist ein gut vorbereiteter Gesprächseinstieg besonders wichtig. Es soll eine zwischenmenschliche Atmosphäre erzeugt werden, in der sich der Mitarbeiter nicht an den Pranger gestellt fühlt. Die beschädigte Vertrauensbasis muss Stück für Stück wiederhergestellt werden.

Erst eine positive Beziehung zwischen den Gesprächspartnern mit einem persönlichen Bezug (sich also als Mensch und nicht nur als Vorgesetzter einbringen!) stellt ein optimales Transportmittel für inhaltliche Aussagen dar und lockt den Mitarbeiter aus der Reserve.

Beispiel für den Gesprächsbeginn bei einem »leistungsschwachen« Mitarbeiter

»Herr .... mir sind in letzter Zeit einige Dinge aufgefallen, über die ich gern in Ruhe mit Ihnen sprechen möchte (es folgt die Darstellung der Beobachtungen). Bei mir hat sich der subjektive Eindruck verfestigt, dass Ihnen die Arbeit keinen Spaß macht oder Ihr Aufgabengebiet Ihnen nicht ganz zusagt. Zudem habe ich das Gefühl, dass unser Verhältnis zueinander nicht spannungsfrei ist. Das finde ich sehr betrüblich, nicht nur für die Firma und für mich, sondern vor allem für Sie. Wenn ich mir vorstelle, dass Sie noch mehrere/viele Jahre ohne Freude mit eingeschränktem Einsatz Ihre tägliche Arbeitszeit absitzen und damit Ihre Lebensqualität vermindern, schaudert es mich. (Alternative: Wenn ich versuche, mich in Ihre Lage zu versetzen, habe ich kein gutes Gefühl. Für Sie ist es vermutlich besonders wichtig, den Dauerarbeitsplatz auch nach Ende der Probezeit zu behalten. In letzter Zeit sehen Sie aber Ihre Felle davonschwimmen, sodass die ungewisse Situation an Ihren Nerven nagt ...) Vermutlich hat es in der Vergangenheit Dinge gegeben, die bei Ihnen Frustrationen auslösten. Möglicherweise habe ich selbst ungewollt dazu beigetragen. Lassen Sie uns bitte darüber reden, damit ich das alles besser verstehen kann (an dieser Stelle sollten Informationen vom Mitarbeiter eingeholt werden, ohne diese zu bewerten). Nun, das Geschehene kann niemand mehr rückgängig machen. Schauen wir besser gemeinsam in die Zukunft. Was lässt sich aus Ihrer Sicht tun, damit Sie morgens gern zur Arbeit kommen und Ihnen Ihre Arbeit Freude bereitet?«

Mit dieser Einleitung wird das anstehende Problem klar und verständlich angesprochen und nicht um den heißen Brei herumgeredet. Zusätzlich werden auch die Wünsche, Interessen und Ziele dargelegt. Da der Gesprächseinstieg persönlich und positiv gehalten ist, ermöglicht er eine vertrauensvollere und offenere Kommunikation – es besteht die Chance, dass die Beteiligten wieder auf der gleichen Wellenlänge miteinander reden.

Schritt 2: Gemeinsame Analyse der tatsächlichen Ursachen für die Leistungsschwäche Ist eine Krankheit ausgebrochen, folgen nach dem Erkennen von Krankheitssymptomen zunächst Untersuchungen, die zu einer Diagnose führen. Gleiches gilt für die Krankheit »Leistungsschwäche«. Im Vorfeld anvisierter Verbesserungen ist zunächst eine Istanalyse vorzunehmen. Es sollen die Aspekte ans Tageslicht gefördert werden, die zur Leistungsschwäche maßgeblich beigetragen haben.

Die folgende Vorlage wird an die Teilnehmenden verteilt. Sie enthält Leerstellen, die auf Zuruf der Teilnehmer sowie mithilfe von Formulierungsvorschlägen des Trainers gefüllt werden.

Analyse von Ursachen und Festlegen von Strategien bei abweichendem Mitarbeiterverhalten

Der Mitarbeiter

- wird seiner Aufgabe als Spezialist nicht gerecht
- ist in seinem Handeln wenig flexibel
- stellt einen Fremdkörper in der Arbeitsgruppe dar usw.

Was tun?
Sie erkunden die Art des Problems mit folgenden Fragen:

1. Liegt ein .... -Problem vor?
2. Liegt ein .... -Problem vor?
3. Liegt ein .... -Problem vor?
4. Liegt ein .... -Problem vor?
5. Liegt ein .... Problem vor?

Ihrer Diagnose folgen konkrete Vorschläge.
zu 1.: ....
zu 2.: ....
zu 3.: ....
zu 4.: ....
zu 5.: ....

Die fünf Schritte des zu führenden Gesprächs:
1. ....
2. ....
3. ....
4. ....
5. ....

Nach seinem gedanklichen Fahrplan sollte der Vorgesetzte in dieser Gesprächsphase fünf Fragen gemeinsam mit dem Mitarbeiter erörtern:

1. Ist für die Leistungsschwäche ein **Weiß-nicht**-Problem ursächlich?
2. Ist für die Leistungsschwäche ein **Kann-nicht**-Problem ursächlich?

3. Ist für die Leistungsschwäche ein **Will-nicht**-Problem ursächlich?
4. Ist für die Leistungsschwäche ein **Darf-nicht**-Problem ursächlich?
5. Ist für die Leistungsschwäche ein **privates oder persönliches** Problem die Ursache?

Damit die Diagnose möglichst ins Zentrum der Krankheit trifft, ist die Mitarbeit des Patienten unbedingt vonnöten. Das bedeutet für den Vorgesetzten, auch ein Feedback des Mitarbeiters zu ertragen, das dem Selbstwertgefühl des Vorgesetzten entgegensteht.

Wichtig ist das Ergebnis: Die bisher gestörte Beziehung der Gesprächspartner beginnt sich zu bessern, anfängliche durch Unlustgefühle bewirkte Blockaden werden beiseitegeräumt – und die Ursachen werden erkennbar, die zu der verfahrenen Situation geführt haben.

Schritt 3: Festlegen von Maßnahmen zur Leistungsverbesserung Ist bekannt, welche Problemart die Leistungsschwäche auslöste, sind nun Therapien ins Auge zu fassen, welche eine nachhaltige Gesundung herbeiführen sollen.

- Bei einem **Weiß-nicht-Problem** ist zunächst an Schulungen zu denken. Neben Seminaren in betriebsinternen oder externen Einrichtungen sind auch das regelmäßig kostengünstigere Learning by Doing (zum Beispiel in Form von Projektarbeit, Sonderaufträgen, Übertragung von Aufgaben, Kompetenzen und Verantwortung im Rahmen der Delegation) sowie sonstige Personalentwicklungsmaßnahmen (s. S. 226 ff.) zu beachten.
  Während der informierte Mitarbeiter sich an Problemlösungen beteiligen kann, hat der uninformierte Mitarbeiter bei jedem Lösungsversuch ein Problem: Unwissenheit durch fehlende Informationen. Schon die Bereitstellung von beziehungsweise der Hinweis auf wesentliche Informationen kann ein Weiß-nicht-Problem lösen.
  In Vorlage einzutragen: Schulung, Informieren

- Das **Kann-nicht-Problem** wird offenkundig, wenn das erforderliche Wissen zwar vorhanden ist, aber nicht oder nur fehlerhaft in die Praxis umgesetzt wird. Oft mangelt es hier an praktischer Übung und Erfahrung. Hier helfen Trainingsmaßnahmen, in denen das gewünschte Verhalten regelmäßig und systematisch geübt wird.
  In Vorlage einzutragen: Training

- Beim **Will-nicht-Problem** begegnet uns ein wissender und könnender Mitarbeiter, der gegenwärtig für seinen Aufgabenbereich nicht die erforderliche Motivation aufweist. Um ihn aus seiner inneren Kündigung zu reißen, sind die Fähigkeiten des Vorgesetzten als Motivator gefragt.
  In Vorlage einzutragen: Motivieren

- Ein **Darf-nicht-Problem** beschneidet den Mitarbeiter in seinen Handlungsmöglichkeiten. Speziell der als leistungsschwach eingestufte Mitarbeiter sieht sich mit einem ihn beinahe entmündigenden Führungsstil seines Vorgesetzten konfrontiert. Ihm werden Kompetenzen aberkannt, er wird von interessanten und fordernden Arbeiten ausgenommen, Unterschrifts- und Vertretungsbefugnisse werden widerrufen usw. Die Aufhebung dieser Einengungen beseitigt demotivierende Darf-nicht-Probleme.
  In Vorlage einzutragen: organisatorische Veränderungen

- **Private oder persönliche Probleme** Ungewollt beschäftigen wir uns am Arbeitsplatz immer wieder auch mit den nicht gelösten privaten Problemen, sodass die Konzentration leidet, die Fehlerhäufigkeit ansteigt und Leistungsfähigkeit und -bereitschaft vermindert werden.
  Hier ist die soziale Sensibilität des Vorgesetzten gefragt. Näheres ist beim Rollenspiel »Private oder persönliche Probleme des Mitarbeiters« dargestellt (s. S. 98 ff.).
  In Vorlage einzutragen: vertrauensvolle Gesprächsführung

Der Vorgesetzte wird mit dem Mitarbeiter zusammen konkrete Realisierungsmöglichkeiten erörtern, von denen eine Verbesserung des Verhältnisses zwischen den Beteiligten erwartet werden kann.

Schritt 4: Künftiges Verhalten zur Vermeidung von Rückfällen vereinbaren
Wenn Verbesserungswege erörtert und Konkretes besprochen wurde, gibt es für den Vorgesetzten keinen Grund mehr, gegenüber dem Mitarbeiter negative Gefühle mit sich herumzutragen. Das wäre unangebracht und kontraproduktiv! Spätestens jetzt sollte der Vorgesetzte von seinen früheren Frustrationen ablassen! Sollte sich für die Beteiligten ein Handlungsbedarf ergeben, ist dieser unmissverständlich zu bezeichnen. Eine zeitnahe Umsetzung ist zwingend.

Für die Zukunft ist es hilfreich, wenn sich die Gesprächspartner auf eine offene Kommunikation verständigen. Diese besteht vorrangig in einer frühzeitigen Rückmeldung, wenn ein bestimmtes Verhalten als störend empfunden oder nicht verstanden wird. Je früher Probleme angesprochen werden, desto leichter fällt eine Lösung. Je länger die Problemsituation währt, desto mehr verhärten sich die Fronten und desto größer sind der Zeit- und Energieaufwand für eine sozialverträgliche Lösung.

Schritt 5: Positiver Gesprächsabschluss Dass sich der Vorgesetzte nach einem konstruktiven Gespräch zum Schluss beim Mitarbeiter für dessen Mitwirkung bedankt, ist selbstverständlich. Nach dem Gespräch darf sich kein Beteiligter als Sieger oder Verlierer fühlen. Beide Seiten sollten letztlich das Gefühl empfinden, durch das Gespräch etwas gewonnen zu haben.

Stellt sich nach diesem Gespräch keine Besserung ein und erweist sich der Mitarbeiter gegenüber den Bemühungen des Vorgesetzten als resistent, sollte ein Schlussstrich gezogen werden.

Vermutlich endete ursprünglich das Rollenspiel mit der Androhnung einer Kündigung. Jetzt könnte es wiederholt werden, wobei der Rollenspieler »Vorgesetzter« die neuen Erkenntnisse einfließen lassen sollte. Fairerweise müsste ihm etwas Zeit zur Verfügung gestellt werden, damit er sich mental auf das fünfstufige Gesprächsmodell einstellen kann.

Mit dem Rollenspiel 18 sollen die Seminarteilnehmer die Auswirkungen des Pygmalioneffekts erkennen lernen. Dieser Effekt findet seine Bestätigung in der Aussage »Jeder Vorgesetzte hat die Mitarbeiter, die er verdient«. Vorgesetzte beeinflussen häufig durch eigenes Verhalten, ob ein Mitarbeiter als Minimalist oder als Maximalist seine Zeit im Betrieb verbringt. Schon der Wechsel des Blickwinkels kann zu neuen Erkenntnissen sowie Verhaltensänderungen führen. Indem der Vorgesetzte anschließend einen Neuanfang wagt, besteht eine gute Chance, die verfahrene Situation erfolgreich zu verändern.

»Behandle die Menschen so, als wären sie, was sie sein sollten, und du hilfst ihnen zu werden, was sie sein können.« *(Johann Wolfgang von Goethe)*

Rollenspiel 19: Konflikte sozialverträglich lösen

Sie können im Seminar mit der folgenden Übung starten, für die Sie eine Folie mit dem folgenden Text zeigen.

> Was fällt Ihnen zum Wort **Konflikt** ein? Schreiben Sie bitte die ersten fünf Begriffe auf, die Ihnen zu diesem Wort jetzt einfallen.

Nach Erledigung dieses Auftrags werden die Teilnehmer gebeten, zu jedem Punkt ein Plus- oder Minuszeichen zu setzen. Ein Pluszeichen dann, wenn der Begriff positiv besetzt ist, ein Minuszeichen, wenn der Begriff eine negative Ansicht widerspiegelt. Häufig werden die Negativzeichen überwiegen. Denn viele Menschen verknüpfen mit dem Begriff Konflikt Negatives und Destruktives. Weil häufig nur die nervliche Anspannung, der Zeit- und Energieverlust sowie die emotionale Belastung in einer Konfliktsituation gesehen werden, empfinden viele Menschen einen Konflikt als ausgesprochen unangenehm.

Negative Seiten eines Konflikts

- Ärger
- Stress
- Angriff
- Streit
- Spannung
- Kampf
- Unsicherheit
- Harmonieverlust
- Feindseligkeit
- Belastung
- Verschlechterung des zwischenmenschlichen Klimas
- Verminderung der Lebensqualität

Schnell wird übersehen, dass in einer Welt knapper Ressourcen, uneinheitlicher Bedürfnisse der Mitarbeiter und arbeitsteiliger Organisationen ein Konflikt etwas völlig Normales ist. Unterschiedliche Auffassungen, Sichtweisen, Wertungen, Gefühle, Einstellungen, Erfahrungen, Vorstellungen, Zielsetzungen und Kompetenzen bilden viele Reibungsflächen, an denen sich Meinungsverschiedenheiten entzünden und im Handumdrehen zu einem hell lodernden Brand werden können.

Tatsächlich ist nicht der Konflikt das Malheur, sondern die Unfähigkeit von Menschen oder Organisationen, ihn kooperativ zu regeln. So versuchen immer wieder Konfliktparteien, sich auf Biegen und Brechen durchzusetzen, wobei sie sich auch nicht scheuen, Macht zu demonstrieren oder Aggressivität und Feindseligkeit zu zeigen.

»Die Menschen haben gelernt, zu schwimmen wie die Fische und zu fliegen wie die Vögel, aber wie Brüder zusammenzurücken haben sie nicht gelernt.« *(Martin Luther King)*

Das Zitat des Friedensnobelpreisträgers Martin Luther King kann Auslöser sein, auf die positiven Seiten eines Konfliktes hinzuleiten.

Positive Seiten eines Konflikts

- neue Lösungen
- Veränderung
- Diskussion
- Fortentwicklung
- Konsens
- Innovation
- Chance
- Gelegenheit zum Lernen
- reinigendes Gewitter
- Verhaltensgewohnheiten überdenken
- Verbesserung des Verständnisses füreinander

Werden Konflikte rechtzeitig angegangen und offen ausgetragen, so führen sie zu einer Klärung – sie reinigen die Atmosphäre wie ein Gewitterregen an einem schwülen Tag. Dann werden den Konfliktparteien die positiven Seiten eines Konflikts deutlich.

Werden Konflikte jedoch tabuisiert, vertuscht und totgeschwiegen oder schüttet man sein Herz nur gegenüber Nichtbeteiligten aus, schwelen sie weiter und werden für ein erträgliches Miteinander immer gefährlicher, weil sie doch irgendwann in verschärfter Form ausbrechen.

Daher ist zu wünschen, dass Führungskräfte dem Umgang mit Konflikten nicht aus dem Weg gehen, sondern in der Lage sind, sie möglichst früh zu erkennen, sie zu steuern und zu bewältigen. Dann dient ein Konflikt dazu, trennende Elemente zu beseitigen und die Einheit wiederherzustellen. Hier ist ein Vorgesetzter in der täglichen Praxis als Konfliktmanager immer wieder aufs Neue gefordert, damit auf unzulänglicher Konfliktbewältigung beruhende Reibungsverluste aus Sicht des Unternehmens nicht zu einer Reduzierung des Leistungsniveaus, zu unnötigen Kosten und zur Verschlechterung des Arbeitsklimas führen.

Für die Teilnehmerinnen und Teilnehmer dürfte interessant sein, welchem Konfliktlösungsstil sie zuneigen. Aufschluss gibt ein Test, den sie spontan absolvieren sollten.

Test: Konfliktlösungsstil	vorrangig ja
1. Die Redewendung »Der Klügere gibt nach« ist berechtigt.	☐
2. Wenn sich zwei Mitarbeiter ständig streiten, halte ich mich heraus. Das sollen die beiden untereinander ausmachen.	☐
3. Man muss nicht ständig mit dem Kopf durch die Wand gehen. Wozu gibt es Kompromisse?	☐
4. Ich weiß, dass Konflikte einen positiven Kern haben können.	☐
5. Auseinandersetzungen sind mir ein Gräuel, sodass ich um sie einen möglichst großen Bogen mache.	☐
6. Gemeinsamkeiten sind häufig eine gute Ausgangsbasis, um auch in schwierigen Situationen zu einer zufriedenstellenden Lösung zu finden.	☐
7. Wozu sich streiten? Das Leben ist viel zu kurz, als dass ich ständig Stress haben muss. Soll der andere doch sein Erfolgserlebnis verbuchen, da bin ich ganz großzügig.	☐
8. Angriffe lasse ich nicht auf mir sitzen, da könnte ja jeder kommen …	☐

Test: Konfliktlösungsstil	vorrangig ja
9. Was wäre ich für ein Vorgesetzter, in dessen Bereich es drunter und drüber geht? In meiner Abteilung gibt es keine Schwierigkeiten oder Auseinandersetzungen.	☐
10. Gefühle meiner Gesprächspartner sind mir egal. Mir geht es um Zahlen, Daten und Fakten.	☐
11. Weshalb nicht viel häufiger im Leben etwas Diplomatie walten lassen?	☐
12. Miteinander geht es besser – gegeneinander reiben wir uns auf.	☐
13. Ich gehöre zu den friedlichen Menschen, die sich nicht gern streiten.	☐
14. Mir ist der Spatz in der Hand lieber als die Taube auf dem Dach.	☐
15. Zu Recht heißt es in Goethes »Erlkönig«: »Und bist du nicht willig, so brauch ich Gewalt.«	☐
16. Oft sind Streitpunkte bei Licht betrachtet nicht so wichtig, sodass es nicht lohnt, eine gegensätzliche Position zu beziehen.	☐
17. Angriffe nehme ich – nach außen erkennbar – überhaupt nicht zur Kenntnis.	☐
18. Ich akzeptiere emotionale Reaktionen meiner Mitmenschen, ohne diese für mich auszuschlachten.	☐
19. Wenn ich mich geärgert habe, verberge ich dies nicht, sondern lasse meiner Frustration freien Lauf.	☐
20. Da ich in Auseinandersetzungen häufig den Kürzeren ziehe, stimme ich regelmäßig zu und habe so meine Ruhe.	☐
21. Bahnt sich im Betrieb Ärger an, suche ich ganz schnell das Weite und warte, bis sich wieder alles beruhigt hat.	☐
22. Menschen stehen regelmäßig zu Ergebnissen, an deren Zustandekommen sie mitwirken konnten.	☐
23. Zu harten Auseinandersetzungen muss es nicht kommen. Ich bin auch zu Zugeständnissen bereit.	☐
24. Hat mich jemand angegriffen, vermeide ich, so gut es geht, weitere Kontakte zu dem betreffenden Menschen.	☐

Test: Konfliktlösungsstil	vorrangig ja
25. Bevor ich einen Mitmenschen beurteile, bemühe ich mich, ihn näher kennenzulernen und viele Informationen über ihn zu bekommen.	☐
26. In vielen Lebenssituationen pflege ich »mit harten Bandagen« zu kämpfen, damit ich nicht unter die Räder komme.	☐
27. Leben besteht aus Geben und Nehmen.	☐
28. Mit meinem Chef oder meinen Kollegen lege ich mich nicht an, denn ein harmonisches Betriebsklima ist für mich besonders wichtig.	☐
29. Wer sich den Schneid abkaufen lässt, darf sich nicht wundern, wenn er untergebuttert wird.	☐
30. Viele Dinge erledigen sich im Lauf der Zeit von selbst.	☐
31. Beging jemand einen gravierenden Fehler, sage ich es ihm in sachlicher, begründeter und konstruktiver Form.	☐
32. Der goldene Weg liegt immer in der Mitte.	☐
33. Schlafende Hunde soll man nicht wecken.	☐
34. Nachgeben ist Schwäche, die ich mir nicht leisten kann.	☐
35. Komme ich meinem Gesprächspartner entgegen, wird er eher bereit sein, auch mir Zugeständnisse zu machen.	☐

Auswertung zum Test: Konfliktlösungsstil

Kreuzen Sie nun die Nummern der Statements an, denen Sie vorrangig zugestimmt haben:

	Anzahl Ihrer Ja-Wertungen	Konfliktlösungsstil
1, 7, 13, 16, 20, 24, 28	....	**A** ....
8, 10, 15, 19, 26, 29, 34	....	**B** ....
3, 11, 14, 23, 27, 32, 35	....	**C** ....

4, 6, 12, 18, 22, 25, 31	....	D ....
2, 5, 9, 17, 21, 30, 33	....	E ....

Im Auswertungsteil fügen die Teilnehmer nach der Ermittlung der Ja-Wertungen nach Ansage des Trainers hinter den Buchstaben die Konfliktlösungsstile ein.

Die verschiedenen Konfliktlösungsstile sind:

A = Nachgeben
B = Durchsetzen
C = Kompromiss
D = Kooperation
E = Verdrängung

In der Regel lässt sich der bevorzugte Konfliktlösungsstil an der höchsten Anzahl von Ja-Wertungen erkennen.

Grafisch lassen sich die Konfliktlösungsstile wie folgt darstellen:

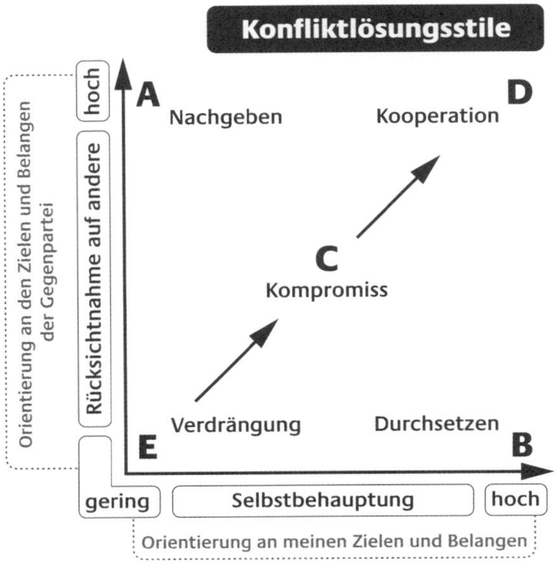

A = Nachgeben Durch Nachgeben wird ein Konflikt nicht gelöst, sondern auf einen späteren Zeitpunkt verschoben. Wer zu früh nachgibt, hat möglicherweise schon verloren. Denn er vertritt die eigenen Interessen zu wenig und überlässt das Feld dem Kontrahenten. Der Nachgebende wird von seinen Mitmenschen bald als Schwächling eingestuft mit der bitteren Folge, dass er immer häufiger angegriffen und systematisch unterdrückt wird. Zugleich schwächen sich mehr und mehr der Selbstbehauptungswille und das Durchsetzungsvermögen ab und machen zunehmend der Tendenz Platz, fast widerspruchslos nachzugeben. Zutreffend heißt es in einem persischen Sprichwort: »Der ist leicht zu schlagen, der sich einmal schlagen ließ.«

Gelegentlich wird diese Zurückhaltung mit dem Sprichwort »Der Klügere gibt nach« begründet. Kluge Beobachter haben allerdings längst erkannt: Der Klügere gibt so lange nach, bis er der Dumme ist!

Emfehlung

Analysieren Sie ein Problem schon im Vorfeld und legen Sie sich Argumente für Ihre Seite zurecht. Stehen Sie zu Ihrer Meinung und bleiben Sie unbedingt sachlich. Seien Sie in einzelnen Punkten kompromissbereit, ohne sich jedoch »unterbuttern« zu lassen.

B = Durchsetzen Sie sind bestrebt, Ihre Vorstellungen auch auf Kosten der Gegenseite durchzusetzen. Ihnen geht es darum, das Schlachtfeld als strahlender Sieger zu verlassen. Sie bedenken nicht, dass der Unterlegene auf Rache sinnen und Ihnen künftig bei passender Gelegenheit das Leben schwer machen kann, ganz nach dem Motto »Wie du mir, so ich dir!«.

Empfehlung

Beginnen Sie möglichst umgehend damit, das bewusste Nachgeben zu üben. Denn ein Stück Nachgeben ist Voraussetzung für jede Konfliktlösung. Schließlich wollen Sie eine dauerhafte Konfliktlösung erreichen. Bereits vor 2000 Jahren bemerkte der römische Geschichtsschreiber Livius: »Besser ein sicherer Frieden als ein unsicherer Sieg.«

C = Kompromiss Sie sind grundsätzlich bereit, der anderen Konfliktpartei ein Stück entgegenzukommen. Betrachten wir einen Kompromiss als Kuchen, bei dem jede Partei meint, das beste Stück erwischt zu haben, so lässt sich über diese Lösungsmöglichkeit nichts Negatives feststellen. Problematisch wird es, wenn Ihre Friedensliebe so stark ist, dass Sie die Ursachen des Konflikts überhaupt nicht mehr aufdecken wollen. In diesem Fall entschärfen Sie lediglich einen Streit, können aber den Konflikt nicht lösen.

Faule Kompromisse, die im Moment zwar die Wogen glätten, sich aber bereits bei Festlegung erkenn- oder erahnbar als sehr problematisch erweisen, haben die unangenehme Eigenschaft, später mit der Gewalt eines Tornados wieder alles durcheinanderzuwirbeln.

Empfehlung

Lassen Sie sich nicht auf vorschnelle Kompromisse ein. Manche Menschen verstehen unter einem Kompromiss eine Abmachung, bei der großzügig auf die Rechte der anderen Partei verzichtet werden kann. Ohne gründliche Ursachenforschung kommt das Problem immer wieder an die Oberfläche.

D = Kooperation Sie analysieren zuerst das Problem auf beiden Seiten und versuchen dann eine Lösung herbeizuführen, die die Bedürfnisse und Interessen der Konfliktparteien berücksichtigt. Dabei achten Sie darauf, dass auf der emotionalen Ebene kein bitterer Nachgeschmack bleibt und die Konfliktparteien intensiv in die Lösung einbezogen werden. Sie verfolgen mit diesem Vorgehen den effizientesten Konfliktlösungsstil, nämlich die Gewinner-Gewinner-Strategie.

Empfehlung

Bleiben Sie bei Ihrer Strategie und versuchen Sie, auch Mitarbeiter und Kollegen davon zu überzeugen.

E = Verdrängung Obwohl Konflikte allgegenwärtig sind und ein normales tägliches Phänomen darstellen, übersehen Sie Konflikte geflissentlich, leugnen sie notfalls und tun überhaupt nichts. Vielleicht fühlen Sie sich einer Konfliktsituation ohnmächtig ausgeliefert oder wollen sich keine Unannehmlichkeiten einhandeln. Bemerkungen wie »Nur nicht daran rühren« oder »Die Zeit heilt alle Wunden« gehören möglicherweise zu Ihrem Repertoire. Trifft es wirklich zu, dass derjenige, der nichts tut, auch nichts falsch machen kann? Tatsächlich sind wir nicht nur verantwortlich für das, was wir tun, sondern auch für das, was durch unser bewusstes Nichtstun oder Wegsehen geschieht.

Verdrängen wir Konflikte, bauen wir um uns eine Scheinwelt auf, die irgendwann zusammenbricht. Mit der Verdrängung wird die gute Chance vertan, eine gemeinsame Lösung zu finden und ein gedeihliches Miteinander zu fördern.

Empfehlung

Sehen Sie den Realitäten ins Auge und geben Sie Ihre Vogel-Strauß-Politik auf. Ungelöst schwelende Konflikte verschlechtern allmählich das Klima und verhindern über kurz oder lang eine zielgerichtete Zusammenarbeit.

Bei einem kleinen Streit zwischen Kollegen bleibt das Beziehungsfundament erhalten, es hat kurzzeitig »gemenschelt«. Für den Vorgesetzten besteht keine Veranlassung, schlichtend einzugreifen (man schlägt sich, man verträgt sich). Konflikte weisen demgegenüber eine andere Qualität auf. Ein Konflikt

- ist eine Störung (diese Störung unterbricht unseren normalen Handlungsablauf und erzeugt vorübergehend Desorientierung),
- die belastend wirkt (die Störung bedrückt uns, sodass wir nicht mehr entspannt und heiter unser Leben genießen können),
- zur Eskalation neigt (die Störung greift – je länger sie währt – auf immer mehr Menschen und Themen über, weitet sich aus, wird intensiver, kostet immer mehr Zeit und Energie und kann schließlich unsere Belastbarkeitsgrenze überschreiten)
- und einen Lösungsdruck erzeugt (die Störung können wir nicht ewig vor uns herschieben, denn sie geht uns unter die Haut, liegt uns wie ein Stein im Magen, geht uns an die Nieren).

Das bedeutet: Je länger ein Konflikt schwelt, umso intensiver frisst er unablässig Sympathie, Verständnis, Akzeptanz, Teamgeist, Gemeinsamkeiten und Zuwendung. Wir müssen die Störung bewältigen, damit die Konfliktparteien wieder mit sich in Einklang sind und sich den täglichen Lebensaufgaben mit ungestörter Aufmerksamkeit zuwenden können.

Konfliktursachen, -parteien, -signale

Dass ein Konflikt entstanden ist, lässt sich auf verschiedene Ursachen zurückführen. Sie können zur Erläuterung folgende Folie zeigen:

unterschiedliche Interessen ▶	K	◀ unterschiedliche Erfahrungen
unterschiedliche Informationsquellen ▶	O	◀ unterschiedliche Persönlichkeitsstrukturen
Missverhältnis Ziele – Mittel ▶	N	◀ unterschiedliche Informationsverarbeitung
knappe Mittel und Möglichkeiten ▶	F	◀ gegensätzliche Ziele, Werte und Normen
organisatorische Probleme ▶	L	◀ Einflüsse von außen
	I	
	K	
	T	

Konfliktparteien können sein

- zwei Menschen als Einzelpersonen
- eine Einzelperson und eine Gruppe
- zwei oder mehr Gruppen

Mögliche Konfliktsignale sind beispielsweise Misstrauen, förmliches und unpersönliches Verhalten der Mitarbeiter untereinander, herablassende Äußerungen, hoher Krankenstand, Zurückhalten von Informationen, fehlende Hilfsbereitschaft untereinander, sich häufende Meinungsverschiedenheiten, mangelnde Kompromissbereitschaft, Entstehung von Cliquen, destruktive Kritik, Überbetonung von Über- und Unterordnungsverhältnissen.

Der Vorgesetzte sollte soziale Sensibilität zeigen und beizeiten seine »Antennen ausfahren«, um sich anbahnende Konflikte zu lokalisieren und ihnen frühzeitig entgegenzuwirken. Seinen Beobachtungen werden folgende Überlegungen zugrunde liegen:

- Wo ist der nächste Konflikt zu erwarten?
- Welcher meiner Mitarbeiter kommt infrage?
- Zwischen welchen Personen kann es Konflikte geben?
- Welche Spannungen gibt es bereits in der Arbeitsgruppe?
- Zwischen welchen Arbeitsgruppen bahnt sich ein Konflikt an?
- Mit welchen Außenstehenden bahnt sich ein Konflikt an?

Erkennt ein Vorgesetzter die vorgenannten Signale und interpretiert er sie richtig, wird er die jeweilige Situation im Auge behalten und darauf achten, dass die Beteiligten sich anbahnende Konflikte frühzeitig und einvernehmlich regeln. Nimmt er aber Konfliktsignale nicht zur Kenntnis und lässt er den Dingen ihren Lauf, kann es im Extremfall zu einer Konflikteskalation mit tragischem Ausgang kommen, den der Konfliktforscher Friedrich Glasl in seinem Standardwerk »Konfliktmanagement« (2009) folgendermaßen beschrieb:

Stufen der Konflikteskalation

Stufe 1
Es gibt Meinungsverschiedenheiten, die zu Spannungen und Verstimmungen führen. Beide Parteien sind sich zunächst sicher, die aufgetretene Störung mit sachlichen Argumenten beseitigen zu können.

Stufe 2
Überheblichkeit und Arroganz prägen die Verhaltensweisen der Konfliktparteien. Jetzt geht es vor allem um die Fragen:

- Wer nimmt den besseren Standpunkt ein?
- Wer setzt sich durch?

Stufe 3
Die Diskussionen beginnen sinnlos zu werden, da keine Konfliktpartei von ihrem Standpunkt abrückt. Immer häufiger belasten unbeherrschte Ausbrüche das Klima.

Stufe 4
»Du oder ich« heißt jetzt die Devise. Ein strahlendes Selbstbild steht einem negativen Feindbild gegenüber. Beide Konfliktparteien werben nun um Verbündete von außen.

Stufe 5
Öffentliche Diskriminierungen der Gegner und persönliche Angriffe unter die Gürtellinie sind an der Tagesordnung. Jetzt kämpfen »die Guten gegen die Bösen«.

Stufe 6
Gegenseitige Drohungen und zunehmendes Misstrauen erschweren allen Beteiligten die Kontrolle über den Konflikt.

Stufe 7
Ziel der Kontrahenten ist es nun, die Existenz des Gegners zu erschüttern.

Stufe 8
Jetzt geht es nur noch darum, die Macht und die Existenzgrundlage des Gegners völlig zu vernichten.

Stufe 9
Auf der letzten Stufe der Konflikteskalation spielt nur noch die Genugtuung eine Rolle, im eigenen Untergang den Feind in den Abgrund zu reißen. Darin scheint der einzige Trost zu liegen.

Nicht alle Konflikte wachsen sich bis zur völligen Eskalation aus. Viele fahren sich auf einer früheren Stufe fest.

Sollen die neun Stufen besondere Wirkung erzielen, sehen Sie für jede Stufe eine Folie mit dem entsprechenden Text vor. Lassen Sie Folie für Folie von Ihren Teilnehmern der Reihe nach vorlesen. Nach der neunten Folie stellt sich erfahrungsgemäß ein betretenes Schweigen ein. Sie können Ihre Teilnehmer auch an den eindrucksvollen Filmklassiker »Der Rosenkrieg« erinnern, in dem die Konflikteskalation nach Glasl lehrbuchmäßig dargestellt wird.

Da zwei Menschen eine bestimmte Situation aufgrund unterschiedlicher Erfahrungen, Erwartungen und Einstellungen nie identisch wahrnehmen, haben beide eine unterschiedliche Sicht des Konflikts. Deshalb wäre es günstig, wenn sämtliche Konfliktparteien zunächst eine Konfliktanalyse vornehmen würden, bei der drei unterschiedliche Perspektiven zu betrachten wären.

Konfliktanalyse als Betroffener

- Wie sehe ich den Konflikt? (= meine Sichtweise)
- Wie würde ich den Konflikt beschreiben, wenn ich mich in die Situation der Gegenseite hineinversetzte? (= Sichtweise des Kontrahenten)
- Wie würde ein neutraler Beobachter den Konflikt beschreiben und beurteilen? (= Sichtweise eines Außenstehenden)

Vermutlich würden die Konfliktparteien nach diesem Blick über den Tellerrand manche Facetten des Konflikts anders sehen und eher Verständnis für die unterschiedlichen Sichtweisen aufbringen.

Hinderungsgründe, die Konfliktlösungen erschweren

Oft genug sind Konfliktparteien nicht bereit, aufeinander zuzugehen, beziehungsweise sehen keine Notwendigkeit, eine vorurteilsfreie Konfliktanalyse vorzunehmen. Welche wesentlichen Hinderungsgründe machen es so schwer, Konflikte sozialverträglich zu lösen?

- Konfliktursachen bleiben unberücksichtigt, weil die Konfliktauslöser im Vordergrund der Betrachtung stehen.
- Unterschiede auf der Sachebene werden durch Emotionen aufgebauscht.
- Die Konfliktparteien akzeptieren nicht die Berechtigung anderer Auffassungen.
- Die Konfliktparteien betrachten ihre subjektiven Wahrnehmungen stets als objektive Realität.
- Die Konfliktparteien sind sprachlos.

Konfliktursachen bleiben unberücksichtigt In diesem Fall muss die Energie auf die Ermittlung des Kernproblems konzentriert werden. Sind die speziellen Ursachen gefunden, sind sie – wenn machbar – zu beseitigen oder abzumildern. Das ist leichter gesagt als getan, weil Konflikte mitunter eine Vorgeschichte haben und auf Nebenschauplätzen ausgetragen werden. So können sich banale Alltagsprobleme zu krisenhaften Konflikten mit einem Riesenkrach ausweiten. Vordergründige Aspekte sind dann zwar der Auslöser, jedoch nicht die Ursache des Konflikts.

Denken Sie in diesem Zusammenhang an Beschwerden von Mitarbeitern über Kollegen. Der momentane Beschwerdegrund stellt häufig den berühmten letzten Tropfen dar, der das Fass zum Überlaufen gebracht hat. Im weiteren Verlauf der Konfliktanalyse werden meist zusätzliche Punkte erkennbar, welche bereits in der Vergangenheit das Klima zwischen den beiden Kollegen negativ beeinflussten. Beißt man sich bei einer Konfliktlösung an dem letzten, die aktuelle Beschwerde auslösenden Streitpunkt fest, kann der

Konflikt weiterschwelen, weil die grundlegende Störung nicht behoben ist. Diese unzureichende Konfliktbearbeitung ist mit einem undichten Wassersack vergleichbar: Kaum ist eine undichte Stelle repariert, tut sich an anderer Stelle durch den veränderen Druck ein neues Leck auf.

Unterschiede auf der Sachebene werden durch Emotionen aufgebauscht In Konfliktsituationen vermischen sich sachliche mit gefühlsmäßigen Elementen, sodass eine brisante Mischung entsteht. Sachliche Unterschiede eskalieren in Sekundenbruchteilen, wenn sich eine Partei von der anderen nicht richtig angehört, nicht akzeptiert oder falsch verstanden fühlt.

Je stärker wir emotional reagieren, umso weniger objektiv nehmen wir die Situation wahr. Wir konzentrieren uns in diesem Moment vorrangig auf Verhaltensweisen, die uns jetzt bei unserem Gegenüber besonders ärgern. Folgende Empfehlungen tragen zu einem schnelleren Abklingen der Erregungsphase bei. Sie können den Teilnehmern die folgende Übersicht als Folie vorlegen.

»Eine sanfte Antwort dämpft die Erregung, eine kränkende Rede reizt zum Zorn.« *(Salomo)*

Empfehlungen zum Abklingen heftiger Emotionen

- tief durchatmen
- bewusst ins Grüne sehen
- ruhig und beherrscht sprechen
- sich eine dickere Haut zulegen

Tatsächlich sind oft die rein sachlichen Unterschiede erheblich geringfügiger als die hochgepeitschten Gefühlswogen. Mit der unsensiblen Aufforderung nach strikter Sachlichkeit (»Bitte bleiben Sie doch sachlich!«) wird ein Konflikt nicht ausgeräumt. Vielmehr müssen neben den sachlichen Differenzen unbedingt auch die gefühlsmäßigen Unstimmigkeiten geklärt werden!

»Wer den Ärger des Augenblicks unterdrücken kann, erspart sich vielleicht einen Tag des Bedauerns.« *(Francis Bacon)*

Weshalb ist es wichtig, auf Gefühle hinzuweisen, da der Mensch doch als Verstandeswesen eingeordnet wird? Die Annahme, der Mensch lasse bei seinen Handlungen im Wesentlichen seine Vernunft bestimmen, lässt sich nicht aufrechterhalten. Schon der Psychoanalytiker Sigmund Freud sagte, der Mensch sei ein emotionales Wesen. Das Verhältnis von Vernunft und Gefühl stellte er in seiner allgemeinen Theorie der Persönlichkeit am Beispiel eines Eisbergs dar.

Nach dem Eisbergmodell entscheidet der Mensch

zu 10 bis 30 % mit dem Verstand (ratio) und

zu 70 bis 90 % aus dem Gefühl (emotio) heraus.

Die Konfliktparteien akzeptieren nicht die Berechtigung anderer Auffassungen In emotionsgeladenen Konfliktsituationen fällt es Konfliktparteien schwer, den alten juristischen Grundsatz: »audiatur et altera pars« (= man höre auch die Gegenseite) zu beherzigen. Man fühlt sich durch den Konflikt insgesamt stark belastet und hat den Kopf nicht mehr frei, um Auffassungen der Gegenseite anzuhören oder gar zu akzeptieren.

Die Konfliktparteien betrachten ihre subjektiven Wahrnehmungen stets als objektive Realität Dazu ein Beispiel: Vier Wanderer streben aus den vier Himmelsrichtungen in eine Stadt. Jeder sieht dieselbe Stadt, aber jeder aus seiner Perspektive. Und alle haben recht, wenn sie sagen, dass die Stadt so aussehe, wie sie sich aus ihrer subjektiven Perspektive zeige. Damit schafft sich jede Konfliktpartei für sie wirklichkeitserzeugende Welten und Wahrheiten. Sich ergebende Unterschiede in den Überzeugungen und Werthaltungen werden aufgebauscht und als unüberwindbar angesehen.

Die Konfliktparteien sind sprachlos Eskaliert ein Konflikt, beginnen Diskussionen zwischen den Parteien sinnlos zu werden, da sich keine Konfliktpartei auf die andere zubewegt. Oft genug werden selbst versöhnliche Gesten einer Konfliktpartei als Täuschungsmanöver interpretiert. Die Kommunikation zwischen den Konfliktparteien ist nicht offen und aufrichtig. Bewusst werden Fehlinformationen gestreut oder gar Intrigen gesponnen. Schließlich unterbleiben selbst stockende Gespräche, und es macht sich eine »Sendepause« breit.

»Wo das Gespräch verstummt, hört das Menschsein auf.« *(Berthold Brecht)*

Und diese Sprachlosigkeit tritt gerade in einem Moment ein, in dem die Konfliktparteien miteinander reden müssten, in dem ein Gespräch zur Klärung eines Konflikts dringend vonnöten wäre.

Nun zum Rollenspiel: Zwischen zwei Mitarbeitern besteht ein Konflikt, den der Vorgesetzte sozialverträglich lösen helfen soll. Drei Teilnehmer erhalten ihr Drehbuch, ohne die Rollen der anderen Mitspieler zu kennen.

Rollenspiel: Konflikte sozialverträglich lösen

Rolle des Vorgesetzten (Innendienstleiter)
Sie sind in einem mittelständischen Unternehmen (Malerbetrieb mit 70 Mitarbeitern) zuständig für kaufmännische Belange sowie für Lohn und Gehalt. Das Gros der Mitarbeiter ist auf wechselnden Baustellen eingesetzt. Wenn es zu gravierenden Unzulänglichkeiten in der innerbetrieblichen Zusammenarbeit kommt, werden Sie regelmäßig angesprochen. Dies liegt auch im Sinn des Betriebsinhabers, der sich wegen der Akquise von Aufträgen eher selten im Betrieb aufhält. Je nach Auftragsvolumen werden pro Baustelle eine oder mehrere Arbeitsgruppen eingesetzt, wobei eine Arbeitsgruppe aus sechs bis zwölf Gesellen beziehungsweise Auszubildenden unter Leitung eines Poliers (Meisters) besteht.

Rolle des Mitarbeiters (Meister)
Meister ...., 27 Jahre. Eigentlich fühlen Sie sich in der neuen Firma (seit zwei Monaten sind Sie in diesem Malerbetrieb – vorher Meisterschule mit erfolgreicher Meisterprüfung) recht wohl – wenn es Ihren »Problemfall«, den Gesellen nicht gäbe. Mit ihm kommt es immer wieder zu Differenzen, die heute eskalierten. Sie sehen die Situation wie folgt:

- Auch wenn der Geselle .... schon lange dem Betrieb angehört, muss er sich einordnen und kann nicht ständig die Anweisungen des Meisters kritisieren und dessen Autorität untergraben.
- Würde Geselle .... weiterhin bevorzugt, könnten sich die übrigen Gruppenmitglieder nie fortentwickeln. So will Geselle Baum demnächst die Meisterschule besuchen. Deshalb sollte er nach Ihrer Auffassung durch anspruchsvollere Aufgaben darauf vorbereitet werden.
- Auch weniger anspruchsvolle Arbeiten müssen erledigt werden, von denen niemand ausgenommen werden darf. Sonst gäbe es in Ihrer Arbeitsgruppe eine Zweiklassengesellschaft.

Nachdem Geselle .... nach der Auseinandersetzung wutschnaubend die Baustelle verlassen hat, informierten Sie telefonisch den Innendienstleiter Ihrer Firma über das Vorgefallene.

Rolle des Mitarbeiters (Geselle)

Malergeselle ...., 46 Jahre alt. Sie betrachten sich als Leistungsträger in der Firma, der Sie bereits über 20 Jahre angehören. Nicht umsonst vertraten Sie lange Jahre den Meister, wenn dieser ausfiel. Besonders diffizile Aufgaben wurden Ihnen übertragen, die Sie auch mit viel Engagement zu allseitiger Zufriedenheit erledigten. Ihre Arbeit bereitete Ihnen Freude, Sie waren mit dem Arbeitsklima in Ihrer Gruppe zufrieden, Sie hatten keinen Grund zur Klage.

Nachdem vor zwei Monaten der frisch von der Meisterschule kommende Meister .... die Leitung der Arbeitsgruppe übernahm, änderte sich Ihre Situation grundlegend:

- Sie fühlen sich gegenüber früher sehr benachteiligt. Sind besonders herausfordernde Arbeiten zu vergeben, werden jetzt nicht mehr Sie, sondern der Geselle Baum beauftragt. Dafür sollen Sie immer wieder Arbeiten erledigen, die auch von Auszubildenden gut bewältigt werden können.
- Sie haben den Eindruck, Meister .... wolle Sie loswerden, weil Sie bei Ihrer Erfahrung schon mehrfach den Meister auf Fehler bei seinen Anweisungen aufmerksam gemacht haben.
- Während Sie sich von Meister .... ins Abseits gedrängt fühlen, hat dieser mehrere »Lieblinge« (darunter auch Geselle Baum) um sich geschart, von denen Sie jetzt links liegen gelassen werden.

Soeben hatten Sie mit Meister .... eine massive Auseinandersetzung, die beinahe in Handgreiflichkeiten ausgeartet wäre. Auslöser war die Arbeitseinteilung, die wieder einmal zu Ihren Lasten ging. Im letzten Moment konnten Sie sich noch bremsen, sind stattdessen ins Auto gesprungen, zur Firma gefahren und wollen jetzt dem Innendienstleiter .... Ihr Herz ausschütten …

Zusatzinformationen zu Ihrem Auftreten: Völlig aufgelöst betreten Sie das Zimmer des Innendienstleiters und beginnen sogleich, sich mit erhöhter Lautstärke bitter über den Meister .... zu beklagen. Dabei bleiben Sie stehen und nehmen nur dann Platz, wenn es wirklich nicht mehr anders geht. Bei Ihren Aussagen übertreiben und vergröbern Sie, sind also ziemlich unsachlich. Sollte am selben Tag ein Gespräch zu dritt vorgesehen werden, rasten Sie beim ersten falschen Wort aus. Findet dieses Gespräch erst am nächsten Tag statt, haben Sie sich beruhigt und bemühen sich um Sachlichkeit.

Zum Verlauf des Rollenspiels sollte der Trainer einige zusätzliche Informationen beherzigen.

1. Der Rollenspieler »Geselle« verlässt den Raum und hält sich in Rufnähe auf.
2. Am Telefon des Innendienstleiters meldet sich der Meister und informiert sehr aufgeregt (diesen Part kann der Seminarleiter übernehmen). Er sagt beispielsweise: »Hier ist Meister .... von der Baustelle in .... Ich will Sie vorbereiten. Gleich kommt der Geselle .... zu Ihnen und will sich vermutlich über mich beschweren. Nur damit Sie Bescheid wissen: Dieser Geselle ist auf der Baustelle ein ständiger Unruheherd, mit ihm gibt es fast täglich Probleme. Wenn ich Anweisungen gebe, kommen von ihm häufig auch in Gegenwart der übrigen Gruppenmitglieder Widerworte. Heute habe ich mir das verbeten, woraufhin der Geselle in die Luft ging und völlig überzogen reagierte. Fast wäre es zu Tätlichkeiten seinerseits gekommen. Mit dem Hinweis, Ihnen erzählen zu wollen, was alles auf der Baustelle verkehrt läuft, hat er sich von seinem Arbeitsplatz entfernt, ist in sein Auto gesprungen und wird gleich bei Ihnen sein. Das grenzt an Arbeitsverweigerung, so etwas ist nicht hinnehmbar, wie stehe ich bei meinen Leuten da, wenn seitens der Firma nicht eingeschritten wird. Ich muss jetzt Schluss machen, Sie wissen jetzt Bescheid. Waschen Sie dem Gesellen kräftig den Kopf. Tschüs.«
3. Nachdem der Rollenspieler »Meister« das Telefonat verfolgt hat, verlässt er den Seminarraum und hält sich in Rufnähe auf.
4. Der Rollenspieler »Geselle« wird in den Seminarraum gebeten. Er betritt ihn sehr aufgeregt und beginnt sofort mit seinen Anklagen. Er sprüht Emotionen und neigt zu Konfliktverzerrungen. Trotz möglicher Entgleisungen führt der Innendienstleiter mit ihm ein Vieraugengespräch.
5. Danach verabredet der Innendienstleiter mit dem Meister ein zeitnahes Vieraugengespräch und führt es durch.
6. Erst nach Abflauen der Kampfreaktionen und Beruhigung der Kontrahenten wird der Vorgesetzte ein Sechsaugengespräch moderieren.

Bei der Auswertung des Rollenspiels könnte das Augenmerk auf folgende Aspekte gerichtet werden:

Verantwortung für eine Schlichtung übernehmen Idealerweise sollten die Seminarteilnehmer verinnerlichen, in ihrer Führungspraxis auf ein Klima respektvollen Umgangs miteinander zu achten, welches keinen Raum für krisenhafte Zuspitzung lässt. Vielmehr sollten kleinere Konflikte und Alltagsärgernisse offen erörtert und bereinigt werden, sodass nach und nach eine Konfliktkultur entsteht, welche die positiven Facetten des Konflikts (s. S. 289) in den Vordergrund rückt.

Keinesfalls sollte sich ein Vorgesetzter in Konfliktsituationen aus der Verantwortung stehlen. Oft genug fallen in Betrieben ähnliche Aussagen wie: »Ich bin doch nicht als Kindermädchen eingestellt! Hier handelt es sich doch um Erwachsene, die sich gefälligst zusammenraufen, sich durchbeißen und mit ihren persönlichen Problemen selbst fertig werden müssen!« Der Vorgesetzte sollte besser die Rolle des Schlichters übernehmen, damit die Kontrahenten wieder unbeschwert ihrer Arbeit nachgehen können.

Das emotionale Verhalten des Gesellen Zur Information für die Seminarteilnehmer wird die folgende Folie gezeigt.

Ein emotional aufgeheizter Beschwerdeführer kann

- laut werden
- mit Konsequenzen drohen
- übertreiben und vergröbern
- äußerst empfindsam auf Widerspruch reagieren
- unsachlich argumentieren
- das Einmaleins des guten Tons vergessen
- überzogene Forderungen stellen
- persönlich werden
- stur auf seinem Standpunkt beharren
- an frühere Fehler erinnern

und vieles andere mehr

Im Rollenspiel soll sich der Geselle ruhig abreagieren und seine ganze Umwelt (bildlich) verprügeln. Auch erkennbare Konfliktverzerrungen (aus einer Mücke wird ein Elefant gemacht oder umgekehrt) dürfen zu keinem Disput führen. Hat der Mitarbeiter sein Pulver verschossen, steht er anschließend eher für einen Erfolg versprechenden Dialog zur Verfügung.

Ein mögliches Machtwort des Vorgesetzten Mancher Vorgesetzte glaubt, die Situation mit einem Machtwort bereinigen zu können. In dieser Phase können alle Seminarteilnehmer mit einbezogen werden. Es wird gefragt: »Wie sehen Sie das? Ein Machtwort des Vorgesetzten soll den Konflikt beenden? Wie ist Ihre Meinung dazu?«, und der Seminarleiter erläutert: »Nach einem Machtwort mag zwar äußerlich Ruhe einkehren, doch unterschwellig brodelt es bei den Konfliktparteien weiter und führt sicher bald zu neuen Auseinandersetzungen. Statt eines Machtworts sollten sich die Konfliktparteien besser auf eine Lösung einigen, mit der sie sich identifizieren können. Hier ist der Vorgesetzte gefordert, auf die Konfliktparteien einzuwirken, dass sie sich an einer konstruktiven und sozialverträglichen Konfliktlösung beteiligen.«

Die Konfliktanalyse aus Sicht des Schlichters Um möglichst neutral zu sein, wird der Innendienstleiter versuchen, den Konflikt aus drei verschiedenen Blickwinkeln zu betrachten. Diese drei Blickwinkel sind folgende:

Konfliktanalyse (als Schlichter)

- Wie sieht Konfliktpartei A vermutlich den Konflikt?
- Wie sieht Konfliktpartei B vermutlich den Konflikt?
- Wie sehe ich aus der neutralen Position den Konflikt zwischen A und B?

Keine sofortige Gegenüberstellung der Kontrahenten Um eine Konfliktlösung nicht auf die lange Bank zu schieben, bemüht sich der Innendienstleiter, mit dem Meister möglichst noch am selben Tag ein Gespräch unter vier Augen zu führen. Keinesfalls wird er sogleich eine Gegenüberstellung der Kontrahenten vorsehen. In der emotional aufgeladenen Situation kann eine konstruktive Konfliktlösung nicht gelingen. Es soll schon vorgekommen sein, dass sich die Kontrahenten bei einem sofortigen Sechsaugengespräch solidarisierten und gegen den Schlichter Front machten.

Struktur von Vieraugengesprächen

Der Rollenspieler »Innendienstleiter« könnte bei den Vieraugengesprächen folgendem »Fahrplan« folgen:

Gesprächsleitfaden für Vieraugengespräche in Konfliktsituationen

- **Gespräch unter vier Augen führen:** Zunächst in Einzelgesprächen den Sachverhalt klären, später mit allen Konfliktparteien sprechen. Keine weiteren Personen hinzuziehen, durch deren Teilnahme das Treffen noch explosiver und noch weniger kalkulierbar würde.
- **Mitarbeiter zum Sitzen veranlassen:** Sitzen ist keine Kampfhaltung. Der stehende Mensch ist aktiver als ein sitzender Besucher. Zusätzliche Aktivitäten sind hier unerwünscht. Will sich der Eintretende nicht setzen, wird das Gespräch abgelehnt.
- **Mitarbeiter nicht unterbrechen, sondern ihn reden lassen:** Je mehr der Mitarbeiter spricht, umso besser. Er gibt Hintergrundinformationen von sich, die die Situation verdeutlichen.
- **wichtige Aussagen notieren** (s. S. 24)
- **dem Mitarbeiter bestätigen, dass Sie seine Situation verstehen:** indem Höflichkeit, Mitgefühl und Verständnis signalisiert werden. Zum Beispiel durch »Ich kann gut nachfühlen, wie Ihnen nach diesem Zusammenstoß zumute ist« oder »Ich verstehe durchaus Ihren Ärger« wird der Beschwerdeführer als Person bestätigt. Damit ist aber zur Sache selbst noch keine Stellung bezogen worden.
- **Sachverhalt möglichst objektiv klären**
- **Zusammenfassen der erkannten Situation**
- **Sechsaugengespräch für den nächsten Morgen ankündigen:** Zusätzlich wird als »Hausaufgabe« mitgegeben, sich bis dahin Gedanken zu machen, wie der Konflikt gelöst werden kann.
- **Konfliktparteien bis zum Sechsaugengespräch möglichst separieren**

Der Vorgesetzte sollte sich bewusst sein, dass für den Mitarbeiter nicht das zählt, was ihm objektiv widerfahren ist, sondern das, was er subjektiv dabei empfunden hat!

Auswertung der Vieraugengespräche durch den Vorgesetzten Nach Abschluss der Gespräche mit beiden Konfliktparteien analysiert der Schlichter die Situation und bringt für sich die Positionen der Konfliktparteien auf den Punkt: Der Meister fürchtet um seine Autorität auf der Baustelle, wenn der

Geselle stets seine Oppositionsrolle ausspielt, während sich der Geselle nach dem Eintreffen des neuen Meisters degradiert fühlt.

Darüber hinaus macht sich der Innendienstleiter Gedanken über mögliche Konfliktlösungen, falls während des folgenden Sechsaugengesprächs von den beiden Kontrahenten keine Vorschläge kommen.

Struktur von Sechsaugengesprächen

Der Vorgesetzte muss die Rolle eines ehrlichen Maklers ausfüllen. Es besteht allerdings die Gefahr, dass er dem Meister positiver begegnet, weil dieser sich emotional besser im Griff hat und eine eher vergleichbare Position bekleidet.

Nachdem die Gemüter abgekühlt sind – die Kontrahenten sollen möglichst eine Nacht über ihre Auseinandersetzung geschlafen haben –, sollte das gemeinsame Konfliktlösungsgespräch in sechs Stufen ablaufen. Dazu kann im Seminar die folgende Vorlage verteilt werden, die auch bei den Downloadmaterialien zu finden ist.

Sechs Stufen zur kooperativen Konfliktbewältigung

Stufe 1: Was genau ist der Konflikt?

- Konflikt identifizieren und definieren, also gegen andere Probleme abgrenzen
- sich Zeit nehmen
- den Konflikt klar aussprechen, nicht »um den heißen Brei herumreden«
- Ich-Aussagen senden
- Kooperation anbieten
- auf niederlagelose Methode der Vorgehensweise aufmerksam machen

Stufe 2: Welche unterschiedlichen Lösungen sehen die Konfliktparteien?

- mögliche Lösungen entwickeln
- keine Lösungen bewerten
- zu möglichst vielen Vorschlägen anregen
- alle Beteiligten einbeziehen
- Angst vor Blamage bei der Lösungssuche abbauen

Stufe 3: Was spricht für, was spricht gegen die einzelnen Lösungen?

- Lösungsmöglichkeiten kritisch beleuchten
- Streichung der für Einzelne unannehmbaren Lösungen

- Gefühle der Beteiligten bei einzelnen Vorschlägen erfahrbar machen
- prüfen, mit welchen Konsequenzen bei den einzelnen Lösungsvorschlägen gerechnet werden muss

Stufe 4: Wie sieht die beste Lösung genau aus?
- sich für die beste annehmbare Lösung entscheiden
- die Lösung genau beschreiben
- die Lösung nicht als endgültig, sondern als veränderbar darstellen
- abfragen, ob alle Beteiligten sie akzeptieren
- Angst abbauen, gegen die Lösung zu opponieren

Stufe 5: Wie wird die Lösung durchgesetzt?
- Wege zur Ausführung der Entscheidung ausarbeiten
- klare Handlungsgrenzen bestimmen
- genau festlegen, wer was bis wann macht

Stufe 6: War die getroffene Entscheidung zur Regelung des Konflikts richtig?
- spätere Untersuchung über die Funktionsfähigkeit der Lösung und die Einhaltung der getroffenen Absprachen = Prozessanalyse
- Ergebnisanalyse
- eventuell Korrekturen, wenn bestimmte Situationen falsch eingeschätzt wurden

Stufe 1: Was genau ist der Konflikt? Ein großes Problem der Kommunikation besteht darin, dass eine Aussage von verschiedenen Personen unterschiedlich aufgefasst werden kann. Zur Konfliktlösung ist es aber wichtig, den Konflikt genau zu definieren und die Konfliktursache herauszuarbeiten, damit jedem Beteiligten vor Augen geführt wird, was Gegenstand des Gesprächs ist.

Der Schlichter achtet auf folgende Punkte:

- auf niederlagelose Methode der Vorgehensweise aufmerksam machen
- Kooperation anbieten und möglicherweise vorhandene Machtunterschiede auszugleichen versuchen. Hinweis auf die Wichtigkeit, eine gemeinsame Lösung zu finden, und an die Bereitschaft appellieren, aufeinander zuzugehen
- Konflikt identifizieren und definieren, also gegen andere Probleme abgrenzen

- den Konflikt klar und verständlich aussprechen, nicht um den heißen Brei herumreden, dabei Wünsche, Interessen und Ziele unmissverständlich darlegen
- keine intensive Ursachenforschung nach dem Motto »Wer hat angefangen?« beginnen, da sonst Vorwürfe mitschwingen, die keine Konfliktpartei auf sich sitzen lassen will
- Herausarbeiten der sachlichen und personenbezogenen Konfliktanteile
- notwendige bisher noch nicht allseits bekannte Informationen austauschen
- Ich-Aussagen senden: Viele Menschen verstecken sich hinter einem »man« oder hinter Wir-Formulierungen. Geben Konfliktparteien Mitteilungen in der Ichform, zeigen sie sich als Person und übernehmen die Verantwortung für das Gesagte.
- wichtig: sich Zeit nehmen

Damit die Kontrahenten nicht mit erneuten Anschuldigungen beginnen, sollte der Innendienstleiter die Initiative übernehmen, einleitende Worte sprechen und sich dann seine in den Vieraugengesprächen gewonnenen Erkenntnisse von den Kontrahenten bestätigen lassen.

Beispiel für das Nennen von Konfliktursachen

Zum Meister gewandt kann er sagen: »Ich hatte nach dem gestrigen Gespräch den Eindruck, dass Sie das Verhalten des Gesellen ablehnen, weil Sie Ihre Autorität nicht untergraben lassen wollen. Sehe ich das richtig?«
Meister: »So ist es.«
Zum Gesellen gewandt: »Aus Ihren gestrigen Informationen schließe ich, dass Sie sich seit der Arbeitsaufnahme des neuen Meisters nicht mehr wohlfühlen, dass Sie meinen, bei der Arbeitsaufteilung gegenüber früher benachteiligt zu werden, sich insgesamt degradiert fühlen. Ist das so?«
Geselle: »Genau das ist mein Problem.«

Weil ein Neutraler sehr sachlich ohne umfangreiche Kommentierungen, ohne Beschönigungen und ohne Übertreibungen die Konfliktursachen auf den Punkt bringt, kommen die Konfliktparteien viel eher zu der Erkenntnis: »Mein Gegenüber will mir aus seiner Sicht nichts Böses. Seine Sichtweise kann ich – zumindest teilweise – nachvollziehen.« Bisher waren die Konfliktparteien in ihrer eigenen Betrachtungsweise gefangen und damit kaum in der Lage, über den Tellerrand zu blicken. Indem sie nun die Beweggründe der Gegenseite erkennen, besteht eher die Chance, aufeinander zuzugehen.

Die Stufe 1 bildet das Fundament für das weitere Gespräch. Die Konfliktursachen sind bekannt, sodass nun Schuldzuweisungen und ein Blick zurück im Zorn unterbunden werden sollten. Jetzt muss der Blick in die Zukunft gerichtet werden.

Stufe 2: Welche unterschiedlichen Lösungen sehen die Konfliktparteien?
Ein Beteiligter bringt einen Lösungsvorschlag. Erweitert der andere den Vorschlag, stärkt er ihn, merzt er mögliche Schwachstellen aus? Leider nein! Oft genug wird ein Vorschlag sogleich mit Phrasen »gekillt« wie:

- Geht doch überhaupt nicht!
- Glauben Sie das im Ernst?
- So haben wir das noch nie gemacht.
- Grundsätzlich haben Sie ja recht, aber ...
- Wenn sich das machen ließe, wären wir schon früher darauf gekommen.
- Das muss man aber völlig anders sehen!

Es folgt ein zweiter Vorschlag, dem es nicht besser geht. Auch der dritte Vorschlag wird gnadenlos zerhackt. – Um diesem Dilemma aus dem Weg zu gehen, achtet der Schlichter in dieser Phase besonders darauf, dass die Beteiligten die Möglichkeit erhalten, ihre Auffassung ohne sogleich folgende kritische Würdigung vorzutragen. Hier geht es also um die Sammlung möglichst vieler Lösungsmöglichkeiten, die eventuell für alle Beteiligten gut sichtbar aufgeschrieben werden sollten.

Auf folgende Punkte ist zu achten:

- Ein Klima der freien Meinungsäußerung muss gewährleistet bleiben.
- mögliche Lösungen entwickeln
- keine Lösungen bewerten
- zu möglichst vielen Vorschlägen anregen (hier sollte Quantität vor Qualität gehen)
- alle Beteiligten einbeziehen
- Angst vor Blamage bei der Lösungssuche abbauen
- Zeiten des stillen Nachdenkens ermöglichen

Die Suche nach Lösungsmöglichkeiten und Alternativen soll bei den Beteiligten eine Horizonterweiterung bewirken.

Zu Stufe 3: Was spricht für, was spricht gegen die einzelnen Lösungen? Die in der zweiten Stufe zusammengetragenen Vorschläge müssen ergänzt, geordnet, zusammengefasst und anschließend im Licht aller verfügbaren Informationen und Tatsachen sowie unter Berücksichtigung früherer Erfahrungen bewertet werden. Der Schlichter achtet auf folgende Punkte:

- auf objektive Kriterien einigen, an denen die Lösung gemessen wird
- Lösungsmöglichkeiten kritisch beleuchten
- Streichung der für eine Konfliktpartei unannehmbaren Lösungen
- Gefühle der Beteiligten bei einzelnen Vorschlägen erfahrbar machen
- Ich-Aussagen senden
- prüfen, mit welchen Konsequenzen bei den einzelnen Lösungsvorschlägen gerechnet werden muss

Untaugliche Lösungsmöglichkeiten werden eliminiert, sodass mit der Bewertung eine Horizontverengung einhergeht.

Stufe 4: Wie sieht die beste Lösung genau aus? Können alle Beteiligten ohne Bedenken der besten Lösung zustimmen und dient diese darüber hinaus auch den betrieblichen Zielen, ist die ideale Konfliktlösung gefunden.

Es kann hilfreich sein, eine akzeptierte Lösung zunächst probeweise umzusetzen. Damit wird den Beteiligten die Angst vor einer endgültigen Festlegung genommen. Stellen sich die erhofften Ergebnisse während eines Probelaufs nicht ein, kann später ohne Gesichtsverlust für die Beteiligten nach einem besseren Weg gesucht werden.

Der neutrale Gesprächsleiter achtet auf folgende Punkte:

- sich für die beste annehmbare Lösung entscheiden
- die Lösung genau beschreiben
- die Lösung nicht als endgültig, sondern als veränderbar darstellen
- Angst abbauen, gegen die Lösung zu opponieren
- abfragen, ob die Beteiligten die erarbeitete Konfliktlösung akzeptieren
- ermutigen, nun guten Willens die Lösung gefühlsmäßig und rational zu verinnerlichen

Stufe 5: Wie wird die Lösung durchgesetzt? Ist es nach den vorangegangenen vier Schritten zu einer Entscheidung gekommen, muss diese in die Tat umgesetzt werden und den Konflikt auflösen. Ein Vorschlag ist immer nur so gut, wie er ausgeführt wird. In einem eventuell aufzustellenden Aktionsplan wird bestimmt, was zu geschehen hat. Hierdurch lassen sich künftige Missverständnisse und Reibungspunkte vermeiden, die neue Konfliktsituationen heraufbeschwören könnten.

Beinhaltet die Lösung mehrere Schritte, sind für die Ausführung Prioritäten zu setzen. Hierbei rangiert Wichtigkeit (Muss? Soll? Kann? Darf?) stets vor Dringlichkeit!

Im Einzelnen ist zu beachten:

- Wege zur Ausführung der Entscheidung ausarbeiten
- klare Handlungsgrenzen bestimmen
- Aktionsplan aufstellen, in dem genau festzulegen ist, wer was bis wann macht
- vereinbaren, wie die Einhaltung der Lösung gemessen werden soll
- appellieren, dass möglicherweise noch vorhandene negative Restgefühle den Konflikt nicht wieder auflodern lassen

Nach dieser Phase sollten die früheren Konfliktparteien mit einem Handschlag das erzielte Ergebnis besiegeln.

»Der einzige Sieg ist der, in dem alle siegreich sind und keiner geschlagen ist.« *(Buddha)*

Zu Stufe 6: War die getroffene Entscheidung zur Regelung des Konflikts richtig? Die im Konsens getroffene und hoffentlich auch einvernehmlich praktizierte Entscheidung sollte in einer späteren Feedbackphase analysiert werden.

Zu beachten sind folgende Punkte:

- spätere Untersuchung über die Funktionsfähigkeit der Lösung und die Einhaltung der getroffenen Absprachen = Prozessanalyse
- Ergebnisanalyse durchführen
- eventuell Korrekturen vornehmen, wenn bestimmte Situationen falsch eingeschätzt wurden

Erweist sich trotz aller Bemühungen eine sozialverträgliche Konfliktlösung als unmöglich, wird sich der Vorgesetzte das Scheitern nicht als Beleg des eigenen Unvermögens ankreiden. Zu seiner psychischen Aufrüstung könnte ein Gebet beitragen, das von der heiligen Teresa von Avila (1515–1582) stammt:

»Herr, gib mir die Kraft,
das zu verändern, was ich verändern kann,
die Geduld, mit dem zu leben, was ich nicht verändern kann,
und die Weisheit, zwischen beidem zu unterscheiden.«

Wird der Konflikt nicht sozialverträglich gelöst, kann es bald zu völlig unerwünschten Mobbinghandlungen kommen.

Mobbing? – Nein danke!

Mobbing = eine Reihe negativer kommunikativer Handlungen, die systematisch während einer längeren Zeit von einer Einzelperson oder mehreren Personen gegen eine bestimmte Person gerichtet sind.

Ziel von Mobbingaktivitäten ist,

- die zwischenmenschliche Kommunikation des Gemobbten verkümmern zu lassen,
- die Zusammenarbeit mit ihm in Richtung eines Abbruchs zu vermindern,
- soziale Beziehungen abzublocken und das soziale Ansehen nachhaltig zu beschädigen

in der Erwartung, dass sich der Gemobbte schließlich seelisch zermürbt oder körperlich bedroht zurückzieht und von sich aus dauerhaft den Arbeitsplatz aufgibt.

Mobbing ist keine kurze Episode oder keine unerwartet über Betroffene hereinbrechende Naturkatastrophe, sondern ein länger währender, zermürbender Prozess mit starker Dynamik. Arbeitspsychologen erkannten nach Auswertung einer Vielzahl von Mobbingfällen ein Verlaufsmodell mit vier Entwicklungsstufen, die Sie im Seminar vorstellen können.

Mobbingphasen

1. Phase
Ein Konflikt wird nicht konstruktiv gelöst:
- Schuldzuweisungen
- persönliche Angriffe

2. Phase
Es wird systematisch Psychoterror ausgeübt.

3. Phase
Die Personalleitung reagiert:
- betriebliche Fehlentscheidungen
- ausbleibende Schutzmaßnahmen

4. Phase
Der Gemobbte wird aus der betrieblichen Gemeinschaft ausgeschlossen:
- Abschieben und Kaltstellen
- lange Erkrankungen
- Kündigung mit/ohne Abfindung
- Frühreente
- Suizid

Um Mobbinghandlungen den Nährboden zu entziehen, sollten folgende Erkenntnisse verinnerlicht werden.

Fünf Grundsätze zur Abwehr von Mobbing

- Aus manchen Konflikten entwickelt sich Mobbing, weil man den Dingen ihren Lauf lässt, es einfach geschehen lässt! Aus kleinen Konflikten, die nicht frühzeitig sozialverträglich gelöst wurden, resultieren große Konflikte, die immer mehr Zeit, Energien und Nerven bei allen Beteiligten fressen! Mobbing braucht Zeit und Ignoranz zum Wachsen!
- Mobbing ist eine Zeitbombe, die schnellstmöglich entschärft werden muss, damit sie keinen nachhaltigen Schaden anrichten kann. Wird bei frühzeitigem Erkennen von Mobbingaktivitäten sogleich zielgerichtet gegengesteuert, wird es eher gelingen, das Problem zu lösen!
- Wo das Arbeitsklima stimmt, haben Mobber einen schweren Stand!

- Wer Mobbing tatenlos hinnimmt und schweigt, leistet dem Mobbing Vorschub und macht sich schuldig! Molière erkannte: »Wir sind nicht nur für das verantwortlich, was wir tun, sondern auch für das, was wir nicht tun!«
- Je mehr Missbilligung (von welcher Seite auch immer) der Mobber erfährt, desto geringer ist das Problem!

Was kann der Vorgesetzte vorbeugend beziehungsweise beim ersten Erkennen von Mobbingaktivitäten tun?

- Er muss für eine erfolgreiche Integration neuer Mitarbeiter (s. S. 45) sorgen.
- Intriganten- und Denunziantentum ist der Kampf anzusagen.
- Mitarbeiterbeschwerden dürfen nicht auf die leichte Schulter genommen werden.
- Als Mediator strebt er sozialverträgliche Konfliktlösungen an und unterstützt die erzielten Ergebnisse.
- Mobbing wird als zu bekämpfendes Fehlverhalten im Rahmen einer Mitarbeiterbesprechung zur Sprache gebracht. Der hierbei zu erzielende Konsens muss lauten: Das finstere Treiben eines Mobbers muss auf allseitige Gegenwehr stoßen.
- Wer schweigt, macht beim Mobbing mit!

»Die Welt ist viel zu gefährlich, um darin zu leben – nicht wegen der Menschen, die Böses tun, sondern wegen der Menschen, die danebenstehen und sie gewähren lassen.« *(Albert Einstein)*

Ihren Teilnehmern wird jetzt bewusst sein, dass der Konfliktlösungsstil »Kooperation« die reifste Form der Konfliktbewältigung ist. Allerdings setzt dieser Stil bei den Beteiligten notwendigerweise ein hohes Maß an Kooperationsbereitschaft und -willen voraus. Dem Vorgesetzten als Schlichter werden ein größerer Zeit-, Energie- und Gesprächseinsatz abverlangt als bei einem untauglichen Machtwort. Da es ihm auf das Ergebnis unter dem Strich ankommt, wird er diese zusätzlichen Mühen gern investieren, bis er behutsam steuernd ein gewünschtes Win-win-Ergebnis verkünden kann, das von den Beteiligten freiwillig übernommen wird.

Rollenspiel 20: Trennungsgespräch führen bei betriebsbedingter Kündigung

Bei einer verhaltensbedingten Kündigung muss sich der Mitarbeiter schuldhaft arbeitsvertragswidrig verhalten haben. Bei einer außerordentlichen Kündigung muss ein wichtiger Grund vorliegen, der die Fortsetzung des Arbeitsverhältnisses bis zum Ablauf der Kündigungsfrist unzumutbar macht. In beiden Fällen hält sich das Mitleid mit dem Gekündigten zumeist in Grenzen. Schließlich hat er die Kündigung durch sein Verhalten ausgelöst.

Anders erweist sich die Ausgangsbasis im Fall einer betriebsbedingten Trennung. Diese stellt das letzte Mittel für eine Personalreduzierung dar, nachdem Möglichkeiten wie Umsetzung, Vorruhestand, Kurzarbeit, Abbau von Überstunden oder Zeitguthaben ausgeschöpft sind. Häufig werden Personalreduzierungen begründet mit Realisierung von Synergieeffekten, Restrukturierung oder Steigerung beziehungsweise Erhaltung der Wettbewerbsfähigkeit. Ohne dass ein schuldhaftes Verhalten vorliegt, wird dem Mitarbeiter gekündigt. Hier kann es zu einem Gefühlschaos kommen, sodass manche Vorgesetzte sich aus Feigheit oder Unsicherheit zu drücken versuchen, sich verleugnen lassen oder das Gespräch an die Personalabteilung abschieben. Dass sowohl erfahrene Führungskräfte als auch junge Vorgesetzte einen Horror vor Trennungsgesprächen haben können, lässt sich erklären: Sie befinden sich als Überbringer einer schlechten Nachricht in emotionalem Stress. Einerseits ist die eigene Betroffenheit groß, sich von einem möglicherweise geschätzten Mitarbeiter trennen zu müssen, mit dem man lange Zeit gut zusammengearbeitet hat. Andererseits müssen die Interessen des Unternehmens angemessen vertreten werden. In dieser Sandwichposition fehlen zumeist auch Erfahrungen, wie ein Trennungsgespräch professionell, aber dennoch menschlich fair zu führen ist, damit es zu möglichst geringen Verletzungen der Persönlichkeit aller Beteiligten kommt.

Vor dem Trennungsgespräch sollte sich der Vorgesetzte einen Moment in die Lage des zu kündigenden Mitarbeiters versetzen. Vermutlich wird er anschließend mit größerer Sensibilität das Gespräch führen.

Sie können die Seminarteilnehmer zunächst auf die Problematik mit einer Folie einstimmen.

Problematik für Mitarbeiter bei betriebsbedingter Kündigung

- Angst vor der Zukunft, Existenzbedrohung
- Arbeit als Grundlage sozialer Wertschätzung bricht weg
- Betriebsbindung zerbricht, Betrieb kündigt Loyalität auf
- Angst vor Isolation, vor fehlenden sozialen Kontakten
- Nichtstun = purer Stress

Und stets die Frage: **Weshalb gerade ich?**

Dann werden die Vorlagen für das Rollenspiel ausgeteilt.

Rollenspiel: Trennungsgespräch führen bei betriebsbedingter Kündigung

Rolle des Vorgesetzten

Nach dem Gutachten einer renommierten Unternehmensberatung hat sich die Geschäftsleitung entschlossen, sich auf die Kernkompetenzen zurückzuziehen. Durch Outsourcing sollen diverse Stellen fortfallen, in Ihrem Bereich sind es drei Stellen. Da Personalwirtschaftsmaßnahmen (zum Beispiel Umsetzung, Vorruhestand) nicht für den Stellenabbau ausreichen, sollen betriebsbedingte Kündigungen ausgesprochen werden.

Sie nahmen an einer Besprechung mit Ihrem Vorgesetzten und einem Vertreter der Personalabteilung teil, bei der Ihnen mitgeteilt wurde, dass sich das Unternehmen von dem zu Ihrem Bereich zählenden Mitarbeiter .... trennen werde. Es seien alle im Vorfeld zu beachtenden Gesichtspunkte berücksichtigt worden, man habe das Okay des Betriebsrats bereits eingeholt. Dem Mitarbeiter soll das Ausscheiden mit einer Abfindung von … Euro (= ein halbes Monatsgehalt pro Beschäftigungsjahr) »versüßt« werden. Sollte der Mitarbeiter schon vor Ende des Arbeitsverhältnisses ausscheiden wollen, stünde dem nichts entgegen.

Mitarbeiter .... gehört seit zehn Jahren zur Firma. Er fiel während dieser Zeit weder besonders positiv noch negativ auf. Allerdings fehlte er krankheitsbedingt häufiger als die Kollegen in Ihrer Abteilung. Auch nahm er mehrfach den in Ihrem Bundesland gesetzlich zustehenden Bildungsurlaub in Anspruch.

Bisher wurde mit dem Mitarbeiter nicht über eine bevorstehende Kündigung gesprochen. Sie wurden beauftragt, mit ihm jetzt ein Trennungsgespräch zu führen und ihm das Kündigungsschreiben gegen Empfangsbestätigung auszuhändigen.

Rolle des Mitarbeiters

Sie sind 44 Jahre alt, verheiratet und haben drei Kinder. Ein Kind geht noch zur Schule, ein weiteres befindet sich in der Lehre, und Ihre älteste Tochter hat ein Studium begonnen. Ihre Frau übt einen 450-Euro-Job aus. Finanziell kommen Sie gerade über die Runden, weil eine auf Ihrem Haus lastende Hypothek Ihren finanziellen Spielraum noch in den nächsten sechs Jahren einschränken wird.

Gesundheitlich sind Sie etwas labil und fehlen gelegentlich. Diese Fehlzeiten versuchen Sie durch verstärkten Einsatz auszugleichen. Um der propagierten Forderung nach lebenslangem Lernen gerecht zu werden, nahmen Sie bisher dreimal an dem Ihnen in Ihrem Bundesland gesetzlich zustehenden Bildungsurlaub teil.

In letzter Zeit kursieren im Unternehmen Gerüchte, wonach ein wesentlicher Stellenabbau zu erwarten ist. Sie hatten sich bereits um nähere Informationen bemüht, dabei aber nichts Konkretes erfahren.

Sie sind in Ihrer jetzigen Firma seit zehn Jahren tätig.

Mit einem flauen Gefühl in der Magengegend folgen Sie der Aufforderung Ihres Vorgesetzten zu einem wichtigen Gespräch …

Sollte Ihnen gekündigt werden, setzen Sie sich – durchaus emotional – unter Hinweis auf Ihre persönliche Situation zur Wehr mit der immer wieder gestellten Frage: »Warum gerade ich?« Die Entgegennahme eines Kündigungsschreibens lehnen Sie ab.

Weil bei der Auswertung dieses Rollenspiels die Auffassungen der Seminarteilnehmer auseinanderklaffen werden und kaum jemand über bewährte und übertragbare Informationen verfügt, empfehlen Sie Ihren Teilnehmern ein schrittweises Vorgehen gemäß Vorlage. Diese bildet die Grundlage für Ihre zusätzlichen Anmerkungen.

Trennungsgespräch bei betriebsbedingter Kündigung

- Kündigungsentscheidung mitteilen
- eventuell Kündigungsgrund verdeutlichen
- eigenes Verständnis für Enttäuschung und Frustration darstellen

Reagiert der Mitarbeiter geschockt oder hysterisch, kann der nächste Punkt zwar kurz angesprochen werden, aber ausführlichere Erörterungen wären dann erst in einem Abstand von zwei, drei Tagen nach Abklingen der überbordenden Emotionen sinnvoll.

- Wie soll es weitergehen? – Kündigung bedeutet einen Neuanfang. Dazu stellen sich aber folgende Fragen:
  - interne und/oder externe Beratung (auch Weiterbildungsmaßnahmen durch die Agentur für Arbeit)?
  - Abfindung?
  - praktische Hilfe bei Stellensuche und Bewerbung anbieten?
  - Outplacement-Aktivitäten vorsehen?
  - Sozialplan?
  - Arbeitszeugnis wohlwollend formulieren?
  - Resturlaub?
  - betriebliche Altersversorgung?
  - Freistellung bis zum letzten Tag des Arbeitsverhältnisses unter Fortzahlung der Bezüge? (Will oder muss ein Mitarbeiter dieses Angebot annehmen, ist vorweg eine geordnete Übergabe der Aufgaben zu organisieren!)
- Kündigungsschreiben aushändigen
- versuchen, positive Gesprächsatmosphäre bis zum Gesprächsschluss zu erhalten, indem durchgehend persönliche Wertschätzung signalisiert wird. Eventuell dem Gekündigten anbieten, für den Rest des Tages nach Hause zu gehen

Ziel: Sachliche Darstellung der Kündigung bei wertschätzendem Umgang mit dem Mitarbeiter, unbedingt Empathie zeigen

Kündigungsentscheidung mitteilen In diesem Gespräch kommt der Vorgesetzte ohne anfänglichen Small Talk sofort zur Sache. Je länger er um den heißen Brei herumredet, umso unangenehmer wird die Situation für die Beteiligten. Er wird also die Trennungsentscheidung und das Trennungsdatum sofort nennen und die Endgültigkeit der Entscheidung herausstellen. Dadurch wird die natürliche Neigung versperrt, den Mitarbeiter noch in Hoffnung zu wiegen, die Entscheidung sei noch nicht endgültig oder es könnten sich vielleicht noch andere Möglichkeiten ergeben. Erst wenn dem Mitarbeiter die Unabänderlichkeit der Kündigung bewusst wird, tritt die Notwendigkeit einer Neuorientierung in den Vordergrund.

Beispiel für die Mitteilung einer Kündigung

»Herr X, nehmen Sie bitte Platz. Ich muss Ihnen eine wichtige Information geben. Die Geschäftsleitung hat sich entschlossen, Ihr Arbeitsverhältnis zum .... zu kündigen. Wie Sie wissen, hatten wir in den letzten Wochen Fachleute einer Wirtschaftsberatung im Haus, die in ihrem Gutachten unserer Geschäftsleitung dringend empfohlen haben, sich auf die Kernkompetenzen zurückzuziehen. Durch Outsourcing sollen nun diverse Stellen fortfallen. Da Personalwirtschaftsmaßnahmen wie Umsetzung und Vorruhestand für den Stellenabbau nicht genügen, kommt es nun zu betriebsbedingten Kündigungen. Auch unter Berücksichtigung sozialer Aspekte muss Ihnen daher nach Beteiligung des Betriebsrats die Kündigung ausgesprochen werden.«

Eventuell Kündigungsgrund verdeutlichen Dem Mitarbeiter wird zumeist der Kündigungsgrund mitgeteilt, ohne die Kündigung zu rechtfertigen. Arbeitsrechtlich ist eine Begründung der Kündigung im Regelfall aber nicht erforderlich. Der Arbeitgeber muss eine Begründung lediglich dem Betriebsrat beziehungsweise dem Arbeitsgericht geben. In dem Rollenspiel wäre es kontraproduktiv, würde der Vorgesetzte dem Mitarbeiter die Krankheitshäufigkeit oder die Teilnahme an Bildungsurlaubsveranstaltungen vorhalten.

Eigenes Verständnis für Enttäuschung und Frustration darstellen Es gehört zur sozialen Sensibilität eines Vorgesetzten, in diesem schwierigen Gespräch die Reaktionen des Mitarbeiters ernst zu nehmen, ihm zuzuhören und eigene Betroffenheit zu zeigen. Wenig lohnend wäre es, über die Kündigungsentscheidung zu diskutieren, zu streiten oder sie zu verteidigen.

Wie soll es weitergehen? Der Vorgesetzte wird im Vorfeld des Gesprächs gemeinsam mit der Personalabteilung ein Trennungspaket schnüren, das wichtige Informationen für den Gekündigten enthält. Eventuell soll die Personalabteilung einen Teil dieser Informationen vermitteln. In diesem Fall vereinbart der Vorgesetzte sogleich einen für alle Beteiligten passenden Termin.

Kündigungsschreiben aushändigen Die Kündigung ist eine einseitige, empfangsbedürftige Willenserklärung, die zu ihrer Wirksamkeit schriftlich auszusprechen ist. Es bietet sich an, sich den Empfang des Kündigungsschreibens bestätigen zu lassen. Dies kann auf der für das Unternehmen bestimmten Ausfertigung des Kündigungsschreibens geschehen. Auch ist die Übergabe der Kündigung in Gegenwart eines Zeugen möglich. Der Zeuge sollte den Inhalt des Schreibens kennen und mit einem Vermerk auf der in der Firma verbleibenden Ausfertigung bestätigen, wann und wo er bei der Übergabe des Originalkündigungsschreibens zugegen war. Mit seiner Unterschrift bestätigt der Vorgesetzte diesen Vorgang.

Möglicherweise lässt sich der Gekündigte auch zur Entgegennahme des Kündigungsschreibens gegen Unterschriftsleistung bewegen, wenn ihm erklärt wird, dass er lediglich den Empfang bestätigt, damit aber keine Anerkennung der Kündigung verbunden ist. Das Schreiben müsse er besitzen, um bei der Einschaltung Dritter Konkretes vorweisen zu können.

Weigert sich der Gekündigte, das Kündigungsschreiben anzunehmen, kann es durch Boten, durch Gerichtsvollzieher oder per Einschreibesendung mit Rückschein zugestellt werden.

Gesprächsatmosphäre Beim Gekündigten soll ein Blick zurück im Zorn und daraus resultierend eine Beeinträchtigung des Erscheinungsbilds des Unternehmens in der Öffentlichkeit vermieden werden. Dies kann auch durch das ausgeglichene und wertschätzende Gesprächsverhalten des Vorgesetzten gelingen, welches auch unangenehmen und unangemessenen Reaktionen des stark emotional reagierenden Mitarbeiters die Spitze nimmt.

Zur persönlichen Wertschätzung des Vorgesetzten zählt, dass jetzt nicht gemeinsam gejammert wird. Die soziale Dienstleistung des Vorgesetzten besteht vielmehr darin, Bedenken des Mitarbeiters zu zerstreuen, Zuversicht zu verbreiten, Perspektiven anzusprechen und den Gekündigten zu aktivieren, den Blick in die Zukunft zu richten. Der Mitarbeiter fühlt sich dann nicht mehr hilflos einer nicht beherrschbaren Situation ausgeliefert.

Wird das Trennungsmanagement des Unternehmens von Mitarbeitern insgesamt als stark kritikwürdig empfunden, kann dies eine verheerende Wirkung auf die Motivation und Identifikation der gesamten Belegschaft haben, auch auf jene Betriebsmitglieder, die nicht unmittelbar von Kündigungen betroffen sind. Unbeteiligte beobachten sehr genau, wie das Unternehmen mit einschneidenden Maßnahmen wie Personalfreisetzungen und den davon betroffenen Mitarbeitern umgeht.

Selbst wenn der Mitarbeiter während des Trennungsgesprächs Unerfreuliches von sich gibt, sollte ihm der Vorgesetzte mildernde Umstände zugestehen und seine Äußerungen nicht persönlich nehmen. Besser signalisiert er durchgehend seine Wertschätzung für den Mitarbeiter. Gelingt es ihm darüber hinaus, den Mitarbeiter aus der Jammerecke herauszuholen und gemeinsam mit ihm sein weiteres Vorgehen zu erörtern, trägt das nicht nur Früchte für den Mitarbeiter. Auch der Vorgesetzte kann zu Recht auf dieses Ergebnis stolz sein. Er hat eine der heikelsten Gesprächssituationen bravourös überstanden, vor der viele Führungskräfte zurückweichen und von der sie sich extrem überfordert fühlen.

Ausblick und Verzeichnisse

↗03

Ausblick

Die in den Drehbüchern geschilderten Situationen sind ausreichend konkret und alltäglich, sodass sich insbesondere bei Seminaren für Führungs- und Führungsnachwuchskräfte auch fachfremde Rollenspieler nach einer kurzen Vorbereitung in die Rollen hineinversetzen können. Dabei bleibt es Ihnen unbenommen, bei Erkennen von Verbesserungspotenzial die Rollenspiele zu modifizieren. Es gilt, bei den Seminarteilnehmern auf der Basis von Rollenspielen durch zusätzliche theoretische Hintergrundinformationen und praxisorientierte Handlungsvorschläge Lernimpulse auszulösen und zu vertiefen.

Vermutlich ist bei Ihnen der Wunsch gereift, einige Ihnen schmackhaft erscheinende Rezepturen dieser Veröffentlichung in Ihre Lehrpraxis zu übernehmen. Allerdings sollten Ihren Absichten jetzt auch Aktivitäten folgen. Beherzigen Sie ein Zitat Goethes aus »Wilhelm Meisters Wanderjahre«:

> *»Es ist nicht genug, zu wissen,*
> *man muss es auch anwenden;*
> *es ist nicht genug, zu wollen,*
> *man muss es auch tun!«*

Fühlen Sie sich bitte aufgerufen, »anzuwenden« und zu »tun«. Dabei wünsche ich Ihnen eine glückliche Hand und einen nachhaltigen Erfolg.

Hans-Jürgen Kratz

Übrigens: Bei Ende einer Lehrveranstaltung werden Sie vermutlich einen kurzen Rückblick auf das Seminar und seine Highlights geben, sich für das Interesse und die Mitarbeit der Anwesenden bedanken und den Teilnehmern Erfolg bei der Umsetzung der in der To-do-Liste notierten Ziele wünschen.

In meiner Praxis erwies es sich als günstig, zur Verstärkung der mündlichen Aussagen zwei Folien aufzulegen.

> Es ist nicht genug,
> zu wissen, man muss es
> auch anwenden;
>
> es ist nicht genug,
> zu wollen, man muss es
> auch tun! Goethe

Diverse Führungsprobleme wurden im Seminar angesprochen und entsprechendes Know-how vermittelt. Nun kommt es darauf an, dass die Teilnehmer ihr Führungsverhalten auf Dauer verbessern. Idealerweise sollte jeder – im Rahmen seiner Möglichkeiten – Wallenstein nacheifern, von dem Friedrich von Schiller berichtet:

> Und eine Lust ist's wie er alles weckt und stärkt und neu belebt um sich herum. Wie jede Kraft sich ausspricht, jede Gabe gleich deutlicher wird in seiner Nähe!
>
> Jedwedem zieht er seine Kraft hervor, die eigentümliche, und zieht sie groß.
>
> Lässt jeden ganz das bleiben, was er ist; er wacht nur drüber, dass er's immer sei am rechten Ort.
>
> So weiß er aller Menschen Vermögen zu dem seinigen zu machen.
>
> Max Piccolomini über Wallenstein

Weiterführende Literatur

Altmann, Gerhard/Fiebiger, Heinrich/Müller, Rolf: *Mediation: Konfliktmanagement für moderne Unternehmen.* Weinheim und Basel 2001

Arbeitsgruppe Information: *Informieren – Delegieren.* Düsseldorf 1987

Armstrong, Michael: *Wie man ein noch besserer Manager wird.* Wien 2001

Birkenbihl, Vera F.: *Kommunikationstraining.* München 2013

Crisand, Ekkehard/Stephan, Pamela: *Personalbeurteilungssysteme.* Heidelberg 2002

Czichos, Reiner: *Coaching = Leistung durch Führung.* München 2002

Dehner, Ulrich/Dehner, Renate: *Als Chef akzeptiert.* Konfliktlösungen für neue Führungskräfte. Frankfurt am Main 2001

Deutscher Verein für öffentliche und private Fürsorge (Hrsg.): *Theorien menschlicher Interaktion und Kommunikation.* Eigenverlag 1979

Faerber, Yvonne/Stöwe, Christian: *Karrierefaktor Mitarbeiter führen.* Planegg 2004

Fischer, Peter: *Neu auf dem Chefsessel.* Erfolgreich durch die ersten 100 Tage. Landsberg 2007

Fröhlich, Peter: *Kritisieren, aber richtig.* München 2006

Gehm, Theo: *Kommunikation im Beruf.* Hintergründe, Hilfen, Strategien. Weinheim und Basel 2006

Glasl, Friedrich: *Konfliktmanagement.* Handbuch zur Diagnose und Behandlung von Konflikten für Organisationen und ihre Berater. Bern 2009

Herzberg, Frederick: *The motivation to work.* New York 1959

Höhn, Reinhard: *Der Weg zur Delegation von Verantwortung – Ein Stufenplan.* Bad Harzburg 1979

Jäger, Roland: *Kompetent führen in Zeiten des Wandels.* Weinheim und Basel 2004

Kiesow, Hans: *Kündigungsgespräche.* München 2004

Kießling-Sonntag, Jochem: *Zielvereinbarungsgespräche.* Erfolgreiche Zielvereinbarungen/Konstruktive Gesprächsführung. Berlin 2006

Kratz, Hans-Jürgen: *Aufschieben – Nein danke!* Tu's gleich! Die beste Strategie für mehr Lebensqualität. Regensburg 2011

Kratz, Hans-Jürgen: *Stolpersteine in der Mitarbeiterführung.* So werden Sie vom Erfolgsbremser zum Erfolgssteigerer. Offenbach 2009

Kratz, Hans-Jürgen: *Erfolgreich als neuer Chef.* So gelingt der Start. Berlin 2003

Kratz, Hans-Jürgen: *Neue Mitarbeiter erfolgreich integrieren.* Wien 1997

Lay, Rupert: *Führen durch das Wort.* Berlin 2006

Mackenzie, R. Alec: *Die Zeitfalle.* Heidelberg 1974

Maro, Fred: *Führungs-Kommunikation und Präsentation.* Regensburg 1997

Maslow, Abraham: *Motivation und Persönlichkeit.* Hamburg 1994

Meier, Rolf: *Führen mit Zielen.* Regensburg 1995

Mentzel, Wolfgang/Grotzfeld, Svenja/Dürr, Christine: *Mitarbeitergespräche.* Mitarbeiter motivieren, richtig beurteilen und effektiv einsetzen. Planegg 1998

Mucchielli, Roger: *Das nicht-direktive Beratungsgespräch.* Salzburg 1972

Neuberger, Oswald: *Miteinander arbeiten – miteinander reden.* München 1981

Neuberger, Oswald: *Das Mitarbeitergespräch.* Praktische Grundlagen für erfolgreiche Führungsarbeit. Leonberg 2004

Reddy, Michael: *Mitarbeiter beraten.* Kollegiale Hilfe zur Selbsthilfe. Weinheim und Basel 1997

Rohner, Erich: *Entscheiden – eine Führungsaufgabe.* Heidelberg 2002

Rosenstiel, Lutz von: *Motivation im Betrieb.* München 2010

Saul, Siegmar: *Führen durch Kommunikation.* Mitarbeitergespräche strukturiert, zukunftsorientiert und motivierend. Weinheim 2012

Schulz von Thun, Friedemann: *Miteinander reden.* Hamburg 2010

Stroebe, Guntram: *Gezielte Verhaltensänderung: Anerkennung und Kritik.* Heidelberg 2000

Stroebe, Rainer: *Führungsstile: Management by objectives und andere Führungsmethoden.* Frankfurt/Main 2010

Stroebe, Rainer/Stroebe, Guntram: *Motivation.* Heidelberg 1997

Watzlawick, Paul/Beavin, Janet H./Jackson, Don D.: *Menschliche Kommunikation.* Bern 2011

Withauer, Klaus F.: *Menschen führen.* Mit praxisnahen Führungsaufgaben und Lösungswegen. Grafenau-Döffingen 2002

Zuschlag, Berndt: *Mobbing.* Schikane am Arbeitsplatz. Göttingen 2001

Zuschlag, Berndt/Thielke, Wolfgang: *Konfliktsituationen im Alltag.* Ein Leitfaden für den Umgang mit Konflikten in Beruf und Familie. Göttingen 1998

Verzeichnis der Downloadmaterialien

Stichwortverzeichnis